U0910243

2016

低碳醇催化工程技术研究

主　编　焦更生

副主编　王志平　李吉峰

西安交通大学出版社

XI'AN JIAOTONG UNIVERSITY PRESS

图书在版编目(CIP)数据

低碳醇催化工程技术研究. 2016/焦更生主编. —西安:西安交通大学出版社,2016.11(2017.4 重印)
ISBN 978-7-5605-9187-2

Ⅰ.①低… Ⅱ.①焦… Ⅲ.①石油炼制-醇-催化-研究
Ⅳ.①TE624.4

中国版本图书馆 CIP 数据核字(2016)第 284824 号

书　　名 低碳醇催化工程技术研究 2016
主　　编 焦更生
副 主 编 王志平　李吉峰
责任编辑 李　佳　毛　帆

出版发行 西安交通大学出版社
（西安市兴庆南路 10 号　邮政编码 710049）
网　　址 http://www.xjtupress.com
电　　话 (029)82668357　82667874(发行中心)
(029)82668315(总编办)
传　　真 (029)82668280
印　　刷 虎彩印艺股份有限公司

开　　本 787 mm×1092 mm　1/16　**印张** 17.5　**字数** 423 千字
版次印次 2016 年 12 月第 1 版　2017 年 4 月第 2 次印刷
书　　号 ISBN 978-7-5605-9187-2
定　　价 128.00 元

读者购书、书店添货、如发现印装质量问题,请与本社发行中心联系、调换。
订购热线:(029)82665248　(029)82665249
投稿热线:(029)82668818　QQ:354528629
读者信箱:lg_book@163.com

序

化学、材料学科均是应用型专业学科，是培养理工结合的“应用型”人才的基础学科，是应市场经济建设需要而产生并在市场经济环境下快速发展起来的一个新型专业。

为进一步推动学院科研工作和学科建设，我院鼓励教师在完成教学任务之余积极开展科学研究。此论刊由渭南师范学院特色学科建设项目“秦东化工、材料技术调查(项目号14TSXK04)”资助，主要收录了陕西省煤基低碳醇转化工程研究中心、军民两用材料重点实验室和药物中间体协同创新中心三个科研机构的学术成果。

科研机构简介

陕西省煤基低碳醇转化工程研究中心

煤基低碳醇转化工程研究中心主要依托化学与生命科学学院、物理与电气工程学院，侧重于基础理论与实验室的小试科研工作。“陕西省煤基低碳醇转化工程研究中心”现拥有一支高水平的科研队伍，陕西省重点领域顶尖人才、“三五”人才学科带头人 1 人，学术带头人 6 人，其中教授 8 人，博士、硕士研究生 15 人；先后主持各级各类科研项目近 20 项，其中有主持国家“863”计划项目 1 项、陕西省科技计划项目多项，获省科技进步奖多项。发表学术论文近 100 篇，其中 SCI 和 EI 检索 20 余篇。主要研究方向有低碳醇高效绿色催化剂及催化机理，低碳醇分离工程，低碳醇下游产品开发以及煤化工清洁生产技术与“废弃资源”综合利用技术。

军民两用材料重点实验室

军民两用重点实验室隶属于西部军民融合技术产业发展研究院，依托于化学与生命科学学院。以纳米材料、高分子材料和复合材料为重点研究对象，着重在光电功能高分子材料、无机纳米功能材料、特种高分子材料、复合材料等领域开展基础与应用研究。该重点实验室拥有一支高水平的科研队伍，学科带头人 1 人，学术带头人 5 人，其中教授 2 人，博士及在读博士 10 人。

药物中间体协同创新中心

药物中间体协同创新中心是由化学与生命科学学院和江苏笃诚医药科技股份有限公司、华阴市锦前程药业有限公司、西安博华制药有限责任公司、江苏华旭药业有限公司共同成立的校级协同创新中心。中心充分利用共有资源，主要进行药物中间体的开发研究，包括生产合成工艺路线的改进、酶法合成路线的改进、原料药和产品质量的控制等。中心重点解决企业生产过程中存在的技术难题，以提高企业经济效益，同时推动我院学科建设、教学和科研等工作的进行。中心成立专门的委员会，负责重大事务的决策，制定总体发展方向，明确各方权责。在委员会下设办公室，负责中心的日常事务。

目　录

第一篇　陕西省煤基低碳醇转化工程研究中心研究论文

第二篇　军民两用材料重点实验室研究论文

第三篇　药物中间体协同创新中心研究论文

第四篇　其他研究论文

» 第一篇

陕西省煤基低碳醇转化工程研究中心研究论文

溶胶-凝胶法制备锰铜复合氧化物催化剂

宋乃建[1,2]

1. 渭南师范学院　化学与环境学院　陕西 渭南　714099;

2. 陕西省煤基低碳醇转换工程研究中心　陕西 渭南　714099

摘　要:本文主要采用溶胶-凝胶法来制备锰铜复合氧化物催化剂,研究了锰铜摩尔比和氨水浓度大小的不同对催化剂物相结构的影响,并用 XRD 对所制备的催化剂进行了物相分析。结果表明:锰铜比为 2∶1 时比锰铜比为 1∶1 时的结晶度高,且锰铜比为 2∶1 时其物种组成主要是 $Cu_{1.5}Mn_{1.5}O_4$,锰铜比为 1∶1 时的物种组成有 $Cu_{1.5}Mn_{1.5}O_4$ 和 CuO。

关键词:锰铜;催化剂;溶胶凝胶法

1　引　言

随着人们生活水平的提高,汽车拥有量也越来越多,这一方面方便了人们的出行,另一方面由于汽车尾气的排放,不可避免地造成了严重的大气污染。对于汽车尾气的处理目前主要通过三效催化剂,减少有 NO_x 的排放,如 Tschamber 等[1]研究了 Pt/Al_2O_3 和 Ru/NaY 两种贵金属催化剂,用于汽车尾气的处理。但因贵金属催化剂价格昂贵,所以在应用中有所限制。而锰铜复合氧化物催化剂,作为霍加拉特催化剂主要组成部分,人们对其的研究一直没有停止[2~6]。锰铜复合氧化物催化剂具有价格较低,合成方法简单和可创造良好的经济效益等特点可以广泛应用于采矿、消防等领域。

本实验采用了溶胶凝胶法制备锰铜复合氧化物催化剂,主要研究锰铜摩尔比、氨水浓度和洗涤方式对催化剂活性及其性能的影响,从而得出高活性的催化剂,并将此应用于治理环境中。

2　实验方法

将硝酸铜、硝酸锰和蒸馏水按比例配制成体积为 200 mL,浓度为 0.1 g/mL 的混合液,并在混合液中加入一定浓度的氨水溶液,在 80℃下搅拌 2 h,得到较稠的液体,然后经洗涤、抽滤、干燥、焙烧后得到催化剂。通过改变锰铜比和氨水浓度的不同来制备不同结构的催化剂。

采用日本岛津 XRD－6100 型 X-射线衍射仪对所制备的催化剂进行物相分析，它采用的是 θ/2θ 的扫描方式，Cu 靶，Ni 滤波，管电压为 45 kV，管电流为 40 mA，Si-Li 探测器，扫描范围为：10°～80°，扫描速度为：10°/min。

3 结果分析

3.1 氨水的浓度对催化剂性能的影响

取 11.9267 g 硝酸铜和 8.0733 g 硝酸锰将其倒入已有 200 mL 去离子水的 500 mL 烧杯中，使用数控恒温磁力搅拌器搅拌 10 min 使其充分溶解，然后氨水浓度分别为 10%，20%，30% 的溶液以 1 滴/s 的速度滴入混合液，最后，经过熟化、洗涤、干燥和焙烧步骤后制得三种不同的催化剂。我们可以通过 XRD 图分析，如图 1～3 所示。

由图 1 可得，铜锰摩尔比为 1，氨水浓度为 30% 时制备出的催化剂的晶相主相为 $Cu_{1.5}Mn_{1.5}O_4$。

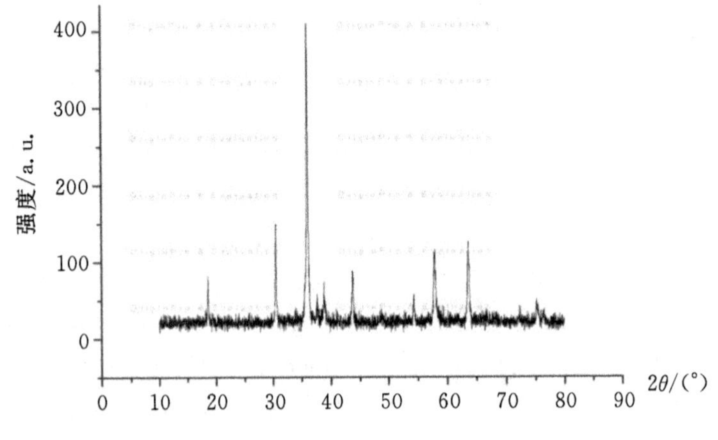

图 1 铜/锰＝1∶1，氨水浓度＝30% 的 XRD 图

由图 2 可得，铜锰摩尔比为 1，氨水浓度为 20% 时制备出的催化剂的晶相主相为 $Cu_{1.5}Mn_{1.5}O_4$，并出现 CuO_2 物相的衍射峰。

由图 3 可得，铜锰摩尔比为 1，氨水浓度为 10% 时制备出的催化剂的晶相主相为 $Cu_{1.5}Mn_{1.5}O_4$，出现物相 MnO_2 的衍射峰。

从图 1～3 得：当铜锰摩尔比为 1 时，不同氨水浓度的晶体主相均为 $Cu_{1.5}Mn_{1.5}O_4$，且随着氨水浓度的减小，峰值变小，催化剂的结晶度变小，它晶型的完整性更差。因此说明氨水浓度越大，该复合氧化物催化剂的晶型越完整单一。

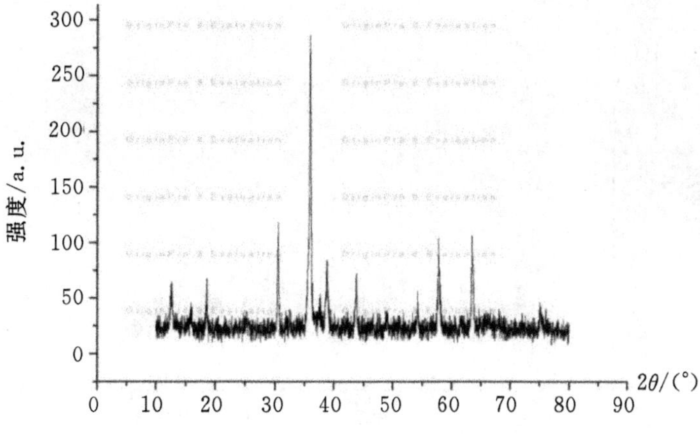

图 2 铜/锰=1∶1,氨水浓度=20%的 XRD 图

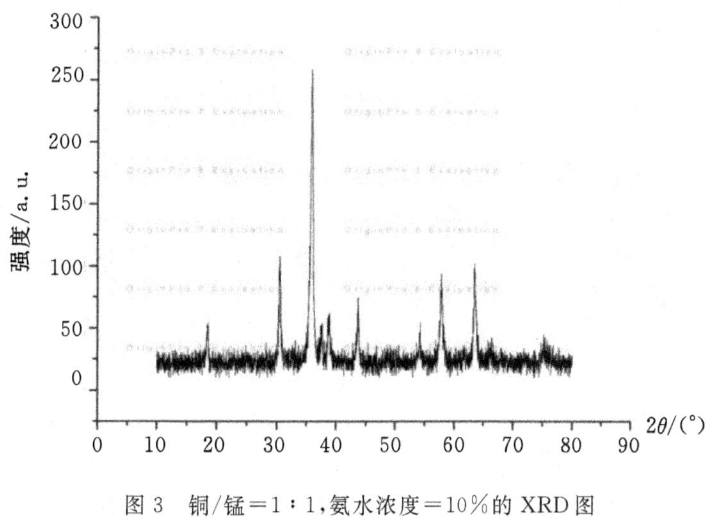

图 3 铜/锰=1∶1,氨水浓度=10%的 XRD 图

3.2 铜锰摩尔比对催化剂性能的影响

在探究该影响时,步骤与上述基本相同,只需将氨水的浓度固定为 20%而改变铜锰摩尔比,如图 4 所示。

由图 4 可得,铜锰摩尔比为 0.5,氨水浓度为 20%时制备出的催化剂的晶体主相为 $Cu_{1.5}Mn_{1.5}O_4$,还有杂峰 $Cu(N_3)_2$生成。

由图 2 与图 4 对比可得,当氨水浓度一定时,不同锰铜摩尔比的晶体物相主要为 $Cu_{1.5}Mn_{1.5}O_4$,随着铜锰摩尔比的增大,结晶度增高,在 30°～40°峰值增大,说明该阶段的晶体晶型越好。

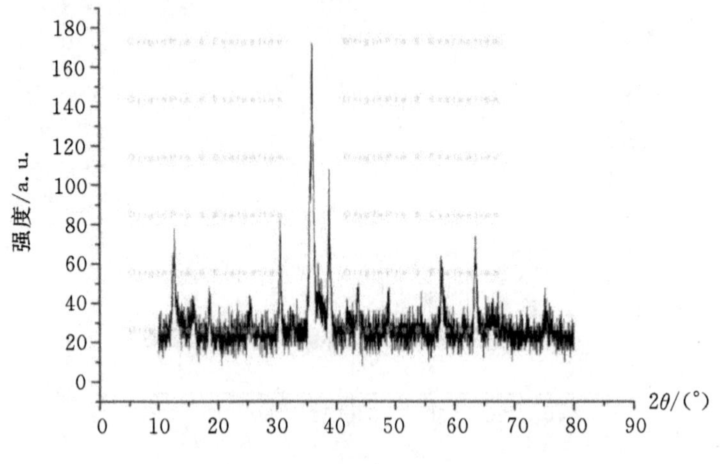

图 4 铜/锰=1∶2,氨水浓度=20%的 XRD 图

4 结 论

以上研究表明:①随着氨水浓度的减小,峰值变小,催化剂的结晶度变小,它的晶型的完整性越差,说明:在一定范围内,氨水的浓度越大越好,而在我们所做的实验中氨水的浓度为30%,沉淀温度为 25℃时的催化剂性能最好。②对于铜锰摩尔比来说:铜锰比大时,制得的催化剂的性能要好些,其主要晶相未发生改变。

参考文献

[1] 蒋晓原,陈煜,周仁贤,等. $CuO/Ce_{0.5}Zr_{0.5}O_2$的结构特征及催化性能表征[J]. 燃烧化学学报,2001,29:122-125.

[2] 刘长虹,吴树新. 过氧化氢氧化苯酚锰铜复合氧化物催化剂的制备[J]. 工业催化,2011,19(1):13-14.

[3] 刘全生,张前程,马文平,等. 变换催化剂研究进展[J]. 化学进展,2005,17(3):390-391.

[4] 滕英跃,刘全生,丛艳丽,等. 沉淀反应温度对锰铜复合氧化物结构和催化性能的影响[J]. 内蒙古工业大学学报,2011,30(1):39-41.

[5] 张燕. 锰铜复合氧化物制备及其催化燃烧 VOCs 性能研究[D]. 杭州:浙江工业大学,2009:1-10.

[6] 胡莉琴. 过渡金属复合氧化物催化剂的制备及表征[D]. 长沙:中南大学,2012:1-13.

浅析煤制甲醇生产工艺

王征帆[1,2]

1.渭南师范学院　化学与环境学院　陕西 渭南　714099;
2.陕西省煤基低碳醇转换工程研究中心　陕西 渭南　714099

摘　要:文章结合我国实际情况,说明煤制甲醇是我国现在甲醇制备工艺的首选,并对此工艺进行了详细深入的探讨及研究。

关键词:煤;甲醇;制备;工艺

基金项目:陕西省教育厅科研项目(16JK1279);渭南师范学院科研项目(15YKP007),渭南师范学院特色学科项目(14TSXK04)

甲醇是重要的化工产品与原料,并定位于未来清洁能源之一,随着我国石油资源的减少和甲醇生产成本的降低,发展使用甲醇等新的替代燃料,已成为一种趋势[1]。本文结合我国实际情况,说明煤制甲醇是我国现在甲醇制备工艺的首选,并对此工艺进行了比较详细的探讨。

1　煤制甲醇生产工艺

我国的甲醇工业目前采用气相合成法,原料以煤(焦炭)和重油为主,以天然气为原料的约占20%左右;主要采用高压法和低压法两种工艺。

甲醇合成工艺的简单流程为:煤炭→加压气化→合成气净化→合成反应→甲醇→甲醇精制。相应的煤制甲醇生产工艺主要包括造气、净化、合成和精制四个工艺流程:

1.1　煤制合成气

从煤的气化得到甲醇合成的工业原料——CO和H_2的混合物(合成气),通常将水蒸气直接通人炽热的煤层,因连续通入水蒸气将使煤层温度下降,为保持煤层温度,须交替向炉内通入水蒸气和空气,通入空气时,主要是煤的燃烧反应,其放出热量,加热煤层。制甲醇所需H_2/CO值为2.21,合成气中H_2与CO的摩尔比可以在350～400℃、Fe_3O_4作催化剂条件下调节,使其比值达到要求,生成的CO_2用高压水吸收法去除。煤气化技术按气化反应器的形式,

---

作者简介:王征帆(1981—),男,硕士,副教授。研究方向:食品及环境分析。

气化工艺可分为移动床(固定床)、流化床、气流床三种。

1.1.1 移动床气化

采用一定粒度范围的碎煤(5～50 mm)为原料,与气化剂逆流接触,炉内温度分布曲线出现最高点,反应残渣从炉底排出,生成气中含有可观量的挥发气。典型的气化炉为鲁奇(Lurgi)炉。

1.1.2 流化床气化

采用一定粒度分布的细粒煤(<10 mm)为原料,吹入炉内的气化剂使煤粒呈连续随机运动的流化状态,床层中的混合和传热都很快。所以气体组成和温度均匀,解决了固定床气化需用煤的限制。生成的煤气基本不含焦油,但飞灰量很大。发展较早且比较成熟的是常压温克(Winkler)炉。

1.1.3 气流床气化

气流床采用粉煤为原料,反应温度高,灰分是熔融状态。典型代表为 GSP,Shell,Texaco 气流床气化工艺。它是针对流化床的不足开发的,优点很多。气流床气化具有以下特点[2]:①采用<0.2 mm 的粉煤;②气化温度 1400～1 600℃,对环保很有利,没有酚、焦油,有机硫很少,且硫形态单一;③气化压力可达 3.5～6.5 MPa,可大大节省合成气的压缩功;④碳转化率高,均大于 90%,能耗低;⑤气化强度大;⑥投资相对较高,尤其是 Shell 粉煤气化。

从技术先进性、能耗、环保等方面考虑,对于大型甲醇煤气化应选用气流床气化为宜。

1.2 净化工艺方案的选择

1.2.1 变换工序

以煤为原料制得的粗甲醇原料气必须经过一氧化碳变换工序。变换工序主要有两个方面的作用:通过变换调整氢碳比和使有机硫转化为无机硫。工艺条件的确定有温度、压力、最终变换率和催化剂粒度几个方面。

1.2.2 脱硫脱碳

NHD 法脱硫脱碳净化技术属物理吸收过程,H_2S 在 NHD 溶剂中的溶解度能较好地符合亨利定律。当 CO_2 分压小于 1 MPa 时,气相压力与液相浓度的关系基本符合亨利定律。因此,H_2S 和 CO_2 在 NHD 溶剂中的溶解度随压力升高、温度降低而增大。降低压力、升高温度可实现溶剂的再生[3]。

1.2.3 硫回收

硫回收工艺种类繁多,主要可分为两大类:一类是固定床催化氧化法,另一类是湿式氧化法。

1.3 甲醇合成

为减少合成甲醇过程中的副反应,提高甲醇产率,须选择适当的温度、压力和催化剂,一般温度 300～400℃,压力 20 MPa 左右。合成甲醇的反应温度低,所需压力低,能耗也低,但温度低,反应速度变慢,所以催化剂是关键因素。合成甲醇原料气 H_2/CO 的化学计量比是 2∶1。CO 含量过高对温度控制有害,且能引起羰基铁在催化剂上的积聚,使催化剂失掉活性,故采用 H_2 过量,H_2/CO 摩尔比为 2.2～3.0 较好。

1.3.1 甲醇合成塔的选择

甲醇合成反应器实际是甲醇合成系统中最重要的设备。目前,国内外的大型甲醇合成塔塔型较多,常用的有三种:

(1)水管式合成塔

将床层内的传热管由管内走冷气改为走沸腾水。这样可较大地提高传热系数,更好地移走反应热,缩小传热面积,多装催化剂,是大型化较理想的塔型。

(2)固定管板列管合成塔

这种合成塔就是一台列管换热器,催化剂在管内,管间(壳程)是沸腾水。该塔是在列管内再增加一小管,小管内走进塔的冷气。这样就大大提高转化率,降低循环量和能耗,然而使合成塔的结构更复杂。固定管板列管合成塔虽然可用于大型化,但受管长、设备直径、管板制造所限。这种合成塔由于列管需用特种不锈钢,因而造价较高,也是装卸催化剂较难的一种。

(3)多床内换热式合成塔

目前各工程公司的氨合成塔均采用二床(四床)内换热式合成塔。针对甲醇合成的特点采用四床(或五床)内换热式合成塔。各床层是绝热反应,在各床出口将热量移走。这种塔型结构简单,造价低,不需特种合金钢,转化率高,适合于大型或超大型装置,但反应热不能全部直接副产中压蒸汽。

1.3.2 甲醇合成的催化剂

目前,广泛使用的合成甲醇催化剂主要有两大系列:一种是以氧化铜为主体的铜基催化剂,一种是以氧化锌为主体的锌基催化剂。锌基催化剂机械强度好,耐热性好,对毒物敏感性小;铜基催化剂具有良好的低温活性,较高的选择性,通常用于低、中压流程。耐热性较差,对硫、氯及其化合物敏感,易中毒。使用铜基催化剂可大幅度节省投资费用和操作费用,降低成本[4]。

1.4 粗甲醇的精馏

1.4.1 精馏工艺和精馏塔的选择

甲醇精馏按工艺主要分为三种:双塔精馏工艺技术、带有高锰酸钾反应的精馏工艺技术和三塔精馏工艺技术。双塔精馏工艺技术由于具有投资少、建设周期短、操作简单等优点,被我国众多中、小甲醇生产企业所采用。其在联醇装置中得到了迅速推广。带有高锰酸钾反应的精馏工艺技术仅在甲醇生产中用锌铬为催化剂的产品中有应用。近年来,随着甲醇合成铜基催化剂的广泛应用和气体净化水平的提高。粗甲醇生产中的副反应减少和杂质的降低,此工艺流程已经很少采用。三塔精馏工艺技术是为减少甲醇在精馏中的损耗和提高热利用率,而开发的一种先进、高效和能耗较低的工艺流程。近年来在大、中型企业中得到了推广和应用[5]。

1.4.2 精馏工艺的选择

(1)双塔精馏工艺

国内中、小甲醇厂大部分都选用双塔精馏工艺传统的主、预精馏塔几乎都选用板式结构。来自合成工段含醇90%的粗甲醇,经减压进入粗甲醇贮槽。经粗甲醇预热器加热到45℃后进入预精馏塔。从塔顶或侧线采出,经精馏甲醇冷却器冷却至常温后,就可得到纯度在99.9%以上的符合国家指标的精甲醇产品。该工艺具有流程简单,运行稳定,操作方便,一次投资少的特点。该工艺适合于原料粗甲醇中二甲醚等轻组分、还原性杂质量较低的粗甲醇加工。

(2)三塔精馏工艺

甲醇三塔精馏工艺技术是为了减少甲醇在精馏过程中的损耗,提高甲醇的收率和产品质量而设计的。预精馏塔后的冷凝器采用一级冷凝,用以脱除二甲醚等低沸点的杂质,控制冷凝器气体出口温度在一定范围内。在该温度下,几乎所有的低沸点馏分都为气相,不造成冷凝回流。脱除低沸点组分后,采用加压精馏的方法,提高甲醇气体分压与沸点,减少甲醇的气相挥发,从而提高了甲醇的收率。

1.4.3 精馏塔的选择

精馏塔是粗甲醇精馏工序的关键设备,它直接制约着生产装置的产品质量、消耗、生产能力及对环境的影响。所以要根据企业的实际条件选择合适的高效精馏塔。目前常用的精馏塔主要有四种塔型:泡罩塔,浮阀塔,填料塔和新型垂直筛板塔。其中填料塔生产能力大,压降小,分离效果好,结果简单,维修量极小,相对投资较小,技术非常成熟,是目前使用较多的塔型之一。而新型垂直筛板塔传质效率高,传质空间利用率好,处理能力大,操作弹性大,结构简单可靠,投资小,板液面梯度小,液面横向混合好无流动传质死区,但技术难得,目前使用很少[6]。

2 结束语

通过对煤制甲醇合成工艺的选择分析,我们可以得出以下结论:①大型甲醇的煤气化应该优先考虑干粉煤气化。②变换反应是一个可逆放热反应,对应于一定的组成和一个最佳温度。为了让反应沿着最佳温度曲线进行,必须移走反应热以降低反应温度。③NHD 法脱硫脱碳净化工艺是一种高效节能的物理吸收方法。④选用固定管板列管合成塔,这种塔内甲醇合成反应接近最佳温度操作线,反应热利用率高。⑤随着脱硫技术的发展,使用铜基催化剂已成为甲醇合成工业的主要方向。

总之,对于我国煤炭储量远大于石油、天然气储量,随着石油资源紧缺、油价上涨,因此在大力发展煤炭洁净利用技术的背景下,在很长一段时间内煤是我国甲醇生产最重要的原料,煤制甲醇的工艺研究也将是一个热点方向。

参考文献

[1] 李大尚. GSP 技术是煤制合成气(或 H_2)工艺的最佳选择[J]. 煤化工,2009,33(3):1-6.
[2] 曾纪龙. 大型煤制甲醇的气化与合成工艺选择[J]. 煤化工,2011,22(5):51-53.
[3] 林民鸿. NHD 法脱硫脱碳净化技术[J]. 化学工业与工程技术,2005,16(3):11-15.
[4] 陈文凯. 合成甲醇催化剂的研究进展[J]. 石油化工,2007,26(2):133-137.
[5] 王永全. 甲醇精馏技术简述[J]. 化肥设计,2004,42(5):22-25.
[6] 刘志臣,孙贞涛. 三塔甲醇精馏技术的应用[J]. 小氮肥,2004,32(1):11-12.

丙烯酸产业现状及发展对策

党民团[1,2]

1.渭南师范学院　化学与环境学院　陕西 渭南　714099；

2.陕西省煤基低碳醇转换工程研究中心　陕西 渭南　714099

摘　要:综述了丙烯酸生产技术的研究进展及发展趋势;提出了中国丙烯酸产业宜适当调节产能扩张速率,加大自主技术研发与创新,延长丙烯酸产业链,着力研发石油原料替代生产新技术,以实现并保障中国丙烯酸产业的持续、健康发展。

关键词:丙烯酸;生产;研究进展;建议

丙烯酸($CH_2=CHCH_2$)在常温下是无色透明、性质活泼的易挥发液体,因其羰基 α 与 β 位置有不饱和的双键结构,可经聚合、交联等方法生成上千万种各具特性的稳定聚合物,广泛应用于涂料、纺织、皮革、造纸、塑料、卫生、石油开采等众多领域[1],是目前化工产品中最具吸引力的合成聚合物的单体。

1　丙烯酸生产技术现状及研发进展

自 20 世纪丙烯酸实现工业化生产以来,其生产经历了氯乙醇法、氰乙醇法、丙烯腈水解法、丙烯直接氧化法等多个阶段。在 70 年代美国 UCC 公司成功开发了丙烯氧化工艺后,因其原料来源丰富、工艺稳定、产品收率高、成本低、污染小而逐渐成为丙烯酸生产中最具竞争力的生产方法,到 80 年代后,行业内新建和扩建的丙烯酸生产装置均采用此法生产,比例约占 95%以上[2]。目前,全球所有丙烯酸大型生产装置均采用丙烯两步氧化法生产。

丙烯氧化法分为一步法和两步法。将丙烯一步直接氧化成丙烯酸工艺由于连续氧化在相同的反应条件下并使用同种催化剂,无法获得最佳结果,最大转化率只有 65%,因而出现不久就被两法取代。两步法以丙烯和空气中的 O_2 为原料,在水蒸汽存在及 250～400℃下通过催化剂床层进行反应,将丙烯酸先氧化成丙烯醛,再氧化成丙烯酸,伴随着主反应,还副产醋酸、马来酸等,其最大特点是两步氧化过程使用不同的催化剂并在不同的条件下进行,这样使得催化剂寿命更长,产品收率更高,生产技术水平主要取决于催化剂的性能,这是丙烯酸生产的关键。目前,氧化催化剂的制造和使用技术已非常成熟,已有多家国内外企业开发并能提供足以满足大规模工业生产要求的两步氧化催化剂,催化剂一般以 Mo-Bi(一段)、Mo-V(二段)及其它一些金属的氧化物为主要成分,在工业负荷条件下,其原料丙烯的单程转化率一般可达

95%以上,目的产物丙烯酸的单程收率(对丙烯)可达 85%~88%(摩尔分数)。

为避免石油资源的日渐匮乏和价格升高,同时实现丙烯酸产业的绿色可持续发展,用可再生的生物质能源代替石油生产丙烯酸是大势所趋。

美国 OPX Biotechnologies 生物技术公司于 2010 年报告称,该公司完成了首个生物法制丙烯酸的工艺中试及成本核算,中试装置取得的产品收率为 79%,已达到生物基丙烯酸成本降低 85% 的目标[3]。使用糖类包括葡萄糖为原料来生产,也利用来自化学物流和生物质气化的 H_2 和 CO_2 来制取丙烯酸,其设定的商业化丙烯酸成本目标是 1102 美元/吨,将低于常规的石油法丙烯酸。

通过甘油生产丙烯酸的技术在 20 世纪 40 年代就有报道,石油化工的经济竞争优势使甘油制备丙烯酸研究处于停滞状态。甘油制丙烯酸包括甘油脱水制丙烯醛和丙烯醛氧化制丙烯酸两个步骤,近年来的理论和应用研究均非常活跃,现阶段拥有专利技术最多的是 Arkema 和日本催化剂公司[4]。据目前甘油的市场价格,以工业级粗甘油为原料、收率维持在 75%、原料成本占 75%估算的丙烯酸成本约 7100~9230 元/吨,已低于石油裂化丙烯气成本,经济性较好,是一条重要的非石油路线制备丙烯酸的可行路线。有关专利报道的甘油转化率可达 100%、产品收率可达 79.2%,具有良好的发展前景[5,6,7]。从近几年专利报道和实际研究的进展整体情况看,甘油制丙烯酸的工艺路线已基本成熟,催化剂选择也基本定型,大规模成套工艺开发和高选择性催化剂族的筛选是其商业化推广需要进一步着力解决的问题。

乳酸脱水生产丙烯酸成为目前研究较多的利用可再生资源生产丙烯酸、实现可再生资源对化石资源替代的另一重要途径[8,9,10]。在厌氧发酵过程中,葡萄糖生产乳酸的理论转化率可达 100%,实际转化率接近 90%(质量分数),随着生物技术的发展,可以寻找到更廉价的原料,进一步降低乳酸生产成本。乳酸分子 $CH_3CH(OH)COOH$ 含有一个羟基和一个羧基,可以通过生物厌氧发酵化为丙烯酸,但收率太低;在超(近)临界水中乳酸也可以转化为丙烯酸,但反应条件较为苛刻且产率较低;这两种方法目前尚不具备工业化前景。化学法转化乳酸生产丙烯酸的国内外研究比较活跃,并取得了富有前景的理论研究成果,但目前采用的催化剂体系和工艺路线实现工业化还不是很成熟:催化剂稳定性不高、反应较难控制、副产物多、产率偏低。寻找更为合适的催化剂,进一步优化反应条件、减少副反应、提高催化剂的稳定性和丙烯酸的选择性,为实现乳酸生产丙烯酸的工业化奠定基础。

2 中国丙烯酸产业现状

中国丙烯酸产业是近十年来全球发展最快的国家[23],已经形成较为稳定的以国有企业为主体、外资和民营企业参与的市场竞争格局,生产企业由 3 家发展到了 11 家,其中江苏裕廊、上海华谊、浙江卫星位列全球前十大生产商;丙烯酸产能发展极其迅速,2001 年产量为 14.7 万 t/a,2010 年增长到 102.8 万 t/a(占世界总产能的 22.1%),10 年间平均复合增长率高达 23.3%,进口量迅速减少并少量出口;近五年来保持 14%的增长速度,2016 年丙烯酸产能已达 266 万 t/a,占全球产能的比重将进一步上升,将成为全球最大丙烯酸单体生产、消费及净出口国。

3 中国丙烯酸产业发展建议

3.1 科学分析 理性投资

尽管丙烯酸应用广泛,需求旺盛,但由于近期国内外企业纷纷投资新(扩)建丙烯酸生产项目,中国丙烯酸产能扩张迅猛,产能利用率下降,市场竞争加剧,风险增大,各投资主体应充分论证,认真分析原料、技术、市场等要素,理性分析近两年欧美丙烯酸装置连续偶发意外停车故障所致的市场“繁荣”,审慎抉择,避免造成盲目建设所致的供应过剩,开工率严重不足[11]。

3.2 加大自主技术创新力度 降低生产成本

目前,国内丙烯酸生产技术大多从日本引进,投资及生产成本较高。近年来,兰州石化研究院、中石油东北炼化工程有限公司、上海华谊公司等单位在消化、吸收国外技术的基础上,研发的丙烯酸及酯国产化自主生产工艺技术和催化剂达到或与相当国外技术水平并趋于成熟,使我国成为继美、德、日之后第四个拥有丙烯酸自主知识产权成套生产技术的国家,国家有关部门应加强对相关研发单位的扶持力度,鼓励其在现有技术的基础上,进一步加强工艺流程的优化、技术改造,以期替代进口技术、设备及催化剂,提高我国企业的市场竞争力。

3.3 延长产业链 发展高附加值下游产业

丙烯酸的下游产品应用极其广泛,但目前国内在下游产品生产技术开发上起步较晚,消费领域比较单一,现阶段新增产能仅靠后续的酯化来消化是不够的。预计国内 SAE、SAP 需求今后将以高达两位数的速长,但国内 90%以上的卫生用 SAP 为外资企业生产,若干特种 SAE 也依赖进口,国内企业应着力这类高附加值产品的生产技术研发,突破技术壁垒,配套建设具有良好发展前景的下游产业,延长丙烯酸产业链,改善我国丙烯酸产业结构[12]。

3.4 着力开发新技术 实现中国丙烯酸产业的可持续发展

后石油时代丙烯酸产业的发展已引起有关企业或研究机构的高度重视,美国企业已经实现了低于石油成本的生物法制丙烯酸技术中试研究,这一方向对人口众多、土地资源有限的中国未必可行。中国煤炭资源丰富,发展煤制烯烃可能是我国丙烯酸产业应对后石油时代比较理想的选择,2011 年 8 月,神华集团煤制烯烃示范项目投料试车成功并稳定运行,成为世界上首套以煤为原料生产烯烃产品的工业化生产线,在工业试运行的过程中,不断总结经验,改进并优化工艺过程,加强副产资源的综合利用,分析煤制烯烃的技术经济特点,着眼于未来的商业化推广，保障后石油时代中国丙烯酸产业的可持续发展。

参考文献

[1] 张志军，青梅. 丙烯酸生产技术及市场分析[J]. 广州化工，2012，40(5)：57－62.

[2] 张立岩，戴伟. 丙烯氧化合成丙烯酸工艺及催化剂的研究进展[J]. 石油化工，2010，39(7)：818－822.

[3] 李雅丽. OPX 生物技术公司完成生物丙烯酸工艺中试[J]. 化学反应工程与工艺，2011，27(2)：113.

[4] 钱伯章. 生物柴油副产甘油利用的新途径[J]. 精细化工原料及中间体，2008，(10)：17－20.

[5] Devaux Jean Francois，Fauconnet. Michel. Method For Producing Bio-Resourced Polymer-Grade Acrylic acid From Glycerol [P]. FR：2935971(A1)，2010－11－03.

[6] 刘杨，朱林. 生物质甘油生产丙烯酸技术经济分析[J]. 化工进展，2010，29(S1)：75－78.

[7] 李雪梅，张春雷. 一种甘油脱水制丙烯酸的方法[P]. 中国：CN101070276. 2007－11－14.

[8] Xu X B，Lin J P，Cen P L. Advances in the research and development of acrylic acid production from biomass[J]. Chin. J. Chem. Eng. ，2006，14(4)：419－427.

[9] Danner H，Ürmös M，Gartner M，et al. Biotechnological production of acrylic acid from biomass[J]. Appl. Biochem. Biotechnol，1998，70(2)：887－894.

[10] 李玉皎，于道永. 乳酸生产丙烯酸研究进展[J]. 2010，化工进展，29(4)：683－687.

[11] 周春艳. 丙烯酸及丙烯酸酯市场分析[J]. 化学工业，2015，33(2)：58－61.

[12] 陶子斌. 丙烯酸生产与应用技术[M]. 北京：化学工业出版社，2007.

木质素含量的测定方法研究

张小忆[1]，雷　楠[1]，李雅丽[2]

1.渭南师范学院　化学与环境学院　陕西　渭南　714099

2.陕西省煤基低碳醇转化工程研究中心　陕西　渭南　714099

摘　要：木质素结构的复杂性、多变性和化学性质上的极不稳定性使得对其检测具有一定的难度。本文主要阐述了木质素含量的测定方法，讨论了其原理、特点，指明了研究木质素含量测定方法的重要性。

关键词：木质素；Klason 法；紫外分光光度法；氧化还原滴定法；红外光谱法

基金项目：渭南师范学院自然科学基金项目(14YKS001)。

木质素是植物界中丰富的天然高分子聚合物，广泛分布在植物纤维原料中，它在自然界中的产量仅仅位于纤维素之后。木质素的基本结构单元为苯丙烷，它们以醚键和碳-碳键相连接，构成了木质素的三维空间结构。木质素有很多种类，按来源可分为草本木质素、硬木木质素和软木木质素。目前木质素引起了人们广泛的关注，主要是因为木质素具有高热值，并且对其进行改性、化学修饰等处理后可转化为生物柴油而为工业利用。然而木质素结构的复杂性、多变性和化学性质上表现出的的极不稳定性使得对其检测具有一定的难度。因此，了解木质素的检测方法，研究测定其含量对于资源充分合理化利用有重要的现实指导意义。

1　木质素的传统测定方法

1.1　Klason 法

Klason 法是用于木质素含量测定的传统的方法，原理是先向样品中加入 72%的硫酸降解，加热将糖类化合物溶解，再把难溶固体残渣物即木质素进行过滤、洗涤、干燥、称重、计算等过程，便可得其含量[1]。但它测的只是难溶于酸的固体木质素含量，而忽略了少量被溶解木质素，以致测量结果有一定的误差。同时这种方法有它的局限性，只适合用于测定硬木木质素含量，而不适合测软木木质素、草本木质素。

1.2 紫外分光光度法

紫外分光光度法是一种对物质进行定性和定量的分析方法，原理是分子对波长为 200～760 nm 范围电磁波具有吸收特性，从而可测出该范围内物质吸光度，并依此分析物质。木质素是以苯丙烷为结构单元的芳香族高聚物，它在 200～300 nm 间有很强的紫外特征吸收峰，因此可用来测定木质素含量。采用该法测定木质素含量时，要把含木质素的样品进行乙酰化处理，因为木质素中的酚羟基在乙酰溴-冰醋酸的混合溶液中会被乙酰化，通过测量乙酰化后木质素溶液在有最大紫外吸收峰时的波长 280 nm 处的紫外吸收值来计算求得木质素含量[2]。紫外分光光度法测得木质素含量明显高于 Klason 法，其所得结果的精密度和重复性均高于 Klason 法。紫外分光光度法具有简便易行，快捷可靠，样品用量少等特点。

1.3 氧化还原滴定法

以氧化还原反应为前提的氧化还原滴定法用于测定木质素含量的原理是，在醋酸的作用下木质素易溶于乙醇和乙醚的混合液，在硫酸介质中可用 $K_2Cr_2O_7$ 氧化为 CO_2 和 H_2O，反应方程式如下式：

$$C_6H_{10}O_5 + 4K_2Cr_2O_7 + 16H_2SO_4 = 4Cr_2(SO_4)_3 + 4K_2SO_4 + 6CO_2 + 21H_2O$$

用 $Na_2S_2O_3$ 回滴过量的 $K_2Cr_2O_7$，用淀粉 KI 溶液作指示剂，用 $Na_2S_2O_3$ 滴定即可。

2 木质素的现代分析方法

2.1 红外光谱法

红外光谱法是通过分子物质对红外光区域的电磁辐射的选择性吸收来分析物质结构，同时能定性和定量分析各种吸收红外光的化合物。它的原理是通过化合物结构中的含氢基团(如—CH，—OH，—NH 等)在谱带范围内伸缩振动的倍率吸收、伸缩振动与摇摆振动的合频吸收来对物质进行分析。红外光谱法具有特征性强、测定快速、操作简单等优点，同时也存在分析灵敏度较低、定量分析误差较大等不足。红外光谱通常被分成 3 类：近红外(0.75～3 μm)、中红外(3～30 μm)和远红外(30～1000 μm)。

2.1.1 近红外光谱法

木质素结构中存在很多的含氢基团，它们使得木质素在近红外光区域有丰富吸收，从而可用近红外光谱法来测定木质素含量。

2.1.2 中红外光谱法

中红外光谱法分析速度快且成本低，已广泛应用于有机高分子化合物结构和化学组成的分析，该方法灵敏度高，且不会造成物质化学结构和化学成分的破坏。测量吸光度(即吸收峰峰高)和测量吸收峰面积是中红外光谱的两种定量方法，后者在进行中红外定量计算中更加准确，重现性更好，主要是因为它利用了峰的全部信息，受仪器因素、样品因素的影响更小一些，尤其是在前者不容易被准确测量时，更能显示出它的的优势。

2.2 浊度法

浊度法常常被用来测定存在于液体中的微量固体物质的含量，是定量测定难溶物质的方法之一。制备粒径均匀，相对稳定的悬浊液是采用该法对物质进行分析的关键因素。研究显示，将木质素在超声振荡下置于一定浓度的硫酸、水、甘油三相体系中便可得到满足浊度法分析的关键因素的悬浊液，因此，该法可用来测定木质素含量[3]。浊度法的特点是操作简单、快捷准确，同时其精密度高于 Klason 法，尤其是适用于木质素含量非常少的样品的测定。

2.3 高效液相色谱法

高效液相色谱法是以经典液相色谱法为基础的一种色谱分析方法，是溶质在高压条件下于固定相和流动相之间发生连续多次交换的过程。它是通过溶质的分配系数、亲和力、吸附力或分子大小在固定相和流动相之间不同引起排阻作用的差别来对不同溶质进行分离[4]。

反相高效液相色谱法测定木质素含量的原理是待测样品中木质素在高温条件下由于硫酸亚铁铵六水合物和碱性氧化铜的作用会形成酚类化合物，该化合物经过滤、碱洗、酸化、醚提、醇溶等一系列处理过程后，便可对其含量进行检测。

2.4 非水电导滴定法

非水电导滴定法能测定有机弱酸，木质素含羧基官能团因此可用该方法检测木质素含量。采用该法测定木素上酚羟基和羧基等功能基原理是：弱酸在有机溶剂吡啶/丙酮中酸性表现大大增强，从而使得各种酸的酸性差异更加明显，故使用碱性强有机碱 KOH -异丙醇溶液能够实现较精确的滴定。作为测定木素酚羟基和羧基等功能基较新方法，非水电导滴定法具有快速可靠、简便准确等优点。

3 问题与展望

目前，测定木质素含量的方法较多，但有各自的适应范围和局限性，如 Klason 法测定微量样品时误差较大，且它只适合测硬木木质素；操作简便、快捷的红外光谱法对实验室有较高的要求，不能被广泛应用。核磁共振法可测液态木质素，但还未找到一种合适充分溶解溶剂。我国是农业生产大国，有丰富农作物秸秆资源，研究木质素的结构、功能、改性和应用显得尤为重要，而准确测定其含量对研究是非常关键，所以研究、改进木质素含量的测定方法将是实现木质素合理化利用所面临的重要任务之一。

参考文献

[1] 王建庆，曹佃元，张玉. 乙酰溴法测定棉籽壳中木质素的含量[J]. 纺织学报，2013，34(9)：12 - 16.

[2] 李靖，程舟，杨晓伶，等. 紫外分光光度法测定微量人参木质素的含量[J]. 中药材，2006，

29(3):239-241.

[3] 张相育,王立旭,刘波.浊度法测定亚麻纤维中微量木质素含量[J].化学与粘合技术交流,2004(6):368-369.

[4] 贺家亮,李开雄,刘海燕,等.高效液相色谱法在食品分析中的应用[J].食品研究与开发,2008,29(11):175-177.

纳米微晶纤维素制备工艺的研究

李雅丽[1,2],段学燕[1]
1.渭南师范学院 化学与环境学院 陕西 渭南 714099
2.陕西省煤基低碳醇转化工程研究中心 陕西 渭南 714099

摘　要:纳米微晶纤维素(NCC)作为一种纳米材料,其尺寸在纳米级,具有明显的表面效应、小体积效应且粒径小,比表面积大,杨氏模量大,在生物制药、食品生产、造纸纺织等领域的应用越来越广。本文主要综述 NCC 制备方法如化学法、物理机械法、生物酶解法方法,从而更加深了解 NCC,充分利用 NCC,使其在更多领域内有应用价值。

关键词:纳米微晶纤维素;酸解法;物理机械法;生物酶解法方法

基金项目:渭南师范学院自然科学基金项目(14YKS001);陕西省教育厅重点科学研究计划项目(16JS031)。

Ranby 等[1]研究者初次通过测试纤维素酸水解后的残余物发现了棒状纤维素晶体,其尺寸在纳米级,称其为纳米微晶纤维素。将纤维素经过一定的方法处理后,如酸水解、酶水解等,去除纤维素中结构不致密无定形区和少部分结晶区,可获得一种宽度细小纤维素结晶体,即 NCC。NCC 除具有纳米材料尺寸小,明显的小尺寸效应和表面效应,强度大等性能特点外,还具有可生物降解、生物相容等特有性质,因而它在众多领域中显示出巨大的潜力。纤维素的表面活性高,表面存在有大量的羟基、还原性端基等活性基团,这为它的化学改性提供了基础,使纳米微晶纤维素在生物制药、食品生产、造纸纺织、功能材料等领域应用研究越来越引人注意。本文主要综述 NCC 的制备方法以及其应用,为 NCC 的认识和理解提供了一些基础理论知识和参考信息,从而使其能够更多的应用于生活实践。

1　纳米微晶纤维素的制备工艺

纳米微晶纤维素制备工艺多样复杂,所得产物的特性和形状各异。NCC 制备工艺主要有化学法、物理法、生物酶法等[2]。其中化学法制备工艺是最为普遍,物理法易工业化生产,可利用高压精磨机进行处理,而生物酶法制备成本较高。目前 NCC 制备原料绝大部分来源于木料纤维和棉纤维,制备工艺一般也采用前两种。

1.1　化学法

作为一种线形高分子材料,纤维素结构主要是通过糖苷键将小分子彼此连接起来。其分子之间、分子内部除了有糖苷键外，还有很多氢键，而氢键强作用力使各分子紧密地排列起来，呈现一定的规则，并在X射线衍射的条件下有特定的图谱，将这种区域称为纤维素的结晶区。其中也有纤维素大分子比较疏松相互堆砌没有形成结晶区的无定形区。无定形区相互之间键力较小且结构不紧密，因此它的反应活性较高，反应时可以优先发生作用而被去除，留下未反应的结晶区。纤维素内的无定形结构疏松，可以通过水解反应或其他反应将其去除，最终得到NCC。

1.1.1 酸水解法

纤维素无定形区结合键作用力较弱，结构不是很紧密，反应时试剂能够轻松进入其中，而结晶区结构紧密，试剂不易侵入。在一定浓度酸性条件下，无定形区较疏松反应活性较大，其糖苷氧原子在 H^+ 作用下会被快速质子化，糖苷键不再没有极性，在偶极矩的作用下正电荷就会转移到碳原子上并脱除形成 C^+ 和 H_3O^+。纤维素既可以在浓度较大的酸性条件下水解，也可以在稀酸条件下水解[3]。

传统酸水解法制备NCC技术工艺很成熟，但是其腐蚀性较强，工艺条件较苛刻，同时水解过程中残留物以及杂质，需要大量水来洗涤。更重要的是，硫化作用会在NCC表面引入磺酸基，从而限制了其在食品、医学、医药等相关材料领域的应用。

1.1.2 次氯酸钠法

次氯酸钠法制备NCC的原理是根据次氯酸的弱酸性进行双向水解。在几乎中性下将纤维素氧化水解。NaClO在酸、碱的环境下都可以存在，在碱性下HClO水解后主要以 ClO^- 形式存在，碱性越高则阻止纤维素反应速度；在酸性条件下HClO水解后主要以HClO和 Cl_2 形式为主，酸性越高反应速度越慢；而中性条件下HClO既可以进行酸性水解，也可以进行碱性水解，两种水解同时进行，氧化速率最快，而反应生成的 Cl_2 也会被消除在体系外，最终体系中以主要以HClO和 ClO^- 形式存在。在次氯酸钠发生降解反应时，纤维素中无定形区也会发生消除反应，进而纤维素线形高分子链会剧烈氧化发生降解[4]。而这种方法有时也被称为NCC的碱性制备方法[5]。酸水解法获得的NCC呈现棒状，而此法是在近中性条件下获得的NCC，发生了部分碱性水解，则粒径就会相对偏小，而且反应速度较快，NCC一般为球形。

1.2 物理机械法

Zhu J. Y. 等[7]通过一些特定处理把桉木浆漂白后作为原料，在纤维素酶作用下，桉木浆无定形区由于结构疏松快速脱除，而结晶区结构紧密，氢键作用力强，则用机械高压均质工艺，最后便可获得NCC，研究者还表征了其成膜特性；Spence K. L. 等[7]研究者同样是采用机械高压均质的制备工艺，采用未漂白针叶木，经过漂白后的硫酸盐浆以及热磨化学机械浆作为制备工艺环境，获得了NCC，并根据不同的原料制备所得到不同的NCC进行了成膜性能表征。

物理机械法制备NCC工艺比较简单，但是条件比较苛刻，必须采用特殊设备，同时要在高压条件下，过程能耗较高。而制备得到NCC产物结构、功能有很大的差别，且分布不均匀，这使得它在众多领域中的具体应用并不能清晰的区别。

1.3 生物酶解法

近几年，生物科学技术开始快速发展而且其应用领域不断蔓延。研究人员开始尝试通过用生物技术来制备NCC，大多数生物酶在常温常压生存，其活性环境比较温和。有些研究者采用细菌纤维素作为原料，向其中加入纤维素酶，一段时间后制备得到NCC，该研究还发现NCC的制备工艺需要两种酶同时发挥作用即内切葡萄聚合糖酶和外切葡萄聚合糖酶。在制备工艺过程中发现两种酶在同一条件反应活性有很大的差别，内切酶的活性较外切酶来说相对偏低。内切酶在反应过程中会生成中间产物，从而阻止该实验的进行，使得反应不能完全进行完毕，以此最终获得纳米微晶纤维素。

与化学法和物理机械法工艺有所不同，生物酶解法制备工艺在常温常压下进行，反应条件不苛刻。该方法大多数采用生物酶作为原料，减少了酸、碱及有害物质的使用，有利于缓解环境污染，同时其制备条件不苛刻，可以避免大量能源损耗。因此，通过生物酶法 NCC 具有很大应用价值。但是由于这方面经验不足，研究甚少，NCC 的制备率很低，因此目前面临重大问题是如何通过有效措施来提高产率。

2 结 语

纳米微晶纤维素作为一种新型高分子材料，其尺寸在纳米级，粒径小，比表面积大，其性能优异，已在制浆造纸及聚合物基复合材料制备等领域得到了深入开发，并取得重大进展。应用先进的理论知识与仪器设备相结合，采用优质原料配方、合理制备工艺，获得低污染、低能耗、高收率且具备特殊性能的新纳米精细化工产品是当前制备 NCC 的研究热点[8]。同时，由于 NCC 制备工艺对反应体系的环境、反应温度、反应时间等都有很大的联系，因此目前 NCC 的研究范围还没有普遍，制备工艺也比较局限。总之，NCC 的开发领域还有待于继续挖掘，从而扩大 NCC 的应用价值使其有更广泛的应用。

参考文献

[1] Ranby, B. G. Aqueous colloidal solutions of cellulose micelles[J]. Acta Chemica. Scandinavica, 1949, 3: 649 - 650.

[2] 叶代勇，黄洪，傅和青，等. 纤维素化学研究进展[J]. 化工学报，2006，8(57)：1782 - 1792.

[3] 王能，丁恩勇. 酸碱处理后纳米微晶纤维素的热行为分析[J]. 高分子学报，2004，12(6)：925 - 928.

[4] 李琳，赵帅，胡红旗. 纤维素氧化体系的研究进展[J]. 纤维素科学与技术，2009，17(3)：59 - 64.

[5] 陈孝云，陈星，洪时伟. 碱法纳米纤维素模板剂合成介孔 TiO_2 及其性能[J]. 催化学报，2011，32(11)：1762 - 1767.

[6] Zhu J Y, Sabo R, Luo X L. Integrated production of nano-fibrillated cellulose and cellulosic biofuel (ethanol) by enzymatic fractionation of wood fibers[J]. Green Chem, 2011, (13): 1339 - 1344.

[7] Spence K L, Venditti R A, Habibi Y, et al. The effect of chemical composition on microfibrillar cellulose films from wood pulps: Mechanical processing and physical properties [J]. Bioresource Technol, 2010, (101): 5961 - 5968.

[8] 桂红星. 纳米纤维素微晶制备新方法及其应用研究[D]. 广州：中山大学，2006.

水滑石的水热法制备

祝保林[1,2]

1.渭南师范学院 化学与环境学院 陕西 渭南 714099;

2.陕西省煤基低碳醇转换工程研究中心 陕西 渭南 714099

摘 要:通过“共沉淀-双滴法”制备了具有层状插层结构的镁铜铝水滑石,并确定了制备镁铜铝水滑石的最佳摩尔比、最佳pH值和最佳温度等制备工艺条件。实验通过单因素分析的试验原则,分别用不同摩尔比、不同pH值和不同温度的单一变量条件下制备水滑石,借助XRD分析三种不同条件下水滑石的结构,从而确定了制备镁铜铝水滑石的最佳工艺条件:镁铜铝摩尔比3∶1∶1,反应pH值=9.0,反应温度85℃。

关键词:共沉淀-双滴法;水滑石;XRD;单因素分析

水滑石是一种具有层状结构的新型无机功能材料。天然水滑石首先是在瑞典的岩层中被发现的,但其在自然状态存在的数量很少[1—2]。20世纪初学者们开始对水滑石的结构进行探究,从而确定了水滑石的层状结构特征,直到20世纪90年代,首次人工合成了水滑石[3]。进入21世纪以来,随着先进分析方法和精确测试技术的普遍应用,从而促进了人们对水滑石类插层材料的仔细研究,进而推动了水滑石在一些新兴领域的应用与发展[4—8]。

由于水滑石具有主层板化学组成可调控性和层间客体阴离子的数量和种类可调控性的结构特点,则可通过变更层间阴离子的种类,而得到不同性能的水滑石类材料[9—13]。由于对水滑石类材料的性质和特点的不断深入研究,使得水滑石类材料作为一类独特的化工原料,在塑料制造业、橡胶制造业、医药合成和废水处理等众多行业中得到了广泛的应用[14—15]。

实验在单一变量条件下制备了系列水滑石,利用XRD分析不同条件下所制备的水滑石的结构[16],从而确定了镁铜铝型水滑石的最佳制备条件,进一步对水滑石类插层材料结构和性能进行了初步探究[17—19]。

1 实验部分

1.1 实验所用试剂

表1 实验所用试剂

试剂名称	规格	生产厂家
$Mg(NO_3)_2 \cdot 6H_2O$	分析纯	成都艾科达化学试剂有限公司
$Cu(NO_3)_2 \cdot 3H_2O$	分析纯	南京正三角化学试剂公司

续表 1

试剂名称	规格	生产厂家
$Al(NO_3)_3 \cdot 9H_2O$	分析纯	南京华嘉化学试剂有限公司
NaOH	分析纯	天津金汇太亚化学试剂有限公司
H_2O	电导率≤10^{-6} S/cm	实验室自制

1.2　实验仪器

表 2　实验所用仪器

仪器名称	生产厂家
电热恒温水浴锅	天津泰斯特仪器有限公司
DZ-2BC 型真空干燥箱	天津泰斯特仪器有限公司
电动搅拌器	常州国华电器有限公司
PHS-3C 型酸度计	上海康仪仪器有限公司
XRD-7000 型 X 射线衍射仪	日本 SHIMADZU 公司

1.3　实验装置及技术路线

图 1,图 2 为制备镁铜铝水滑石的实验装置图及制备工艺路线。

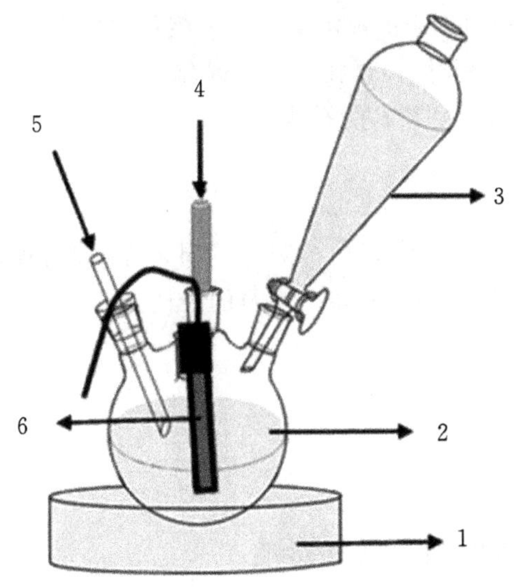

1—电热恒温水浴锅；2—四颈烧瓶；3—分液漏斗
4—电动搅拌器；5—通入 N_2；6—PHS-3C 型酸度计
图 1 实验装置图

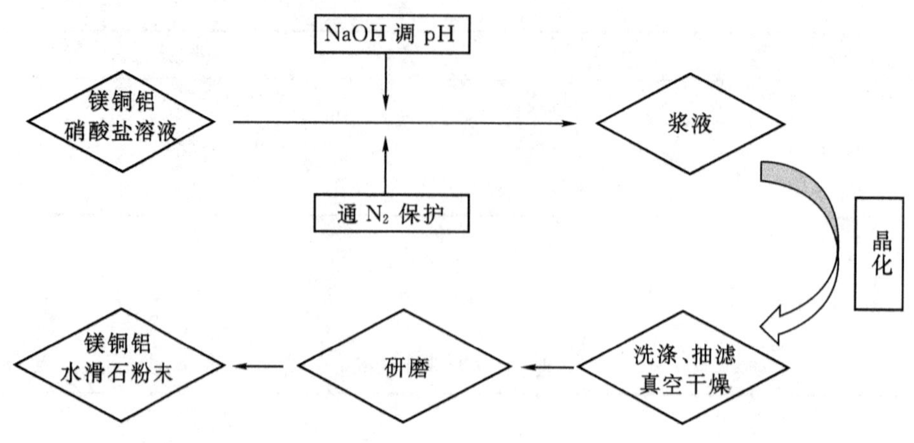

图 2 制备镁铜铝水滑石的技术路线图

1.4 实验步骤

分别取摩尔比为 3∶1∶1,2∶1∶1 ,3∶1∶2 和 1∶1∶2 的 $Mg(NO_3)_2 \cdot 6H_2O$, $Cu(NO_3)_2 \cdot 3H_2O$和$Al(NO_3)_3 \cdot 9H_2O$,将其分别溶解到 100 mL 沸腾去离子水的烧杯中,同步用 1 mol/L 的 NaOH 溶液调节 pH 值=8～9。待无机盐完全溶解后加入分液漏斗,并在通入氮气保护环境下,将混合盐溶液缓慢滴加到预先注入 80 mL 蒸馏水的四颈烧瓶中,与此同时用 NaOH 溶液作为 pH 值的调节剂和反应的沉淀剂,并在反应过程中控制实验所需要的 pH 值,在确定温度下反应 4 小时后,再在常温下晶化 24 小时,将所制备样品以超纯水洗涤至中性,再抽滤,真空干燥、研磨,得到水滑石成品。

1.5 实验检测仪器

使用 XRD－7000 型 X 射线衍射仪,检测在不同条件下制备的水滑石的图谱来确定其相的组成和晶体的生长情况,从而确定制备水滑石的最佳条件。

2 分析及讨论

2.1 镁铜铝摩尔比对水滑石制备的影响

由图 3 给出的不同摩尔比制备的镁铜铝型水滑石的 XRD 衍射谱图,可以看出当镁铜铝的摩尔比为 2∶1∶1 时,所制备水滑石的 XRD 的特征衍射峰的峰形不明显,表明所形成的水滑石的结晶度不高,晶型不完整;而其他三组条件下所制备的水滑石的衍射峰的峰形都是基线平稳,峰形尖而窄,说明其结晶程度好、品相单一,但当镁铜铝的摩尔比为 3∶1∶1 时。水滑石的晶面衍射峰最高,峰形最好,且最为完整。故镁铜铝的摩尔比为 3∶1∶1 是镁铜铝水滑石的最佳制备条件。

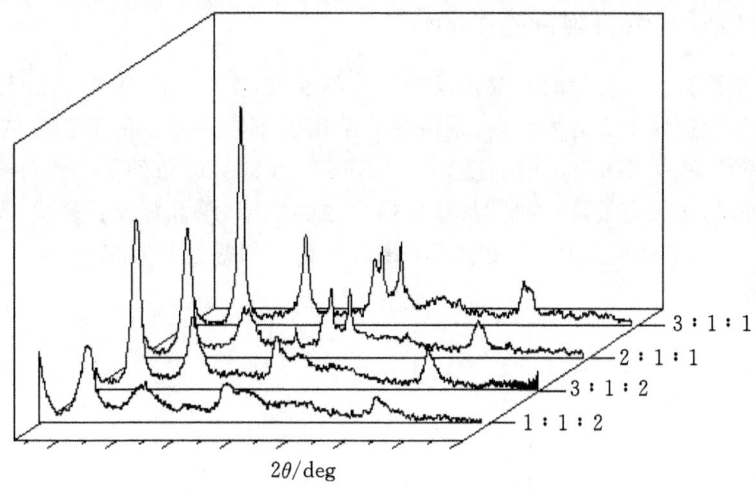

图 3　不同摩尔比下合成的镁铜铝水滑石的 XRD 衍射谱图

2.2　体系 pH 值对水滑石制备的影响

考虑到共沉淀制备镁铜铝水滑石时，既要尽可能的使几种金属离子能同时完全沉淀，又要避免沉淀的溶解，所以反应对 pH 值要求比较严格，实验分别对 pH 值=8.5，pH 值=9.0 和 pH 值=9.5 条件下合成镁铜铝水滑石进行了 X 射线测试。由图 4 给出的不同 pH 值条件下合成的镁铜铝水滑石的 XRD 衍射谱图，可以得出三个 pH 值条件下制备的镁铜铝水滑石都呈现了典型的水滑石的特征吸收峰，但 pH 值=8.5 时，出现了比较明显的杂质峰；而 pH 值=9.0和 pH 值=9.5 时，所制备的镁铜铝水滑石的 XRD 的特征衍射峰的峰形都比较尖而窄，且基线平而稳，说明其结晶程度好、品相单一，相比较两者的峰形，当 pH 值=9.0 时所得的特征衍射峰的峰形最好。故镁铜铝水滑石的最佳制备 pH 值为 9.0。

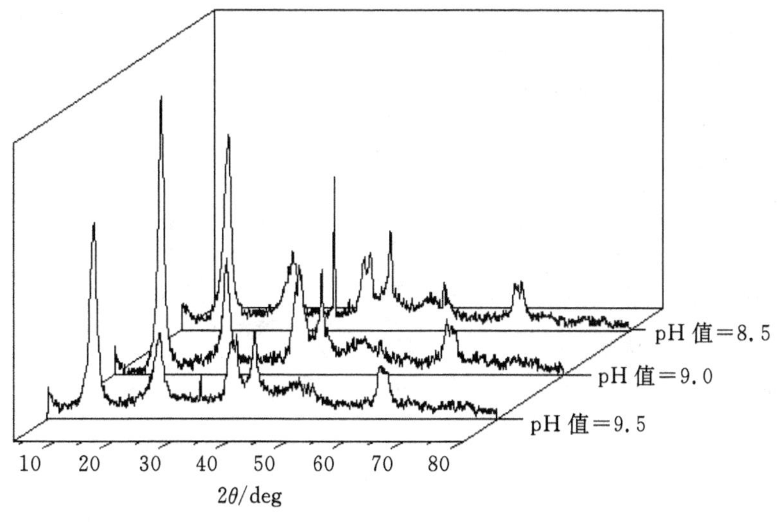

图 4　不同 pH 值下合成的镁铜铝水滑石的 XRD 衍射谱图

2.3 反应温度对水滑石制备的影响

因为制备水滑石的反应是瞬间成核反应的均相反应，反应所需要的活化能比较低，所以温度对反应结果不会造成太大的的影响，则由图 5 给出的不同反应温度下合成的镁铜铝水滑石 XRD 的衍射谱图，可以得出当反应温度在 65℃，75℃和 85℃的条件下，合成的镁铜铝水滑石的衍射峰的峰形都比较完整，基线平而稳，且峰形也尖而窄，结晶程度比较高。当制备温度为 85℃时，晶面衍射峰的强度最好，故镁铜铝水滑石的最佳制备温度为 85℃。

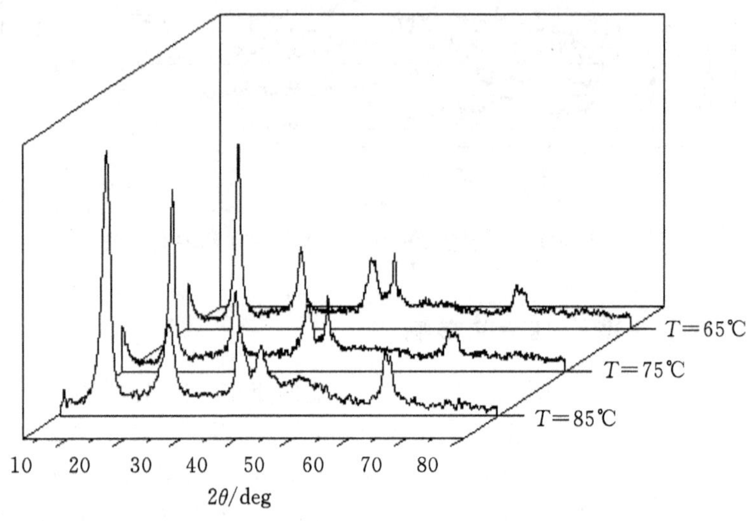

图 5 不同反应温度合成的镁铜铝水滑石的 XRD 衍射谱图

3 结　论

由以上分析得到，制备的镁铜铝水滑石的最佳条件为：镁铜铝摩尔比 3∶1∶1，反应 pH 值为 9.0，反应温度 85℃。图 6 是在最佳条件下制备的镁铜铝水滑石的 XRD 衍射谱图，其衍射峰的基线平稳，峰形也尖而窄，说明所制备的镁铜铝水滑石样品的结晶程度好、品相单一。

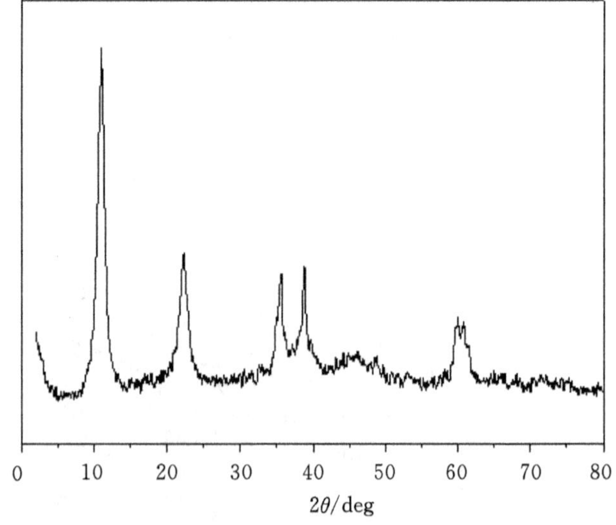

图 6 最佳条件制备的镁铜铝水滑石的 XRD 衍射谱图

参考文献

[1] 刘红，陆天虹，李淑萍，等. 类水滑石化合物制备方法研究综述[J]. 南京师大学报(自然科学版)，2009，32(2)：82-86.

[2] 孙金陆，甄卫军，李进，等. LDHs 材料的结构、性质及其应用研究进展[J]. 化工进展，2013，32(3)：610-616.

[3] 李俊燕. 类水滑石化合物的合成及应用研究进展[J]. 化工科技，2015，23(3)：77-80.

[4] 陈建荣，李敏，刘志方，等. Zn/Mg/Al 水滑石的合成及其对纸张阻燃性能的研究[J]. 广东化工，2016，43(1)：23-24.

[5] 张越，白雪丽，赵永祥，等. Cu/Zn/Al-CO_3 LDH 的制备、表征及催化性能[J]. 化学与生物工程，2015，(12)：28-32.

[6] 杨小丽，杨金香. 类水滑石化合物的制备及应用[J]. 化工中间体，2010，06(1)：7-11.

[7] 范惠琳，何伟. 水滑石阻燃剂的合成及其性能研究[J]. 沈阳化工大学学报，2011，25(3)：250-255.

[8] 曹根庭，邢方方，方彩萍，等. 铜钴镁铝类水滑石的合成、表征及对 NO_x 吸附性能的研究[J]. 稀有金属材料与工程，2008，37(2)：406-408.

[9] 杜宝中，米海涛，杨渝，等. MgCuAl 类水滑石的制备及插层聚合与结构表征[J]. 高分子材料科学与工程. 2014，30(07)：177-183.

[10] 杜宝中，唐晓庆，祝保林，等. 茶碱插层 Mg/Zn/Al-LDHs 复合物的组装及其缓释性能研究[J]. 功能材料，2013，(2)：236-240.

[11] 李凯荣，谷晓庆，郝德彪，等. 镁铝类水滑石的合成、表征及其催化丙酮缩合性能[J]. 分子催化，2010，24(4)：309-314.

[12] 孙艳慧. 水滑石类材料在废水处理方面的应用进展[J]. 黄金科学技术，2015(3)：99-104.

[13] 栾中岳，白志民，宋学礼，等. Mg-Al 类水滑石的制备及摩擦性能[J]. 硅酸盐学报，2013，41(5)：679-684.

[14] Kai Yan，Xianmei Xie，Jinping Li，et. al. Preparation，Characterization，and Catalytical Application of MgCoAl-Hydrotalcite-Like Compounds[J]. 天然气化学(英文版)，2007，16(4)：371-376.

[15] 付帆，白志民，杨娜，等. Cu-Mg-Al 类水滑石的插层改性及摩擦性能[J]. 硅酸盐学报，2012，40(1)：165-169.

[16] 陈冬梅，陈森森，张朝平，等. 类水滑石的制备及表征[J]. 贵州化工，2012，37(1)：17-19.

[17] 韩玉琦，宋红娟，魏玉娟，等. Ag@AgCl/Mg-Al-LDHs 复合光催化剂的制备及可见光催化活性[J]. 化学工程，2016(1)：58-62.

[18] 朱清，印嘉佳，王金玉，等. 镁铝水滑石的制备与应用研究进展[J]. 化工时刊，2013，27(7)：34-38.

[19] 童孟良，舒均杰，王罗强，等. 镁铝水滑石的制备与改性[J]. 塑料，2014，43(1)：27-29.

光催化技术的应用及发展

毛 娜[1,2]

1. 渭南师范学院 陕西 渭南 714099；

2. 陕西省煤基低碳醇转化工程研究中心 陕西 渭南 714099

摘 要:本文综述了光催化材料研究的进展,总结了光催化领域材料发展的新方向。分析了提高光催化能量转换效率的关键所在及开展新型光催化材料研究工作的重要性,展望了该领域的未来发展前景。

关键词:光催化技术;光催化材料;抗菌

光催化技术是一种能够处理污染难题和开辟新型能源的高科技技术。目前,海内外就半导体光催化已进入深切研究。近些年,由于工业制品和能源的发展对周围环境造成了严重的污染。所以为了保护环境减少污染,恢复生态平衡受到人们极度重视。如今光催化技术能够解决饮用水、空气和清洁能源的需求。它有着巨大的发展前景,是一个能够真正解决环境污染的绿色技术。如今,光催化技术已在光催化杀菌、净化空气以及水处理等方面得到了科学家的深入研究,并获得了很大的进展。

1 光催化抗菌

细菌在生活中随处可见,有益细菌给人们的饮食消化等带来了帮助,但有害细菌却危害着人们的身体健康。为了有效地除去这些有害细菌,科研人员通过实验研究发现了能够杀菌的纳米材料光催化技术。该技术能够在太阳能光催化下杀灭我们使用的某些物品表面的细菌,并且还具有消毒等功效。

1.1 抗菌涂料制品

涂料在建筑装修中据有重要的位置,涂料制品与我们的日常生活息息相关。张浩[2]纳米TiO_2抗菌粒子的制备及处理进入了深切研究。但是由于目前制造成本太高并未进入市场,所以降低成本,提高各方面的性能是现在重要的研究方向。

1.2 抗菌塑料制品

生活中我们使用的塑料制品很多,我们几乎每天都在接触,因此细菌也随之滋生,尤其是公共场合的塑料设施，更会直接影响着我们的身体健康。彭红瑞等[3]通过测试研究的纳米复合材料能够适当地消除细菌内毒素，而且还可以抑制细菌生长。

1.3　抗菌陶瓷制品

陶瓷是我国历史发展中一个亮点，我们每天都要和它们接触，为了确保安全卫生，我们每天都要去打扫，但是都不能做到彻底清除。当在瓷砖表面涂覆上 TiO_2 纳米膜以后，其表现出了耐酸性、耐碱性以及抗菌除臭等效果，表现出它的实用价值。冯晋阳[4]使用金属离子复合抗菌剂制备抗菌陶瓷，测试中采取两种金属离子复合抗菌剂，添加到釉料中，发现合成的抗菌陶瓷抗菌率高达 99.9%。

2　光催化处理水

随着工农业的大力发展，每年由于生产业产生的污水不断增加，污水处理成为工业制造业的难题。为了更好地使工农产业持续稳定进步，又减少对环境的污染，科学家发现催化氧化技术可以降解污水中的污染物。芦丽霞等[5]利用太阳能光催化氧化技术，当光照射光敏半导体时产生的生成物接触半导体的表面时，反应产生 OH 自由基(显氧化性)，OH 自由基能够氧化分解污染物中的有机物和无机物。

2.1　藻类的去除

由于水藻中含有微囊藻毒素，所以这些微囊藻毒素跟随被污染的水产品便进入了人们的身体。微囊藻毒素具有抑制人体中蛋白磷酸酶的活性的功能，并且还会促进细胞癌变。陈晓国等[6]通过测试发现太阳光/多孔 TiO_2 膜体系能够去除水中的微囊藻毒素。

2.2　天然有机物(NOM)的去除

在水处理时天然水体中的 NOM 严重影响着处理效果，给水处理带来很大的难题。因为天然水中含有 NOM，为了降解 NOM，使得供水水质得到提高，最后能够让人们饮用上优质的水。Davor Lujbas 等[7]运用太阳能辐射光催化技术降解了自然湖泊水中的 NOM，并探讨了太阳能光催化氧化降解地表水中 NOM 含量的有效性。

2.3　染料的处理

由于人们对衣物的大量需求，纺织产业迅速发展，其中生产造成了大量污水，由于污水中含有大量的有害化学物质，已经对当地动植物生长造成了威胁。科学家测试发现光催化氧化技术能够使污水中有害物质达到降解效果。张胜利等[8]通过测试发现当在 TiO_2 光催化剂中加入 Cu(Ⅱ)离子后，再加入 H_2O_2，并用太阳光照射，当把甲基橙放进该催化剂中时，会发现甲基橙立刻褪色。

3 光催化制氢气

为了解决污染问题，并寻找可再生的绿色能源，氢气的出现给人们带来了很大的希望。制氢技术一直是能源开发的难点，海内外科研职员正在深切的研究。Zou 等[9]研制出了一系列可运用新型可见光的氧化物光催化剂。不需要任何助催剂的情况下，这些催化剂就能够把水完全分解成 H_2 和 O_2。当用特定的波长光对催化剂进行照射时，发现光催化能够使纯水变成氢气和氧气。虽然分解效率很低，但是可以同时放出 H_2 和 O_2，值得深入研究。

4 光催化净化空气

随着工业的大力发展，有害物质排放到空气中，使得空气受到污染，更有臭氧层被破坏导致南北两极冰雪融化等自然灾害。科学家发现光催化反应能够降解空气中的污染物。Sanchez Torres 等[10]在实验中发现，TiO_2 和 SiO_2-TiO_2 的反应活性大于在甲苯中加入了 Al_2O_3-TiO_2 和 Fe_2O_3-TiO_2 催化剂的活性。

5 光催化金属防腐蚀

日本学者 Fujishima 等[11]开展了对光催化 TiO_2 以及防腐蚀等方面的一些工作。测试结果显示，当紫外光照在 TiO_2 涂层上时，金属铜、不锈钢和碳钢均没有被腐蚀。为了更好地解决腐蚀问题，我们还需对光催化剂进行深入的研究。

6 结　语

光催化技术如今影响着我们的生活，为了解决污染物给我们带来的难题，我们必须大力发展光催化技术，来保护我们赖以生存的家园和我们自身的人身安全。随着该技术的发展，我们不仅能够享受到良好的生活环境，而且还可以利用此技术帮助我们解决能源问题。如今光催化技术的发展已成为全球的焦点，与美、日等国相比我们的技术还相差很远。但是与此同时，我们更要懂得节约资源，爱护环境，使地球母亲尽快恢复健康。

参考文献

[1] 许莹. 无机抗菌剂的制备及在建筑用杀菌涂料中的应用[J]. 新型建筑材料，2003，(2)：47－48.

[2] 张浩，袁军座. 用于光催化抗菌涂料的纳米 TiO_2 的制备及改性方法[J]. 材料保护，2013.(09)：12 - 15.

[3] 彭红瑞，孙凤，张志琨. 纳米 TiO_2 改性塑料的抗菌及分解内毒素特性研究[J]. 机械工程材料，2004，28(8)：46 - 49.

[4] 冯晋阳. 无机抗菌陶瓷的研制[D]. 武汉理工大学，2002，22 - 24.

[5] 芦丽霞，何争光，熊辉东，等. 太阳能光催化氧化技术在水处理方面的研究进展[J]. 广州化工，2006，34(3)：11 - 13.

[6] 陈晓国，肖邦定，徐小清，等. 太阳光/多孔 TiO_2 膜催化降解微囊藻毒素[J]. 中国给水排水，2003，19(7)：16 - 19.

[7] Davor L. Solar photocatalysis-n possible step in drinking water treatment[J]. Energy，2005，30：1699 - 1703.

[8] 张胜利，罗和安，陈小明，等. Cu(Ⅱ)/ TiO_2/H_2O_2 联合体系中甲基橙的太阳光催化降解[J]. 化学研究，2004，15(2)：9 - 13.

[9] Zou Z，Ye J，Sayama K，et al. Direct splitting of water under visible light irradiation with an oxide semiconductor photocatalyst[J]. Nature，2001，414：625 - 628.

[10] 肖羽堂，马程. 光催化净化空气研究进展[J]. 现代化工，2007，27(6)：15 - 19.

[11] Jiangnan Y，Shigeo T. Characterization of sol-gel derived TiO_2 coating and their photoeffects on copper substrates[J]. J Electrochem Soc，1995，142(10)：3444 - 3449.

密度泛函理论的发展及其应用

马咏梅[1,2]

1.渭南师范学院 化学与环境学院 陕西 渭南 714099;

2.陕西省煤基低碳醇转换工程研究中心 陕西 渭南 714099

摘　要:密度泛函理论(DFT)用变分法和自洽场方法求解电子密度和体系的能量使计算达到了一定的精度。可以成功预测一些大分子的结构和振动频率以及一些光谱性质。是当前理论化学研究化学反应动态过程的有力工具。

关键词:密度泛函理论;电子密度;能量

随着理论方法中关键的电子密度表达式精确度的提高,密度泛函理论 DFT(Density Functional Theory)[1-2]越来越受到重视,以致在理论化学中掀起了一阵高潮。

DFT 理论是从 20 世纪 20 年代的 Thomas-Fermi-Dirac 模型和后来的 Slater,Honberg,Kohn 和 Sham 工作的基础上逐渐发展起来的。

1964 年 Hohenberg 和 Kohn 首先证明:对于电子数不变的基态体系,其 Hamilton 量是电子在空间密度分布 $\rho(\vec{\gamma})$ 的唯一确定的泛函,反之亦然。与此同时,对于一个近似的(或试探性的)电子密度 $\rho'(\vec{\gamma})$,如果有 $\rho'(\vec{\gamma}) \geqslant 0$ 和$\int \rho'(\vec{\gamma}) \mathrm{d}\vec{\gamma} = N$($N$ 为电子总数),则变分原理成立:

$$E_0 \leqslant E[\rho']$$

此称为 Hohenberg-Kohn 定理或 Hohenberg-Kohn 变分定理[3]。

其中,最具有吸引力的是,对上式右端进行变分处理,无论分子多大,只涉及到电子的空间坐标三个变量,待优化参数因此仅仅是包含了三个变量的电子密度(相应 HF 方法中一般有 n^2 个待优化的参数)。为此,Kohn 获得了 1998 年 Noble 化学奖。

1965 年,Kohn 和 Sham 将能量表达式[4]写成:

$$E = E^{\mathrm{T}} + E^{\mathrm{V}} + E^{\mathrm{J}} + E^{\mathrm{XC}}$$

上式中 E^{T} 是电子动能,E^{V} 包含原子核与电子吸引的势能及原子核间的排斥势能。E^{J} 为电子密度本身的库仑相互作用,E^{XC} 为交换-相关能(包含交换能和相关能)。E^{V} 和 E^{J} 是直接的,因为它们代表经典的库仑相互作用;而 E^{T} 和 E^{XC} 不是直接的,它们是 DFT 方法中设计泛函的基本问题。1965 年,Kohn 和 Sham 在构造 E^{T} 和 E^{XC} 泛函方面取得突破建立了 Kohn-Sham 方程,从而使密度泛函理论得到普遍应用。处理交换相关作用是 Kohn-Sham 方法中的难点。最简单的近似求解方法为局域密度近似(Local Density Approximation,LDA)[5]。LDA 使用均匀电子气来计算体系的交换能(均匀电子气的交换能是可以精确求解的),而相关能部分则采用对自由电子气进行拟合的方法来处理，即：

$$E^{XC}[\rho(\vec{\gamma})] = \int \rho(\vec{\gamma}) \varepsilon_{XC}[\rho(\vec{\gamma})] d\vec{\gamma}$$

由于实际原子和分子体系的电子密度不是均匀的，而 LDA 是建立在理想的均匀电子气模型[6~8]基础上，那么当分子中的密度急剧变化时，即电荷密度的分布极不均匀时，用 LDA 方法得到的交换-相关能与实际情况就会有很大的偏差。因此，要进一步提高计算精度，就需要在泛函中引入密度梯度。广义密度梯度近似（GGA：Generalized Gradient Approximation）方法就是认为交换-相关能不仅是电荷密度的泛函，而且也是电荷密度梯度的泛函，从而在 LDA 方法的基础上提高了计算精度，得到更精确的交换相关能。

$$E^{XC}[\rho(\vec{\gamma})] = \int \rho(\vec{\gamma}) \varepsilon_{XC}[\rho(\vec{\gamma})] d\vec{\gamma} + E^{XC}_{GGA}[\rho(\vec{\gamma}), \rho'(\vec{\gamma})]$$

目前，一般将 E^{XC} 分成交换和相关两部分：

$$E^{XC}[\rho(\vec{\gamma})] = E_X[\rho(\vec{\gamma})] + E_C[\rho(\vec{\gamma})]$$

常用的交换能量泛函包括 S(Slater)，X (Xalpha)，B(Becke88)；常用的相关能量泛函包括 VWN(Vosko-Wilk-Nusair 1980)，VWN V(Functional V fromthe VWN80)，LYP(Lee-Yang-Parr)，PL (Perdew Local)，P86 (Perdew 86)，PW91 (Perdew-Wangs 1991 gradient-corrected) 等。

除了上述两种常用的交换相关泛函，还有几种其他的交换相关能密度泛函，分别为：广义梯度密度泛函理论，meta-GGA：此类泛函的变量较之 GGA 增加了动能密度；hybrid-GGA：泛函引入了 Hartree-Fock exchange 项；以及完全非局域泛函：泛函与所有占据和非占据的轨道都有关。

交换能量泛函与相关能量泛函组合，可以产生各种有用的杂化泛函方法。下面列出几种常见的杂化泛函。

Becke 三参数杂化泛函。例如 B3LYP、B3P86、B3PW91 等方法。其中 B3LYP 方法最著名，它是在 1993 年，由 Becke 第一次提出的三参数的 hybrid－DFT 方法。B3LYP 使用 Becke88 的交换泛函和 LYP 的非局域相关，局域相关使用 VWN 泛函Ⅲ（而不是泛函Ⅴ）。其计算公式为：

$$\text{B3LYP} = A * E^X_{Slater} + (1 - A) * E^X_{HF} + B * E^X_{Becke} + E^C_{VWN} + C * \Delta E^C_{non-local}$$

常数 A=0.80，B=0.72，C=0.81 是通过拟合 G2 测试组得到的。

Becke 单参数杂化泛函包括：B1B95，B1LYP，mPW1PW91 等方法。

两者各半泛函包括：BH&H 和 BH&HLYP 方法。与 Becke 提出的“半对半”泛函不同，BH&H 和 BH&HLYP 的计算公式分别为：

$$\text{BH\&H} = 0.5 * E^X_{HF} + 0.5 * E^X_{LSDA} + E^C_{LYP}$$

$$\text{BH\&HLYP} = 0.5 * E^X_{HF} + 0.5 * E^X_{SVWN} + 0.5 * E^X_{Becke88} + E^C_{LYP}$$

BH&HLYP 方法计算精度大致相当于 MP2 方法的计算精度，在给定的基组下，DFT 方法比 MP2 方法更加节省计算资源。与 B3LYP 方法相比，BH&HLYP 方法目前被越来越多的验证更适合于计算化学反应体系，如优化过渡态和计算反应路径，同时也适合较大分子体系的理论研究。

Zhao 和 Truhlar 提出了两个新的杂化的广义梯度密度泛函理论（hybrid meta－GGAs）

M06 及其变体 M062X。其杂化的交换相关能可表示为：

$$E_{\text{hyb}}^{\text{XC}} = \frac{X}{100}E_{\text{HF}}^{\text{X}} + (1 - \frac{X}{100})E_{\text{DFT}}^{\text{X}} + E_{\text{DFT}}^{\text{C}}$$

对于 M06，X=27；对于 M062X，X=54。

密度泛函理论计算量小，适用于较大的分子，并且还在一定程度上考虑了电子相关效应，目前在预测分子结构方面很成功，在定量能量计算方面也很有吸引力（如用 G2 基组，一些分子的定量计算精度可以达到绝对偏差为 2 kcal/mol 的水平）。DFT 方法还可以用于电离势的计算、振动光谱的研究、催化活性位的选择、生物分子的电子结构以及激发态和与时间有关的基态性质的研究。DFT 与分子动力学（MD）结合的分子模拟，是当前理论化学研究化学反应动态过程的有力工具。DFT 方法当前也还是国内外研究的热点课题。但是为了获得较好的交换相关泛函，必须做一定近似（如 LDA），认为因素和经验参数也较多。其次，用不同泛函得到的结果的优与劣很难有一个较客观的判断标准。相应地，HF 方法和组态相互作用则可以通过电子能量尽可能低来判断，而微扰理论也通过微扰级数的取舍达到一定精度。

参考文献

[1] BECKE A. D. Density-functional thermochemistry. III. The role of exact exchange[J]. Chem. Phys. ,98(1993):5648 - 5652.

[2] BURCKE K P, Wang J P, Dobson J F, et al. Electronic fensity functional theory: recent progress and new directions[M]. Plenum Press, New York, (1998).

[3] HOHENBERG P, KOHN W. Inhomogeneous electron gas [J]. Phys. Rev, 1964(136): B864 - B871.

[4] KOHN W, SHAM L J. Self-Consistent equations including exchange and correlation effects [J]. Phys. Rev. , A , 1965, 140: 1133 - 1138.

[5] VON BARTH U, HEDIN L. A local exchange-correlation potential for the spin polarized case [J]. J. Phys, 1972(C5): 1629 - 1642.

[6] FERMI E. A statistical method for deter mining some properties of the atom. I. [J]. Rend. Accad. Lincei, 1927(6): 602 - 607.

[7] FERMI E. A statistical method for the deter mination of some properties of atoms. II. Application to the periodic system of the elements [J]. Z. Phys, 1928(48): 73 - 79.

[8] FERMI E. Sulla deduzione statistica di alcune proprieta dell'atomo. applicazione alla teoria del systema periodico degli elementi [J]. Rend. Accad. Lincei, 1928(7): 342 - 346.

Mg/Fe－LDH　的制备及吸附性能研究

曹　强[1,2]

1. 渭南师范学院　化学与环境学院　陕西 渭南　714099；

2. 陕西省煤基低碳醇转换工程研究中心　陕西 渭南　714099

摘　要：利用水热法制备类水滑石(LDH)，通过吸附水溶液中的氟离子，研究 Mg/Fe－LDH 对氟化钠中氟离子的吸附性能影响因素，进一步对比改性活性炭、氧化铝的吸附性能。结果表明：吸附温度、时间对吸附量影响明显，煅烧后的水滑石吸附效果明显提高，吸附性能远远大于普通吸附剂。

关键词：水热辅助制备；类水滑石；氟离子；吸附性；

基金项目：渭南师范学院特色学科项目：秦东化工材料技术调查(14TSXK04)。

随着经济的不断发展，大气水体等环境问题愈演愈烈，电解铝、化肥、钢铁等工业污染，生活中电子产品清理、空调制冷剂原料等污染物中大多含有氟离子。这些污染物对水体大气的污染极其严重，是导致臭氧层空洞的主要因素[1－2]。

人们对于固体吸附剂的研究从始至终都未停息，吸附剂从来都是人们研究的重点。高岭土、锐钛矿、膨润土、褐煤这些天然高分子吸附剂，改性活性炭吸附剂，稀有金属氧化物吸附剂以及活性炭吸附剂由于需要达到不同的环境条件，因此都未达到人们理想的吸附效果[3]。于是人们发现一种具有特殊结构的层状化合物(LDH)。它在催化、吸附以及阻燃材料领域有着极大的作用[4－5]。

目前比较常见的除氟方法有很多种，就其效果而言固体吸附法和离子交换法最为常见。其中固体吸附法是含氟离子废水处理中最重要的一种方法，同时也是本实验采用的实验方法。

1　实验部分

1.1　药品和仪器

1.1.1　药品

六水合氯化镁(天津市化学试剂厂)；六水合氯化铁(天津市化学试剂厂)；无水碳酸钠(天津市化学试剂厂)；氢氧化钠(天津市化学试剂厂)；盐酸(天津化学试剂厂)；氟化钠(天津市化学试剂厂)；活性炭(溧阳市活性炭有限公司)；氧化铝(天津市福晨有限公司)。

1.1.2 仪器

鼓风干燥箱;0.25L 型反应釜;研钵;抽滤机;电子天平;pH 计;恒温磁力搅拌器;磁性搅拌子;氟离子选择电极;饱和甘汞电极。

1.2 Mg/Fe-LDH 的制备

称取一定量的六水合氯化镁、六水合氯化铁放置在 110℃的恒温干燥箱中干燥 12 小时以上。称取干燥好的 $MgCl_2$ 和 $FeCl_3$ 以 Mg/Fe 物质的量之比为 3∶1 的比例混合至研钵中充分研磨[6],放置备用。再取一定量的 NaOH 和 Na_2CO_3 至于研钵中充分研磨,再将之前研磨好的 Mg/Fe 混合物与其混合研磨至少 20 分钟至其反应完全。将研磨好的混合物加入一定量的去离子水溶解,利用水热辅助处理法,将其放置于 0.25 L 型反应釜中进行充分反应。设恒定温度为 115℃,保持反应釜中温度在 115℃左右 10 小时后放置冷却,通过去离子水多次洗涤抽滤将滤饼放置在 115℃的恒温干燥箱中干燥至少 8 小时。将滤饼上的样品放置于研钵中研磨得到 Mg/Fe 之比为 3∶1 的产品。在 500℃条件下煅烧得到煅烧态 Mg/Fe-LDH。

1.3 Mg/Fe-LDH 对氟离子的吸附实验

1.3.1 氟离子标准曲线的测定

配置一定量的氟化钠溶液为吸附液,通过 F 选择电极测定吸附液中氟离子的浓度。

1.3.2 Mg/Fe-LDH 对氟离子的吸附实验

(1) 不同时间下 Mg/Fe-LDH 对氟离子吸附量的测定

选取 0.3 g 的 Mg/Fe-LDH 和 500℃煅烧后 Mg/Fe-LDH 样品,加入到 100 mL 初始浓度为 250 mg/L 的氟化钠溶液中,测定不同时间对于溶液中氟离子的剩余浓度,计算得到吸附量。

(2) 不同 pH 值时 Mg/Fe-LDH 对氟离子吸附量的测定

配制 6 组 100 mL 的 250 mg/L 的氟化钠水溶液,用质量浓度 10%的氢氧化钠溶液和 3.5%的氯化氢溶液调节氟化氢溶液 pH 值为 3、5、7、9、11、13。分别加入 0.3 gMg/Fe-LDH 试验样品,在 50℃条件下,持续搅拌 5 小时,通过对氟离子浓度的测定计算其吸附量。

(3) 不同温度下 Mg/Fe-LDH 对氟离子吸附量的测定

选取 0.3 g 的 Mg/Fe-LDH 和在 500℃煅烧后的 Mg/Fe-LDH 样品,加入到 100 mL 250 mg/L的氟化钠溶液中,设定四组不同温度(30℃、40℃、50℃、60℃)达到吸附平衡,抽滤,测量氟离子浓度,计算其吸附量。

1.4 改性活性炭、氧化铝的吸附实验

1.4.1 改性活性炭的吸附实验

用硝酸溶液处理质量分数为 0.03、0.06、0.09、0.12、0.15 的活性炭(Cu/C),在 50℃氟离子浓度为 35 mg/L 的条件下进行 6 小时吸附,得到相应的吸附量。

1.4.2 改性氧化铝的吸附实验

选取质量分数为 0.03、0.06、0.09、0.012、0.15 的氧化铝吸附剂(La/Al_2O_3),在 50℃氟离子浓度为 35 mg/L 的条件下进行 6 小时吸附,得到相应的吸附量。

2 结果与讨论

2.1 Mg/Fe-LDH 吸附量的影响因素

2.1.1 吸附时间对吸附量的影响

图 1 是 Mg/Fe-LDH 和煅烧态 Mg/Fe-LDH(500℃)对氟离子的吸附量,由此得出:固体吸附剂 Mg/Fe-LDH 在 5 小时左右达到吸附平衡,煅烧 Mg/Fe-LDH(500℃)在 1.5 小时左右早就达到了吸附平衡。由于在 500℃煅烧下的 Mg/Fe-LDH 晶体失去与金属链接的 —OH 和 CO_{32-},结合 F^- 能力强,吸附量随之增大,这说明煅烧后 LDH 达到吸附平衡的时间更短。

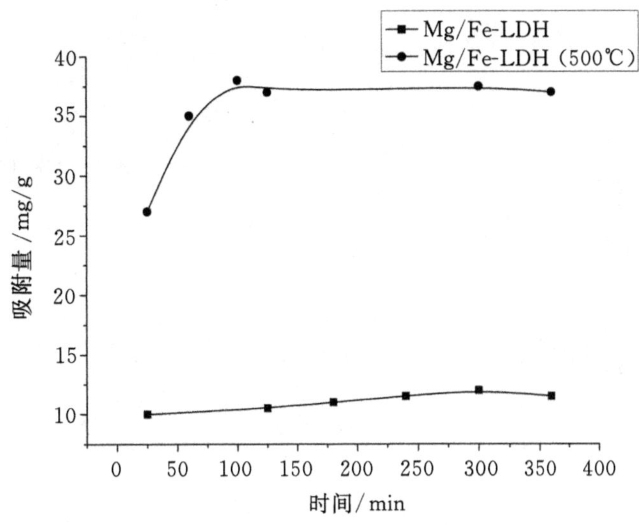

图 1 不同时间内 Mg/Fe-LDH 和煅烧态 Mg/Fe-LDH(500℃)的吸附量

2.1.2 吸附液 pH 值对吸附量的影响

图 2 是 Mg/Fe-LDH 和煅烧态 Mg/Fe-LDH(500℃)对应不同 pH 值吸附剂的吸附量,酸性介质中对氟离子的吸附量影响不大,在碱性环境下 OH^- 的量在增加与溶液中氟离子相互竞争形成缓冲液,从而略微抑制了对氟离子的吸附。

2.1.3 吸附温度对吸附量的影响

图 3 是 Mg/Fe-LDH 和煅烧态 Mg/Fe-LDH(500℃)在不同吸附温度吸附液下的吸附量,Mg/Fe-LDH 的吸附是非自发反应,而煅烧后的 Mg/Fe-LDH(500℃)属于自发反应,升温条件下结晶水脱附层状结构的混乱度增加,吸附氟离子为吸热反应,因此吸附液温度越高对于 Mg/Fe-LDH 的吸附影响较为明显。

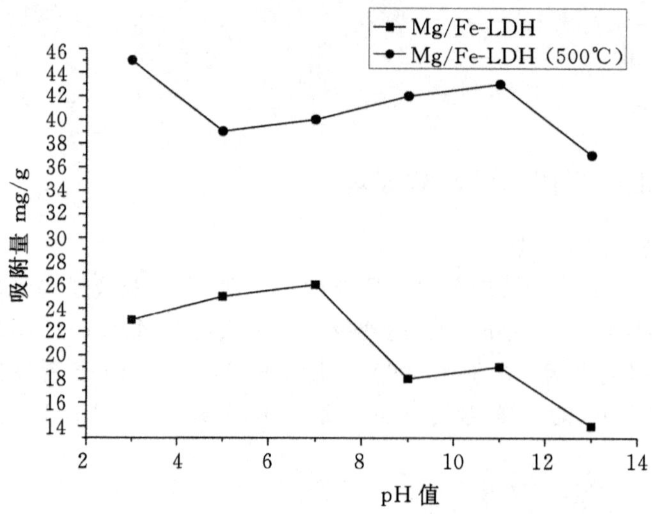

图 2 不同 pH 值水滑石对氟离子的吸附量

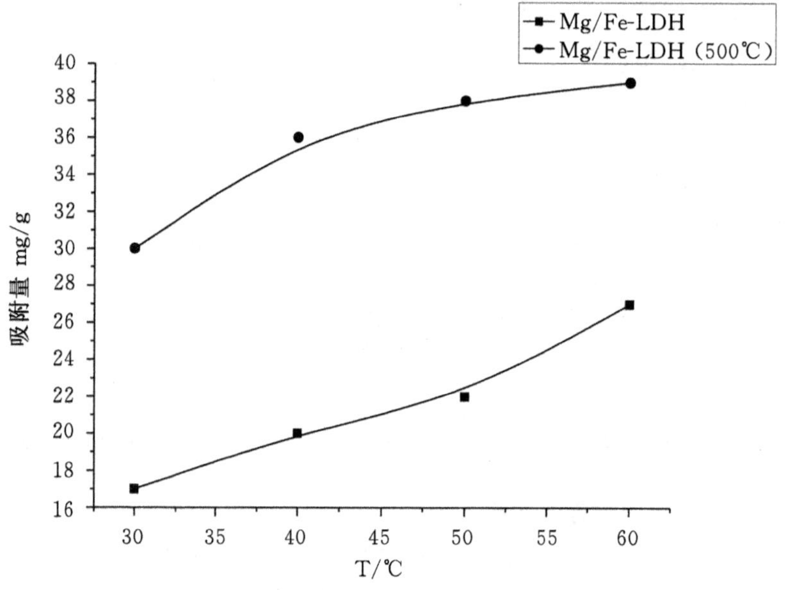

图 3 不同吸附温度下 Mg/Fe－LDH 和煅烧态 Mg/Fe－LDH(500℃)的吸附量

2.2 改性活性炭、氧化铝及 Mg/Fe－LDH 的吸附量比较

表 1 是改性活性炭对于氟离子的吸附量，通过实验得到在 50℃下 6 小时的时候达到吸附平衡，尽管 Cu/C 的比表面积很大，然而对氟离子的吸附量较小，因此 Cu/C 对于废水中的氟离子处理效果不明显。

表 1 活性炭吸附剂对于氟离子的吸附量

样品	吸附量/(mg/g)
C	0.63
0.03Cu/C	0.51
0.06Cu/C	0.69

表 2 是改性氧化铝的吸附剂对于氟离子的吸附量，实验得到 50℃下 5 小时达到吸附平衡，尽管相比于活性炭的吸附性有了部分提高，相比于 LDH 材料的吸附性还处于较低状态。

表 2 氧化铝吸附剂对于氟离子的吸附量

样品	吸附量/(mg/g)
Al_2O_3	2.91
$0.03La/Al_2O_3$	3.35
$0.06La/Al_2O_3$	3.97

3 结　论

利用水热辅助法制备 Mg/Fe-LDH，研究其对水中氟离子的吸附。结果表明：在吸附初始吸附量随时间的延长而增多，受到吸附液温度的影响明显，煅烧态水滑石较鲜水滑石的吸附效果有显著的提高。

参考文献

[1] Ho L N, Ishihara T, Ueshimav S, et al. Removal of fluoride from water through ion exchange by mesoporous Ti oxohydroxide[J]. Colloid Interface Sci., 2004, 272(2): 399-403.

[2] Turner B D, Binning P, Stipp S L S, et al. Fluoride removal by calcite: evidence for fluoride precipitation and surface adsorption[J]. Environ. Sci. Technol., 2005, 39(24): 9561-9568.

[3] Hu C Y, Lo S L, Kuan W H, et al. Removal of fluoride from semiconductor wastewater by electrocoagulation-flotation[J]. Wat. Res., 2005, 39(5): 895-901.

[4] 王代芝，杜冬云，揭武. 改性膨润土处理含氟废水研究[J]. 非金属矿，2003, 26(6): 42-43.

[5] 吴敦虎，韩国美，高磊，等. 氢氧化铝废渣处理含氟废水的研究[J]. 城市环境与城市生态，2008, 12(2): 8-10.

[6] 李洁祥，莫龙庭. 利用水滑石及其煅烧产物去除水中氟[J]. 环境科学与技术，2013, 36(10): 191-196.

强酸树脂催化 CO_2 与 CH_3OH 合成碳酸二甲酯研究

张洪利[1,2]

1. 渭南师范学院 化学与环境学院 陕西 渭南 714099

2. 陕西省煤基低碳醇转化工程研究中心 陕西 渭南 714099

摘 要:以大孔强酸阳离子树脂为催化剂,常压下催化 CO_2 和 CH_3OH 直接生成碳酸二甲酯。并通过阿贝折光仪测定不同条件下产品的折光率。结果表明常压下该反应虽然可以发生,但反应程度小。常压下反应体系温度最高只能达到 68℃,在此温度下催化剂最适用量为 5%,反应时间为 15 小时,效果达到最大。

关键词:碳酸二甲酯;离子交换大孔强酸阳离子树脂;催化

碳酸二甲酯(dimethyl carbonate,简称 DMC)是一种用途广泛的基本有机合成原料,被誉为有机合成的“新基块”。由于其分子中含有甲基、甲氧基和羰基等,因而具有很好的反应活性,可取代剧毒光气、氯甲酸甲酯和硫酸二甲酯。1992 年它在欧洲通过了非毒性化学品的注册登记,被称为绿色化学品[1]。

目前已经工业化生产 DMC 的方法有四种:光气法、酯交换法、甲醇液相氧化羰基化法和甲醇气相氧化羰基化两步法。光气法由于使用剧毒的光气为原料,不易推广;酯交换法的原料碳酸乙烯酯(或碳酸丙烯酯)受到石化行业的制约;甲醇羰基化法催化剂中氯离子易流失而导致催化剂失活,腐蚀设备各方面的问题。鉴于以上工业生产存在的问题,人们正在开发新的 DMC 合成技术[2]。CO_2 具有来源丰富、廉价、无毒和对环境友好的特点,直接有效的利用 CO_2 气体,对于大气环境保护和资源优化利用具有重要意义。目前,应用 CO_2 的工业过程已引起人们的广泛关注。因此,以 CO_2 和 CH_3OH 为原料直接合成 DMC 就更具有重要的理论和现实意义[3]。

CH_3OH 与 CO_2 直接合成 DMC 是化学平衡可逆反应,并且 CO_2 的化学活性很低,相对于甲醇氧化羰基化反应而言,在热力学上并不占优势,常用碱性催化剂,和有机金属催化剂[4]。目前还未找到一种有效催化体系来很好的活化 CO_2,降低活化能。大孔强酸阳离子树脂催化烯烃水合,烷基化,酯化,水解等反应,具有转化率高,选择性好,工艺清洁等优点[5]。大孔强酸阳离子树脂替代无机酸用于非均相催化具有十分重要的意义。本实验研究 CO_2 和 CH_3OH 在离子交换树脂催化下直接合成 DMC。

1　实验部分

1.1　试剂与仪器

大孔强酸阳离子树脂(市售)、甲醇(四川西陇化工有限公司)、无水乙醇(天津市红岩化学试剂厂)、浓硫酸(洛阳昊华化学试剂有限公司)、盐酸(洛阳昊华化学试剂有限公司)、碳酸氢钠(天津市河北区海晶精细化工工厂)、氢氧化钠(天津市大陆化学试剂厂);以上试剂均为分析纯。

三口烧瓶、恒压滴液漏斗、冷凝管、DF-101S集热式恒温加热磁力搅拌器(郑州科工贸有限公司)、WYA-2S数字阿贝折射仪(上海易测仪器设备有限公司)、501型超级恒温水浴(上海试验仪器厂有限公司)等。

1.2　反应原理

大孔强酸阳离子树脂催化反应机理是,高分子功能团($-SO_3H$)中的H质子与醇分子构成表面活化络合物后,再与酸反应生成酯和水,并游离出催化剂[6]。其反应式为:

$$2\,\underset{\displaystyle SO_3H}{\underset{|}{\left[CH-CH_2\right]_n\text{-}C_6H_4}} + 2CH_3OH \xrightarrow{\triangle} 2\,\underset{\displaystyle SO_3^{\ominus}\,CH_3\overset{\oplus}{O}H_2}{\underset{|}{\left[CH-CH_2\right]_n\text{-}C_6H_4}} \xrightarrow[-2H_2O]{OH-\overset{\displaystyle O}{\overset{\|}{C}}-OH} CH_3O-\overset{\displaystyle O}{\overset{\|}{C}}-OCH_3 + 2\,\underset{\displaystyle SO_3H}{\underset{|}{\left[CH-CH_2\right]_n\text{-}C_6H_4}}$$

1.3　树脂的预处理

市售的树脂大部分为苯乙烯骨架型大孔吸附树脂,它是一种具有空穴吸附结构的交联共聚体,未完全反应的单体、交联剂、致孔剂、分散剂及原料本身不纯引入的各种杂质易残留于空穴结构中。因此市售树脂在使用前必须经过预处理。树脂的预处理一般采用先用C_2H_5OH或CH_3OH洗脱吸附性杂质,用水冲洗至流出液pH值中性,再用5%盐酸溶液、2%氢氧化钠溶液洗脱非吸附性杂质,再用水冲洗至流出液pH值中性[7]。

1.4　实验方法

(1)在装有适量碳酸氢钠的1号烧瓶中逐滴滴入盐酸溶液,制备反应所需CO_2;

(2)在装有温度计、冷凝管的2号三口烧瓶中,投入经计量的CH_3OH、大孔强酸阳离子树脂、沸石;

(3)将经干燥的CO_2通入2号三口烧瓶中,水浴加热,控制回流温度和反应时间;

(4)产品蒸馏去杂质后用阿贝折光仪测其折光率。

1.5　产品分析方法及鉴定

CH_3OH: $n_D^{25}=1.3260$　　$n_D^{20}=1.3286$　　沸点:64.7℃　密度:0.7866

DMC：$n_D^{25}=1.3147$　　$n_D^{20}=1.3160$　　沸点：90.2℃　密度：1.069

由于 CH_3OH－DMC 共沸物组成 70%CH_3OH、30%DMC，共沸温度 63℃[8]。反应后的产品可以用共沸精馏法进行分离提纯 DMC，但多次试验表明在温度达到 63℃时，并未产生共沸现象（反应微弱产生的 DMC 量很少所致），所以只能测定产品及其对照组的折光率来定性确定反应是否发生（若体系未发生反应，则折光率不发生变化；若体系发生反应，则折光率发生变化）。

2　实验结果与讨论

2.1　反应是否发生的判定

由表 1 中 A2、A2′的折光率相同且等于 CH_3OH 的折光率，可以判定，不加树脂的条件下，CO_2 与 CH_3OH 不发生反应，且 68℃时 CO_2 在 CH_3OH 中的溶解度可以忽略不计。

由 A1、A1′与 A2、A2′可判定 68℃时，在树脂的催化作用下，CO_2 与 CH_3OH 的确发生了化学反应，但反应程度微弱。

表 1　有无催化剂时不同条件下产物的折光率

编号	CH_3OH /mL	树脂 /g	CO_2	反应温度 /℃	反应时间 /h	折光率 n^{25}
A1	200	10	持续通入	68	7	1.3296
A1′	200	10	不通入	68	7	1.3298
A2	200	0	持续通入	68	7	1.3260
A2′	200	0	不通入	68	7	1.3260

2.2　时间对反应的影响

由表 2 数据可得知，在催化剂添加量为 5%的条件下，B5、B5′的折光率差值达到最大，并与 B6、B6′折光率差值相同，由此判定反应时间 15 小时为最佳。

表 2　时间对反应的影响

编号	CH_3OH /mL	树脂 /g	CO_2	反应温度 /℃	反应时间 /h	折光率 n^{25}
B1	200	10	持续通入	68	7	1.3296
B1′	200	10	不通入	68	7	1.3298
B2	200	10	持续通入	68	9	1.3294
B2′	200	10	不通入	68	9	1.3298
B3	200	10	持续通入	68	12	1.3293

续表 2

编号	CH_3OH /mL	树脂 /g	CO_2	反应温度 /℃	反应时间 /h	折光率 n^{25}
B3′	200	10	不通入	68	12	1.3298
B4	200	10	持续通入	68	14	1.3294
B4′	200	10	不通入	68	14	1.3298
B5	200	10	持续通入	68	15	1.3292
B5′	200	10	不通入	68	15	1.3298
B6	200	10	持续通入	68	16	1.3292
B6′	200	10	不通入	68	16	1.3298

2.3　催化剂用量对反应的影响

由表 3 数据可得知，C3、C3′的折光率差值达到峰值，且与 C4、C4′的折光率差值相同，由此判定催化剂的用量在 5%时为最宜。

表 3　催化剂用量对反应的影响

编号	CH_3OH /mL	树脂 /g	CO_2	反应温度 /℃	反应时间 /h	折光率 n^{25}
C1	200	6	持续通入	68	7	1.3288
C1′	200	6	不通入	68	7	1.3288
C2	200	8	持续通入	68	7	1.3291
C2′	200	8	不通入	68	7	1.3292
C3	200	10	持续通入	68	7	1.3296
C3′	200	10	不通入	68	7	1.3298
C4	200	12	持续通入	68	7	1.3299
C4′	200	12	不通入	68	7	1.3301

2.4　温度对反应的影响

高温有利于反应发生，但常压下反应体系温度最高只能达到 68℃，所以在此对温度不进行讨论。

3　结　论

以大孔强酸阳离子树脂为催化剂，常压下能够催化 CO_2 和 CH_3OH 直接合成 DMC。在 68℃时催化剂最适用量为 5%，反应时间为 15 小时，反应达到最大。

常压下该反应虽然可以发生，但反应程度小。且常压下反应体系温度最高只能达到68℃。此方法可从以下三方面做进一步的改进：①增加大孔强酸阳离子树脂对 CO_2 的吸附能力；②提高 CO_2 的化学活性；③增加压力，提高温度。

参考文献

[1] 王延吉，赵新强. 绿色催化过程与工艺[M]. 北京：化学工业出版社，2002，76－98.

[2] 孙迎春，刘植昌，徐春明. 碳酸二甲酯实验室开发的合成方法[J]. 贵州化工，2004，29(4)：16－19.

[3] 纽东方，罗仪文，张丽，等. 温和条件下 CO_2 为原料电合成碳酸二甲酯[J]. 有机化学，2008，28(5)：832－836.

[4] 蔡振钦，徐春明. 碳酸二甲酯直接合成反应中新技术的运用[J]. 石油化工腐蚀与防护，2005，22(4)：51.

[5] 孙富安等. 氯代苯乙烯—二乙烯苯强酸性阳离子交换树脂的合成与应用[J]. 化工进展，2007，26(2)：242.

[6] 刘平乐，王良芥，罗和安. 离子交换树脂非均相催化酯化合成丙烯酸丁酯[J]. 湘潭大学自然科学学报，2002，24(4)：57－59.

[7] 邓亮，叶利明，侯世祥，等. 苯乙烯型大孔吸附树脂预处理的质量评价方法研究[J]. 中国中药杂志，2004，29(11)：1037.

[8] 熊国玺，李光兴. 碳酸二甲酯—甲醇二元共沸物的分离[J]. 化工进展，2002，21(1)：26.

超分子化学的研究和进展

刘秉智[1,2]

1.渭南师范学院　化学与环境学院　陕西 渭南　714099；
2.陕西省煤基低碳醇转换工程研究中心　陕西 渭南　714099

摘　要：综述了超分子化学的概念及其分类，分析讨论了超分子化学在光学元件的制作；生物科技的研究；新药物的合成；石油钻探等方面的成熟运用和相关研究成果，并结合现今超分子化学所取得的丰硕成果对今后超分子化学的应用发展进行了展望。

关键词：超分子化学；光学元件；生物科技；新药物

超分子化学就是“研究分子组装和分子间键的化学”，超分子化学发展速度快，并且充满活力，主要表现为交叉学科的广泛应用[1]。超分子化合物的诞生标志着人们在分子化学基础上的认识有了一个飞跃的提升[2]。现如今的国内超分子化学涉猎较国外相比非常少，但这并不妨碍超分子化学的迅猛发展。

1　超分子化学的基本概念

1.1　超分子化学概念

超分子化学简而言之就是研究每个分子间通过非共价键作用形成具有一定功能体系的科学，从而使化学从分子层次扩展到超分子层次[3]。更通俗的说超分子化学就是“超越分子的化学”。从化合物方面定义就很通俗易懂，即超分子化合物是集中拥有独立化学性质的组分通过共价或者非共价相互作用形成具有一定功能的整体组织[4]。

1.2　“主-客体”化学

如果说把超分子化学看作是含有某种(非共价)键合或者络合的概念，其中的键合或者络合通常被认为是一个分子(主体)键合了另一个分子(客体)，就生成了一个“主-客体”化合物或者超分子。从专业上来说，主体就是分子本身具有汇聚的键合位点，客体则是分子本身具有发散位点[5]。

2 超分子化合物的分类

当前超分子主客体化合物的分类按照受体分子可分为冠醚类超分子化合物、环糊精类超分子化合物、杯芳烃超分子化合物等。

2.1 冠醚类超分子化合物

1967 年美国 C. J. Pedersen 在偶然的情况下合成出了大环多元醚化合物，该化合物在甲醇中的溶解度随着氢氧化钠的存在而明显升高。此类大环多醚是一种能和多种碱金属络合的化合物，并且根据醚环大小的不同和不同的碱金属络合，生成能溶于有机溶剂的络合物。这种大环多元醚被命明为冠醚。最简单的冠醚类超分子化合物是通过分子内的非共价键相互作用形成。比如双臂冠醚是 Gokel 等设计合成的，合成物拥有腺嘌呤和胸腺嘧啶的小 DNA 分子模型[6]。事实证明理论观点上的索烃类分子真实存在自然界中，如在有白血病的人体白细胞中已发现索状 DNA 分子。

2.2 环糊精类超分子化合物

环糊精(Cyelodextrins，Cycloamyloses，通常简称为 CD)，它是一系列环状低聚糖的总称。直链淀粉在由芽孢杆菌产生的环糊精葡萄糖基转移酶作用下会生成这一系列环状低聚糖，通常含有 6～12 个 D-吡喃葡萄糖单元。环糊精是继冠醚类超分子化合物的第二代主体化合物。拥有疏水性取代基的环糊精分子在水溶液中会对客体分子响应，通过多种共价键力的协同相互作用，化学修饰环糊精还可能存在分子间的自组织形式。被人们称作半通道人工类脂体就是一种在 A、C、D、和 F 位炼油疏水链的 β-环糊精衍生物，它可以给金属离子提供良好的结合部位。

2.3 杯芳烃超分子化合物

杯芳烃是由苯酚单元通过亚甲基在酚羟基邻位连接所构成的大环低聚化合物，因其结构酷似酒杯而被命名。杯芳烃相比较于第一二代超分子化合物更具有优势。它的空穴结构可改变单元结构调整尺寸、同时构象很容易改变并且边缘可以引入功能基团进行修饰。杯芳烃的自组装膜研究是杯芳烃化学的研究热点之一。杯芳烃上缘的-S-S-基团和下缘的长脂肪链，在气-水表面可以自组装成单层膜，而在紫外光的照射下，杯芳烃上缘的 S—S 键会发生断裂或者交联，而这种巧合又恰好能稳定该单层膜的存在。正是因为这种膜表面由于杯芳烃的空洞能形成孔隙，所以这些均匀的孔隙作为“分子筛”在分子分离中有较好的作用。而其杯芳烃特有的性质使其作为受体分子形成的超分子化合物对于研究生物膜的结构和功能有重要意义。

2.4 其他类型大环超分子化合物

2.4.1 葫芦脲化合物

葫芦脲分子为桶装环状化合物，其空腔具有疏水性，两端开口且较小，中间大。这种结构就能很好的包结有机分子形成人为需要的超分子化合物。利用葫芦脲与铵盐的包结配位作用,可以设计通过一定的条件合成出分子开关。即在一些控制要素作用下,一个配体-受体体系具有多于一种状态的性能。

2.4.2　卟啉类化合物

卟啉类化合物在自然界中都是与蛋白质或者生物膜组装形成,目前在仿生化学方面人们已经尝试设计合成卟啉超分子体系并且已在相关学科发挥巨大作用。卟啉的基本结构和性能决定了其超分子组装可以有多种形式。

2.4.3　环肽类化合物

环肽类超分子化合物其中以缬氨霉素的研究最为深入。缬氨霉素能有效的改变细胞中K^+的扩散速度,所以也被认为其是生物体内K^+穿过生物膜的载体。基于此项研究,Ghadiri研究小组设计了一种生物有机纳米管,对研究人工模拟天然生物功能非常重要。

3　超分子化合物的应用

超分子化学是一门多交叉的学科。就目前而言超分子化学虽然没有成为一门固定学科,但是其潜力巨大应用广泛是不可置疑的。超分子化合物的形成是通过分子间互相作用,它往往具有一些新颖的物化性质。其特有的物化性质也决定了其作用的特别性。

3.1　在化学上的应用

3.1.1　电化学

意大利 Bologna 大学的 Vincenzo Balzani 和他的合作者合成出了一种典型的第Ⅱ类混合价态络合物是以刚性的 bis(bpy)桥连配体为基础。所合成的产物有种内光诱导电子转移的作用,而这种特性正好能运用于光学催化体系中,该体系能利用太阳能促使能量“最高峰”的化学反应进行。利用超分子主-客体之间关系和发光现象,现代科学研究者们试图设计一种光化学器件,它的特点就是能吸收某一波长的光,同时在发射出另外一种波长的光。

3.1.2　有机化学

通过实验利用葫芦脲和$Rb_2(\mu\text{-}OH)_2(H_2O)_2$单元交替堆集,它们之间在结构上曲率的补偿和范德华力作用下进行稳定化,并且通过自身的性质以及分子间氢键、配位键的作用进一步稳定这种蜂窝状超分子结构。这种超分子结构多且复杂,其纳米尺寸的空隙可以进一步结合底物,因此这种超分子化合物多运用与纳米催化和多孔材料。

3.1.4　分析化学

多糖的结构复杂,且种类繁多。这就会导致过多的同分异构体出现,在许多的学术研究中就需要区分各种多糖。这种情况下完全可以利用超分子化合物组装对于多糖客体有专一性的特点来分析确定糖分子的绝对构型。

3.1.5　油田化学

在钻井勘探过程当中遇到喷漏同层的问题时也能有效的运用超分子化合物去解决,运用超分子化合物在原有的基础上具有省时、省力、节约经济的特点。2006 年在罗亚平及其研究小组的拟定下运用“特殊凝胶堵漏压井方案”对罗家 2 井进行封堵压井施工,并且施工完成效果明显。超分子化学还能运用于稠油的乳化降粘，石油的组成就可以说是超分子结构吸附一部分质量较小的低分子烃类，而这些超分子结构就导致了稠油乳化降粘过程中的一系列难题，运用超分子主客体之间的组装规律就能破坏其分子间作用力并且能渗透、分散进入沥青质片状分子之间，更好的对稠油进行有序化程度降低。

3.2 在生物学的应用

3.2.1 超分子识别

国外科学家首先将超分子化合物应用来测量重要的金属离子浓度，在前文杯芳烃类超分子化合物中就有类似于生物膜的特征，研究者们刚好运用这些特征可以测量细胞中 Zn^{+}，Ca^{+} 和 Mg^{+} 的浓度分布，并命名为荧光团，在这种情况的引导下，学者们在含有锌的酶-碳脱水酶存在下，观察到荧光团丹磺酰胺的荧光明显蓝移，且强度增强，这些现象激发了具有更高亲和力的锌传感器的设计。

3.2.2 生物膜模拟

杯芳烃的自组装膜研究一直是学者们关注的重点。现已实现利用杯芳烃组装的膜实行离子传输和分子识别。两亲性的杯芳烃可以在水溶液中形成类似“囊泡”的聚集体。带有丹酰基团的桥联环糊精-杯芳烃衍生物在水溶液中都会进行自包，(它的优点在于无论有没有客体分子)再通过分子间作用力形成双层囊泡体结构。相反带有 2-氨基萘基团的桥联环糊精-杯芳烃衍生物则通过主体分子与客体分子之间的组装规律形成配合物。两亲性的这种杯芳烃超分子化合物给研究者们以模拟生物膜带来了极大灵感。

3.2.3 生物酶模拟

在生物过程能量循环中离不开 ATP、ADP、AMP。在循环过程中发生的各种反应需要相对应的酶。Lehn 就是在 N_2O_2大的单环冠上建立了一个 ATP 酶活性模型体系。正是因为其特有的性质使其能牢固的键合在一起也同时出现了 ATP 比 ADP 络合的更加牢固，所以这个催化循环过程很容易建立。

3.3 在医药学中的应用

3.3.1 抗癌超分子

大多数的环糊精衍生物能有效的结合药物改变其难生效，难作用的弊端，达到有效利用药物药力的目的。紫色杆菌在体外具有抗癌作用，但是其水溶性小，研究人员根据特性选择其于 β-环糊精络合，它们经过络合后的产物稳定性强、溶解度高能稳定且持续性的释放紫色杆菌素已达到有效杀伤前髓细胞性白血病细胞系 HL60 的目的。

3.3.2 金属药物配合物

金属卟啉配合物在自然界中广泛存在，在生命过程中起着重要作用。人们通过对金属卟啉配合物的研究充分认识到其特有的性质及作用机理。金属不对称卟啉配合物的合成取代了胡椒醛缩合不对称卟啉配合物，前者明显具有大肠杆菌和黄色葡萄球菌的抑菌活性，而且金属离子不同其抑菌活性大小也不同。

3.3.3 药物共晶设计

药物共晶就是给定一种活性药物分子通过形成共晶从而达到改变其各方面性质的过程。超分子化学的成熟也促成了药物共晶的发展。大多数药物具有多且复杂的官能团，利用超分子化学引入一种有机分子(共晶试剂)通过氢键或者非共价键的作用与之形成超分子化合物(药物共晶)从而改变原有的理化性质及药性。药物共晶也算目前获得新型药物的途径之一,虽然相比其他途径有较大的难度,但是药物共晶这一途径就目前来说具有非常大的潜力。

4 结 语

上世纪九十年代超分子化学这个概念才完全被人们所熟知,它的问世被称为“超越分子概念的化学”。它的诞生看似是偶然,其实也是社会发展的必然结果。超分子化学的功能复杂且多种多样,在生活中药物、光学、生物学等各项领域中都有了超分子化学的影子,也就是说在将来超分子化学的发展不可估量,随着相关知识的不断全面发展,有信心认为超分子化学将主导现有化学学科的发展趋势。超分子化学的光学应用在将来肯定会在信息科技领域绽放异彩,它的多种特性完全符合当今信息科技创新的需求,再加上完全趋于成熟的近代物理科学,超分子化学所引领的一个新信息科技时代将会来临。超分子化学在生物学方面的应用,虽说不成熟且时间短,但是其在药品方面以成熟运用生物膜模拟的结论。药物共晶就是目前新药物产生的一种途径。对比当今信息科学对生物科学的巨大影响,在未来超分子信息科学完全可带动超分子生物学,毕竟自然学科之间有着千丝万缕的联系。可以想象十年或者二十年超分子化学将会取得的成果是多么丰硕。而其丰硕的成果也同样会造就超分子知识的广泛应用。

参考文献

[1] 刘育,尤长城,张衡益.超分子化学——合成受体的分子识别与组装[M].天津:南开大学出版社,2001:2-6.

[2] 刘术侠,王春梅,李德惠,等.一个新的超分子化合物$(C_{10}H_{18}N)As_2Mo_{18}O_{62}\cdot 6CH_3CN\cdot 8H_2O$的合成、结构及性质[J].化学学报,2004,62(14):1305-1310.

[3] 赵耀鹏,孙震.超分子化学[M].北京:化工工业出版社,2006:457-459.

[4] 孙得志,朱兰英,宋兴民.超分子化学——选择性分子间力和若干化学研究领域[J].聊城师院学报:自然科学版,1998,11(2):27-33.

[5] 沈兴海.超分子化学——概念和展望[M].北京:北京大学出版社,2002:93-95.

[6] 闫有旺.化学学科的前沿——超分子化学[J].化学教学,2003(11):25-32.

甲醛消除的研究

吴海真[1,2]，田小利[1]，杨 强[1]
1.渭南师范学院 化学与环境学院 陕西 渭南 714099；
2.陕西省煤基低碳醇转换工程研究中心 陕西 渭南 714099

摘 要：伴随着我们生活质量的不断提升，室内装修越来越普遍，具有潜在致癌性物质甲醛成为主要污染物之一。甲醛危害已经受到极度关注，关于如何长期有效而环保的消除甲醛，是我们需要深度研究的问题。

关键词：甲醛；吸附；消除

甲醛，一种挥发性有机污染源，被国家卫生组织定为致癌致畸形物质[1—2]。经调查表明，室内甲醛大部分源于室内装修的胶合板、造板材，导致室内甲醛含量超标。消除甲醛的方法分为植物法、物理吸附法、化学反应法以及物理吸附和化学反应法的结合。又可分为：物理吸附，由物理多孔物质或绿色植物等对甲醛进行吸附；催化反应，运用催化剂催化甲醛并与室内气体氧气发生化学反应，从而将甲醛和其他污染物分解掉[3—7]。

1 植物法

植物体利用气孔和皮孔吸附和排放甲醛，甲醛是从高浓度到低浓度的被动扩散，通过扩散作用，甲醛经过叶片的吸附和角质层的渗透进入植物体内后，经过一系列作用消化为植物的组织成分或放出 CO_2。甲醛在植物体内的代反应主要是按：甲醛自发和谷胱甘肽作用生成硫-羟甲基谷胱甘肽，生成物被甲醛脱氢酶氧化成硫，甲酸基谷胱甘肽硫-甲酸基谷胱甘肽继而被硫甲酸基谷胱甘肽水解酶水解成但在使用上有局限性谷胱甘肽和甲酸。吸附甲醛效果好的植物有心叶蔓绿绒、虎尾兰、吊兰等。植物法的优势是简单易用，在整修室空间的同时，还能改善空气质。单纯用植物净化室内甲醛的技术在去除室内甲醛轻度污染有不错的作用，然而结合其他的处理方法对彻底消除甲醛有更好的效果。

2 物理吸附法

孔结构居多和比表面积很高的物质对甲醛有很高的吸附作用。但多孔物质和甲醛的接触面被阻碍，会让使吸附明显降低。

经活化改性后的活性炭对甲醛去除率较高尤其在正常改性之后，反应时间也明显变短，使用过的吸附剂经过一些方法处理也可以再次使用。利用活性炭的除臭、去毒，它没有添加任何化学成分，对人体无伤害。氢氧化钾作为活性炭原料的活化剂，经过一系列改性处理之后它的比表面积和质量吸附率都优于从前。高锰酸钾溶液在特定条件下负载 MnO_x 的活性炭吸附甲醛，都有不错的吸附效果。另外含氧酸性官能团对吸附甲醛也有一定作用，然而酚羟基会影响活性炭吸附甲醛的效果。活性炭会达到一个吸附平衡，达到平衡时间大约在 4～5 时之间。它不仅不会再吸附甲醛还会向空气中释放甲醛。关于普通性的膨润土，曝露时间越长它的吸附效率降低的越快。经过一些方法处理，关于这些多孔隙物质在室内的应用也进行了一些研究。如今多数办法是做成炭包来用。多孔物质和甲醛的接触，会明显降低室内甲醛浓度。

吸附-光化学工艺运用新型活性炭纤维处理甲醛，由于羟基自由基在光化学氧化作用下会产生，没有降解的甲醛，光解生成小分子有机物和没有反应的臭氧。甲醛吸附剂表面被吸附可被羟基自由基再一次反应分解，增强了污染物完全氧化的速度。无机、直链饱和一元醇和一元卤代烷烃在常温下为吸收剂，高浓度甲醛由中空纤维膜接触器高效处理，它的质量浓度可降低到很低的含量，并且产物通过与吸收剂分离而得到有效利用，它可以循环使用，基本实现高浓度甲醛的资源化处理。这种方法处理甲醛它的传质面积变大，副反应减少，易实现工业化生产。

膨胀石墨是表面非极性的吸附剂，没有降解的甲醛，经过光解处理生成小分子有机物和没有反应的臭氧。其对含有羰基极性基团的甲醛吸附能力是比较低的，经过一些方法处理，经过氨水改性过的膨胀石墨。一方面是认为氨水为碱性物质有腐蚀作用，会使其比表面积增加，吸附能力提高；另一点，改性后膨胀石墨引入了新的官能团，可能是由于 C 和 NH^{2+} 或 NH^{+} 反应而生成。经过一些方法处理，膨胀石墨会出现 $-NH_2$ 基团可以与甲醛发生反应。甲醛中的 $C=O$ 与 NH_2-X 反应生成 $C=N$，由此说明表面含 N 官能团具有重要的作用，它能增强吸附甲醛的能力。

常有的吸附剂主要有：活性炭、活性炭纤维、沸石、硅胶等，它们大都是以微孔为主的孔结构，因此单分子层吸附会较多发生，膨胀的石墨比表面经过一些方法处理不如其他几种吸附剂，但其主要是大中孔为主的孔结构，为分子吸附方便凝聚提供了很好的平台。

3　化学法

在大多数室内应用中，大部分化学物质的载体安全环保性能显得尤为重要。载体的作用就是使化学物质更为方便的应用，甲醛可通过一些方法处理与强氧化剂反应得出甲酸而消除。经过一些方法处理根据氧化剂可以分为不同种类。

3.1　亚硫酸盐法

做为降低甲醛含量的试剂亚硫酸盐，甲醛和此类物质之间反应为可逆反应，经过一些方法处理生成物还会将甲醛缓慢释放出来。以亚硫酸氢钠为例，它与甲醛的反应产物俗称“吊白块”。其为强致癌物质，并被国家强制禁止添加。气态醛类物理吸附很难进行，尤其是对低含量的气体，经过一些方法处理吸附很快达到平衡。经过一些方法处理多孔性物质被吸附，是一种特别有效消除甲醛的方法。

3.2 乙酸乙酰乙酯及其衍生物

该物质有独特的氢分子，反应活性较高，对很低含量的甲醛，这种物质也能够捕捉到甲醛分子，并且该反应是不可逆反应。因此，这类化学物质常被作为甲醛捕获剂。

FORMASHELDTM 技术的推广和应用陶氏化学涂料材料部门通过专有技术将可聚合的乙酰乙酸基团衍生物通过乳液聚合直接引入到乳胶粒子上，把可以消除甲醛的活泼氢（$\alpha-H$）进行保护和固定，实现在涂膜中高效且长期除甲醛的效果。研究表明，即使在甲醛浓度小的情况下，基于 PRIMALTMSF－230 的涂膜仍有较高的抗甲醛效率。该技术应用于墙面涂料，既不影响涂膜本身的装饰保护效果，又不需要额外能耗，而且不产生噪音和其他有害物质。

但是，乙酰乙酸乙酯及其衍生物经过一些方法处理在涂料的应用中也存在一些问题：一者是有很高的挥发性，将它直接添加进入涂料中，在成膜以后会挥发，它不安全环保而且时效性差。二者是乙酰乙酸乙酯经过一些方法处理稳定性不好，易水解，放出丙酮、二氧化碳等物质。

3.3 光化学法

光催化氧化通过吸附作用只是从气相的状态转移到固相的状态，这种消除甲醛的方法事实上是把污染物转化成水和二氧化碳。用光照射二氧化钛电极可进行水的电解反应，将空气中的水或氧气催化成氧化能力极强的羟基自由基和超氧阴离子自由基、活性氧等具有极强氧化能力的光生活性基团，这些强氧化性基团可强效分解各种具有不稳定化学键的有机化合物和部分无机物，并可破坏细菌的细胞膜和凝固病毒的蛋白质载体。光催化反应中使用的半导体催化剂有：TiO_2、Fe_2O_3、WO_3、SnO_2等。由于 TiO_2具有化学稳定性好、耐光腐蚀等优点，使其成为目前研究最为广泛的光催化剂。

探究发现改变二氧化钛光晶型，增大二氧化钛的表面积表面或修饰可以升高光催化活性并激发光波范围，在可见光下消除甲醛。以二氧化钛在一定范围波长的紫外光照射下，同时在空气中的氧气和水蒸汽用下，其表面形成高活性物质，从而将甲醛降解成无机物水和二氧化碳。但是从研究结果来看，二氧化钛需要在一定范围的紫外光照下才能发挥催化作用，而太阳光中紫外光的成分极少（不到 5%）。通过专有技术直接引入到二氧化钛电极上，把可以消除甲醛的活泼氢进行保护和固定，可以实现在涂膜中高效且长期除甲醛的效果。产品自身不变化也不损耗，只是提供一个场所去发生反应，具有长时效性、环保安全的优点，不会产生第二次污染。运用修饰磷钨酸纳米二氧化钛生成新型醛去除剂，具有良好的光催化性能。光照射下，甲醛的消除率在磷钨酸/TiO_2高达 69 %，与纳米银催化剂相比，成本比较低。

纳米二氧化锰的表面积较大，并且反应最终没有产生有毒害的气体，符合环保化学的理念。通过专有技术将二氧化锰的比表面积增加，把可以消除甲醛的活泼氢进行保护和固定，可以实现在涂膜中高效且长期除甲醛的效果。基于这一技术，开发了一系列乳液产品。

纳米银催化剂:作为良好的抗菌材料的纳米银催化剂,也可作催化剂消除甲醛。由单个原子银活性中心组成单原子银催化剂,甲醛在该银的催化下,能与其氧化剂发生反应,反应产生二氧化碳和水此类无污染产品,而大气中的氧分子在催化剂的作用下,马上补缺氧化剂,从而完成催化剂消除甲醛的反应。

3.4　臭氧法

臭氧的强氧化性是它的显著特性,它是一种环保无污染的氧化分解剂,又是光谱高效的环保灭菌消毒剂,除甲醛是臭氧特别显著的一个功能。臭氧具有强氧化性的特征,和室内污染中的甲醛发生反应,不止对甲醛,对其他的装修污染中的苯等有机物都会将其还原。臭氧与其他消除甲醛的方式方法不同,不会有残余的物质,能够很彻底消除装修污染。但是,臭氧其本身在一定浓度下对人体也是有害的,此外只是单纯的臭氧消除甲醛的效率并不是很高。

3.5　空气负离子法

小粒径负氧离子具有极佳的净化除尘能力、消毒杀菌作用这些由试验表明得出的,增加室内空气负离子的含量,消除空气中的甲醛。纳子富勒烯与负离子负离子转换器释放器的小粒径负离子制得的空气负离子净化器会主动攻击空气中的毒害物质,对人们的生活很有帮助,它是一种环保无污染的氧化分解剂,又是光谱高效的环保灭菌消毒剂,最为关键的是甲醛、甲苯等污染物空气的负离子净化器可以被直接分解为没有毒的二氧化碳和水,分解室内无剩余污染。

3.6　低温等离子体技术净化法

电子束照射的方法,介质阻挡的方法,沿面放电的方法和电晕放电的方法这些技术是低温等离子体法。等离子体技术来消除甲醛,研究得出,有两种机理等离子体技术消除甲醛一者是可由甲醛和电场产生的电子反应,既而降解甲醛分子;二者是产生各种活性基团通过电场的作用,最终生成对人体没有危害的物质水和二氧化碳。这些甲醛分子和活性基团之间会发生一连串的链反应,提升甲醛消除效率。这些甲醛分子和活性基团之间会发生一连串的链反应,Ag/CeO_2与低温等离子体结合消除甲醛,在特定条件下,甲醛的消除率可高达99%。这种技术虽然对甲醛有不错净化效率,但在消除过程中容易产生CO、O_3和NO_x等有害的副产品。

甲醛的危害已经备受关注,是人们需要继续深入研究的问题。正确的选择产品,科学合理地对房屋进行装修,有效地将甲醛进行消除,将甲醛环境污染降到最低。随着住户环保意识的增加和生活质量的提高,结合实际情况消除甲醛将具有很高的市场应用和研究前景。

参考文献

[1] 陈焕文,郑健,李明,等. 甲醛监测方法及仪器[J]. 分析化学,2004,32(7):969-972.

[2] 廖秋实,李苑,杨宇婷,等. 活性炭和植物吸收对室内空气甲醛净化的影响[J]. 中国农学通

报,2011,27(25):99-102.
[3] 余慧,庞志亮.室内装饰装修材料的甲醛污染检测与控制[J].建材,2007,26(7):136-137.
[4] 尹艳.浅述室内空气中甲醛的危害和预防[J].四川建材,2008,34(5):61-63.
[5] 柳羽丰,王滨生,王佳祥.室内甲醛污染的调查分析[J].化学工程师,2009,23(5):73-74.
[6] 董春欣.改性活性炭吸附室内甲醛影响因素的研究[D].吉林:东北师范大学,2008,32(5):43-46.
[7] 陈树沛.改性膨润土的制备及其对室内污染气体甲醛吸附的研究[D].南京:南京林业大学,2008,35(7):78-79.

基于欠电位沉积技术制备 PdRu@Pt/C 核壳结构催化剂及其催化氧还原反应和甲醇氧化反应的研究

南皓雄

1. 渭南师范学院　化学与环境学院　陕西 渭南　714099;

2. 陕西省煤基低碳醇转换工程研究中心　陕西 渭南　714099

摘　要:采用有机溶胶法制备了一系列以碳粉为载体的合金纳米粒子 PdRu/C,接着利用欠电位沉积方法,制备出以合金纳米粒子 PdRu 为核以铂为壳的 PdRu@Pt/C 单原子层核壳催化剂。在这些 PdRu@Pt/C 单原子层核壳结构催化剂里,Pd_3Ru_1@Pt/C 表现出最好的氧还原活性,半波电位比 Ru@Pt/C 高 30 mV,其质量活性高达 1.05 A mg^{-1} Pt。同时,也对核壳结构纳米粒子催化剂进行了甲醇氧化的催化活性,结果表明,Ru@Pt/C 对甲醇氧化催化活性最高,Pd_1Ru_3@Pt/C 次之。

关键词:欠电位沉积;单原子层核壳催化剂;氧还原

质子交换膜燃料电池(PEMFC)的发展已经快速接近商业化,但是仍然有几个挑战性的问题需要解决,如阴极反应慢的动力学、Pt 催化剂的高花费和寿命问题[1]。近些年来,相关研究虽然取得了很大的进步[2],但是活性更高和低花费同时具有更好耐久性的 ORR 催化剂的研究仍在研究中。面对这些挑战性问题,以合金为核以单原子层 Pt 为壳层的核壳催化剂被认为是燃料电池的商业化最有前景的低铂催化剂[3]。因为它可以提高铂的利用率,且可以减少铂的使用量,因此可以降低燃料电池的成本。这种 Pt_{mL} 沉积在拓展表面的方法[4]对于理解 ORR 纳米催化剂的性质和促进 ORR 纳米催化剂发展起了一个非常重要的作用。通常认为,基底的几何干涉是一个重要的因素,由于应变诱导电子效应,可以改变 Pt 壳层的催化活性[5-7]。到目前为止,单原子层核壳催化剂最常见的核元素为 Pd。然而,Pd 价格的上涨使其优越性渐渐失去。

本文尝试使用更便宜的 Ru 取代 Pd 作为核,发现以 Ru 为核的单原子层核壳催化剂相对于 Pd@Pt/C 显示更差的 ORR 活性。为了优化试验结果,我们以 Pd - Ru 合金为核制备单原子壳层核壳催化剂,一方面可以降低核的成本,一方面可以利用合金性质调控核对壳层的影响。

1 实验部分

1.1 仪器和设备

仪器：电化学工作站(荷兰 Ivium 科技公司)，旋转圆盘电极(美国 Pine 科研仪器公司)，X 射线衍射仪(辽宁丹东仪器有限公司)，CR-200 型电子天平(广州市艾安得仪器有限公司)，1510E-MT 型超声器(美国 BRANSON 公司)，移液器(大龙兴创实验仪器有限公司)，超纯水器(上海和泰仪器有限公司)。

实验材料与化学试剂：炭黑(VulcanXC-72)、Pt/C 催化剂、Nafion ©溶液、K_2PtCl_4、柠檬酸钠、五水合硫酸铜、$PdCl_2$、$RuCl_3$、KOH、HCl、高氯酸、氮气、氧气。

1.2 催化剂的制备

首先，称取 349.9 mg 柠檬酸钠于烧杯超声或者搅拌溶解，待溶解完全后，加入适量的 Pd 和 Ru 的乙二醇溶液，搅拌 30～60 min；然后加入 200 mg 碳粉，搅拌 30 min，超声 30 min；用 5%KOH/EG 溶液调节 pH 值到 9～10，超声 10 min；将烧杯物质倒入聚四氟乙烯内衬，在 170 ℃下，反应 8 h；在搅拌下用 10% HNO_3 调节 pH 为 4；抽滤，用去离子水洗涤，至检测不到 Cl^- 为止，即可放入真空干燥箱干燥，备用。

2 结果与讨论

2.1 催化剂的 XRD 分析

图 1 为 PdRu/C 纳米粒子的 XRD 谱图。衍射峰值 20～25°属于 XC-72R 碳粉(002)晶面的衍射峰。Pd/C 和 PdRu/C 纳米粒子的其他五个大约在 40°、47°、68°、83°和 86°的衍射峰峰分别对应 Pd 的(111)、(200)、(220)、(311)和(222)晶面。利用 Jade 软件，可以计算出(111)的衍射晶面的晶格常数，Pd/C、Pd_7Ru_1/C、Pd_5Ru_1/C、Pd_3Ru1/C、Pd_1Ru1/C 和 Pd_1Ru_3/C 的晶格参数分别为 3.903、3.890、3.888、3.884、3.897 和 3.897Å。这表明 Ru 取代 Pd 进入 Pd 的晶格形成 PdRu 合金。根据 Jade 软件计算出的 Pd/C、Pd_7Ru_1/C、Pd_5Ru_1/C、Pd_3Ru_1/C、Pd_1Ru_1/C、Pd_1Ru_3/C 和 Ru/C 的晶粒大小分别为 6.0、8.3、5.9、5.5、4.1、3.7 和 3.4 nm。从结果我们可以看出，在合金纳米粒子中，随着纳米粒子中 Ru 组分含量的增加，晶粒大小逐渐减小。除了 Pd/C 的合成温度为 120 ℃，其他催化剂的合成温度均为 170 ℃，故 Pd/C 的粒径不符合规律的变化。

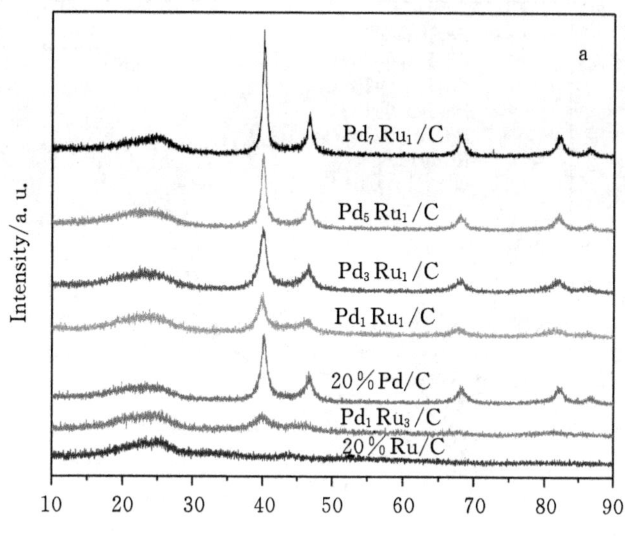

图 1 Ru/C、Pd/C 和 PdRu/C 的 XRD 图

2.2 催化剂的电化学性能

图 2 展示了不同比例的合金核对于催化剂 ORR 反应的不同效应。图片揭示了 Ru@Pt/C 催化剂的质量活性是高于 20% JM－Pt/C 催化剂，添加少量 Pd 到核里面会使得催化的质量活性降低，Pd_1Ru_1@Pt/C 的质量活性仅仅是 Ru@Pt/C 的 1/4。然而，当 Pd 在核里的添加量到达摩尔比为 3∶1 时，其质量活性为 0.56 A mg^{-1}Pt，是 Pt/C 催化剂的 2.6 倍。结果发现增加 Pd 到核心将会降低活性，优化的最佳摩尔比为 Pd/Ru＝3∶1。

3 结　论

本实验以二元合金纳米粒子作为核，通过欠电位沉积技术，成功制备了高性能、高稳定的以 Pt 单原子层为壳以三元合金为核的核壳结构催化剂。利用 XRD、热重分析、TEM、XPS 和电化学测试等对催化剂的物理和化学性能进行了评价。主要的工作总结如下。

(1)采用有机溶胶法制备了一系列碳负载的 PdRu 纳米粒子：Ru/C、Pd/C、Pd_1Ru_3/C、Pd_1Ru_1/C、Pd_3Ru_1/C、Pd_5Ru_1/C、Pd_7Ru_1/C 催化剂。其中由于 Ru 原子进入到 Pd 的晶格中，因此 XRD 谱图上没有 Ru 的衍射峰。

(2)以制备的合金为核，采用欠电位沉积法制备了一系列核壳结构纳米粒子催化剂，其 Pt 的 ORR 质量活性大小依次为 Pd@Pt/C、Ru@Pt/C、Pd_5Ru_1@Pt/C、Pd_3Ru_1@Pt/C、Pd_7Ru_1@Pt/C、20% Pt/C、Pd_1Ru_3@Pt/C、Pd_1Ru_1@Pt/C。合金为核的单原子壳层核壳结构催化剂的活性是劣于单金属为核的核壳结构催化剂，其原因可能是 Pd 与 Ru 的晶格不匹配使得 Pd 与 Ru 没有形成很好的合金，且不利于 Cu 的 UPD 沉积，从而导致活性变差。

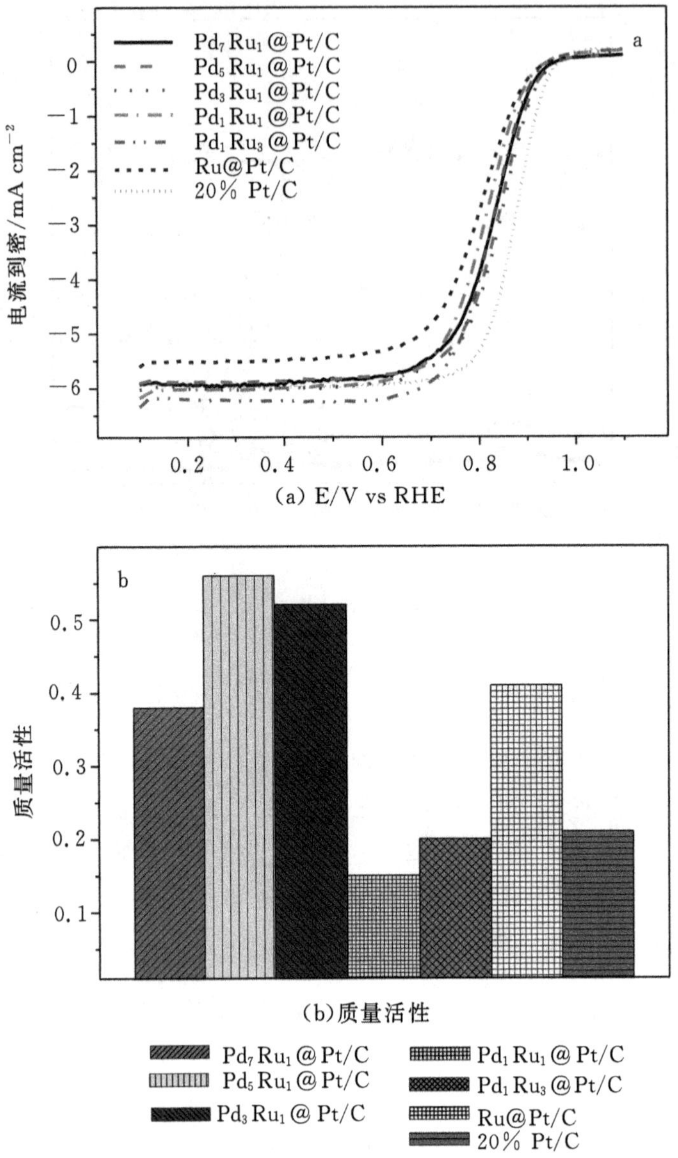

图 2 (a)不同摩尔比的 PdRu@Pt/C 单原子层核壳结构催化剂在 O_2 饱和的 0.1 M $HClO_4$ 中的极化曲线，扫描速率 10 mV · s^{-1}，旋转圆盘电极转速 1600 rpm；(b)Pt 的质量活性柱形图 0.9V (vs. RHE)

参考文献

[1] Debe M. K. Electrocatalyst approaches and challenges for automotive fuel cells[J]. Nature,2012,486(7401): 43-51.

[2] Wang C,Chi M,Wang G,et al. Correlation Between Surface Chemistry and Electrocata-

lytic Properties of Monodisperse PtxNi1 - x Nanoparticles[J]. Adv. Funct. Mater. ,2011,21(1): 147 - 152.

[3]Cai Y, Ma C, Zhu Y, et al. Low-coordination sites in oxygen-reduction electrocatalysis: their roles and methods for removal[J]. Langmuir, 2011, 27(13): 8540 - 8547.

[4] Zhang J, Vukmirovic M B, Xu Y, et al. Controlling the Catalytic Activity of Platinum-Monolayer Electrocatalysts for Oxygen Reduction with Different Substrates[J]. Angew. Chem. Int. Ed. ,2005,44(14): 2132 - 2135.

[5] Mavrikakis M, Hammer B, Nørskov J K. Effect of strain on the reactivity of metal surfaces[J]. Phys. Rev. Lett. ,1998,81(13): 2819.

[6] Adzic R R, Zhang J, Sasaki K, et al. Platinum monolayer fuel cell electrocatalysts[J]. Top. Catal. ,2007,46(3 - 4): 249 - 262.

[7] Yu T, Eberly J. Finite-time disentanglement via spontaneous emission[J]. Phys. Rev. Lett. ,2004,93(14): 140,404.

有机共轭微孔聚合物的研究进展及应用

毛 娜[1,2]

1.渭南师范学院 化学与环境学院 陕西 渭南 714099;
2.陕西省煤基低碳醇转换工程研究中心 陕西 渭南 714099

摘 要:有机共轭微孔聚合物(CMPs)是一种具有微孔性质的新型聚合物材料,此类材料拥有大的比表面积、且化学和物理性质稳定,是一类非常具有应用前景的聚合物材料。本文主要综述了CMPs材料的最近几年的研究进展,列举了几种其制备的常用方法及种类,以及在多个领域的应用,最后对CMPs的未来研究方向做了展望。

关键词:有机共轭微孔聚合物;气体吸附;储氢

有机共轭聚合物发现于20世纪70年代,由Heeger等首先发现了导电性的有机共轭聚合物材料——聚乙烯,之后大量的共轭聚合物出现,其中有一部分有机共轭聚合物具有微孔的特殊结构,这类具有微孔结构的共轭聚合物被称之为有机共轭微孔聚合物。有机共轭微孔聚合物是由共价键结合组成的一种化合物,其结合了π-共轭骨架并且拥有永久性的纳米微孔骨架,是呈3D网络结构的有机微孔聚合物。对于有机共轭微孔聚合物,更多的研究者比较倾向于关注此类聚合物的特殊性质,如聚合物的比表面积大小、微孔性以及微孔体积大小等,从而更加关注此类聚合物在气体吸附、气体储存、催化剂载体、电子荧光等方面的应用前景。

近几年来,此类聚合物受到诸多研究人员的广泛关注,使其在各应用方面发展迅速,由于其微孔的性质独特,尤其在气体储存、吸附等方面得到广泛应用。

1 有机共轭微孔聚合物(CMPs)的研究进展

2007年,Trewin等[1]第一次报道了聚乙炔芳撑基化合物(PAE),其后2008年,Jiang等[2]制备出比表面积为842 m^2/g的聚亚苯基亚丁二炔基(PPBs),这与已合成的聚乙炔芳撑基化合物相比,其拥有更宽的微孔孔径,且骨架结构更为复杂。在PPB聚合过程中会伴随着副反应,选择合适的反应条件可以避免副反应的发生。

2010年,Teng等[7]制备出了CMP材料,这类聚合物材料具有催化功能,其比表面积为750 m^2/g,是通过Pd催化的Songashira-Hagihara交联反应制备得到。Chen等[8]在之前的研究基础上合成了拥有高比表面积的CMP。而Han等[9]发现在CMPs中掺杂元素Li能够实现H_2的可逆储存,实验证明,CMPs中掺杂的Li的浓度高低可能影响聚合物对H_2的摄取量,

从而影响聚合物对 H_2的存储量。

2　有机共轭微孔聚合物(CMPs)的分类

2.1　超高交联聚苯胺

具有永久的纳米微孔骨架结构的超高交联聚苯胺[10]，现如今已经成为一种较为新颖的纳米微孔骨架材料。超高交联聚苯胺由微波方法制备得到，是由高交联物(多聚甲醛或二碘代烷)与线性聚苯胺反应制得，其比表面积大于 632 m^2/g。通过研究观察发现其是微孔和中孔的混合结构。此类聚合物具有较高的吸附热性能和储氢性能，其在 77 k/30 bar 下对氢的吸附量达 2.2 wt%。其对氢的吸附热值达 9.3 kJ/mol。经过研究得出 MOFs 和超高交联聚苯乙烯的吸附热值达 4.7 kJ/mol。

2.2　邻苯二甲酸酯(PAEs)

还有一种优异的 CMPs 材料是邻苯二甲酸酯(PAEs)，因为其不仅具有 PIMs 的容易合成、化学稳定性高的性质，又具备了 COFs 的孔径结构可调等优点。利用芳基卤和芳基乙炔进行反应是制备出第一个无晶型微孔有机聚合物的方法，通过这个制备实验也证明了改变母体构造能够调节微孔的平均大小，可以精确调控微孔的比表面积和微孔的体积。

2.3　聚间亚苯亚乙烯(PPV)

一直以来，人们就一直在关注着半导体领域的发展，而现在一类有机共轭微孔聚合物在半导体领域被广泛应用，目前也是在有机共轭微孔聚合物中研究最多的材料——PPV 及其衍生物[8]。由于其具有良好的光电效应性质，使得其在半导体领域得到广泛应用。

3　有机共轭微孔聚合物(CMPs)的应用

3.1　CMPs 在储氢方面的应用

氢是一种非常清洁的绿色能源，其在地球上的储量非常丰富，由于制备方法多、容易得到、能量密度高、还可以作为能量载体，是非常具有应用前景的一种能源。但现阶段氢能应用出现了一系列问题，经济、高效、安全的氢储技术成为了氢能源发展的瓶颈，所以越来越多的研究人员更加关注储氢材料的发展。

Lu 等[9]在 CMPs 材料中加入 Li，用来提高 CMPs 的储氢能力，使得材料在未加入 Li 的情况下氢气吸附量由 1.6 wt%提高到 6.1 wt%。经过研究发现，CMPs 的储氢机理主要以物理吸附为主，温度较低情况下其储氢性能比较好，但是在温度较温和的条件下，反而其表现出来的储氢能力越不好。

3.2 CMPs 在其他气体吸附方面的应用

经过研究发现，芳环在 CMPs 材料中有特殊功能，其能够增强材料与甲烷气体之间的结合力，提升材料对甲烷气体的吸收热和吸收量。而金属有机骨架化合物(MOFs)中存在着芳环，所以有机骨架化合物(MOFs)对甲烷表现出极好的吸附性能。实验研究表明，微孔 HCPs 对甲烷储存吸附性能更好。在 298 k/20 bar 的条件下合成制备的 HCPs 对甲烷的吸附量达到 5.2 mol/g。

Cooper 等[10]发现了对 CO_2 吸附性能比较优秀并具有高的比表面积和物理稳定性好的微孔有机聚合物(MOPs)。研究表明 MOPs 比表面积的高低直接影响其对 CO_2 的吸附量和吸附热。拥有高比表面积的 MOPs，其对 CO_2 拥有最大的吸附量，比表面积低的 MOPs，其对 CO_2 拥有最大的吸附热。经过研究发现，提高对 CO_2 吸附量可以在材料中引入化学官能团;. 增加材料的比表面积;调节材料微孔孔径体积。

4 有机共轭微孔聚合物(CMPs)的应用前景及展望

有机共轭微孔聚合物是一类比表面积大、物理化学稳定性好、制备方法多样、骨架结构可调、表面可修饰、永久的纳米微孔材料。虽说现阶段对于此类材料的研究还处于刚刚起步的阶段，但是由于其相比于其他同类材料，性能更加独特，使其在众多领域得到广泛的应用。制造成本成为了一个很严重的问题，而且在合成的 CMPs 材料中会残留一部分的 Pd，影响材料的本征性质。因此，找到制备 CMPs 材料的简便、简洁方法尤为重要。

参考文献

[1] Trewin A, Jing J, Su F, et al. Conjugated Microporous Poly(aryleneethylene) Networks[J]. ANgew Chem Int Ed, 2007, 46(45): 8574 - 8578.

[2] 孙亚磊. 功能化多孔有机材料的设计、合成及应用[D]. 兰州大学, 2012.

[3] Teng Q F, Du X, Sun Y L, et al. Tröger's base-functionalised organic nanoporous polymer for heterogeneous catalysis[J]. Chemical Communications, 2010, 46: 970 - 972.

[4] Chen L, Yang Y, Jiang D L. CMPs as scaffolds for constructing porous catalytic frameworks: a built-in heterogeneous catalyst with high activity and selectivity based on nanoporous metalloporphyrin polymers[J]. Journal of the Amreican Chemical Society, 2010, 132(26): 9138 - 9143.

[5] 李超. Li-Mg-N-H 储氢体系的热力学和动力学调控及其机理研究[D]. 浙江大学, 2014.

[6] 宋青霞. 极性超高交联树脂的合成及吸附性能研究[D]. 湖南师范大学, 2015.

[7] Weder C. Hole control in Microporous Polymers[J]. Angew Chem Int Ed, 2008, 47(3): 448 - 450.

[8] 谢少雄. 氮杂环羧酸—过渡金属配合物的合成与结构及性质研究[D]. 汕头大学, 2008.

[9] Lu R F, Wang Y, Li A, et al. Lithium nanoparticle incorporation in Conjugated Microporous Polymers for reversible hydrogen storage [J]. Angew Chem Int Ed, 2010, 49(19): 3330-3333.

[10] Dawson R, Cooper A, Adams D J, et al. Impact of water coadsrption for carbon dioxide capture in Microporous Polymer Sobents[J]. J Am Chem Soc, 2012, 134(26): 10741-10744.

生物柴油的转酯合成法

曹会兰[1,2]
1. 渭南师范学院 化学与环境学院 陕西 渭南 714099;
2. 陕西省煤基低碳醇转换工程研究中心 陕西 渭南 714099

摘 要:综述了转酯法生产生物柴油的三种方法,即利用三甘油酯在酸、碱或酶等条件作用下经转酯反应制备生物柴油;简述了生物柴油的原料及发展状况,分析了在制备生物柴油过程中的问题,展望了该产业在的发展前景。

关键词:生物柴油;酯交换;原料

近年来,世界各国为了促进绿色生物燃料的发展,不仅考虑到农业的发展,能源安全、以及温室气体排放等多方面的因素,并且作出了多方面的努力。在中国,生物柴油发展这一产业不仅具有的巨大潜力,而且在保护生态环境、确保石油安全、提高农民收入和促进农业发展中产生相当重要的作用。

1 生物柴油的原料

生物柴油是一种以生物质为原料生产的可再生能源,在其生产和燃烧过程的各个层面,都能体现出它对环境生态的保护作用。日常生活中为了避免废食用油重新进入饮食系统以及解决废食用油的污染等方面,生物柴油也起到了极大的作用;对于维护生态平衡,保护自然环境来说,由于生物柴油不含硫,且碳循环等特点,所以每两年即可完成"二氧化碳光合作用→生物质→生物柴油→二氧化碳光合作用"的闭合循环链,因此是一种典型的可再生的绿色环保型新能源。

2 生产柴油的转酯生产方法

现如今,生物柴油的制备主要是用甲醇和动植物油脂或低碳醇在酸或碱性催化剂的条件下和低温(大概是 60～70℃)下进行酯交换反应,经过化学催化法生产过程,然后生成相应的脂肪酸甲酯或乙酯,最后经洗涤干燥后得生物柴油。在收集反应过程中,所收集的水相是回收反应中过量的醇液经过蒸馏处理，即可在生产过程中重复循环的使用，最后为了获得药用级甘油，可将去醇后的水相经过净化、浓缩和蒸馏的过程处理后得之。

转酯法是指在酸、碱或酶的催化下，将甘油三酯中的醇用另外一种醇置换，也叫酯交换反应或醇解[1]。而反应中使用的醇因为物化性能较好，如甲醇、乙醇、丙醇、丁醇和戊醇(极性短链醇)，且醇的价格便宜，因此有利于反应的进行，产率的提高。其中甲醇和乙醇使用较多，尤其是甲醇，但甲醇通常由天然气制造，又是有毒性化学用品，一般不提倡使用，而乙醇可由农产品生产、毒性低、可再生、不污染环境、比较环保。从这方面来看，乙醇较有优势，使用范围较广。而催化剂种类、醇油比、反应温度和压力、搅拌速度、反应时间、油中脂肪酸和水的含量等因素是影响酯交换反应的主要因素。纯度和酯化率是测定反应准确的标准。下文论述几种不同催化剂条件下的酯化反应。

2.1　脂肪酶催化的转酯反应

产生脂肪酶的微生物细胞或固定化脂肪酶作为催化剂是脂肪酶催化转酯反应的常用方法。在反应过程中，由于甘油很容易堵塞颗粒状固定化酶的孔径，进而缩短了固定化酶的寿命，所以在应用中必须及时除去生成的甘油，发挥固定化脂肪酶的催化剂作用，达到反应的准确性。反应中醇用量小，且产品易于分离提取，又可以避免酸碱的污染，使得脂肪酶催化转酯化反应相对于酸碱催化具有很多优点，但该反应的缺点是脂肪酶产量有限，价格昂贵，时间上要长很多，所以生物柴油的工业化生产中起到了阻碍的作用。目前的情况依然停留在实验室研究的规模和水平上。

2.2　碱催化的转酯反应

碱催化如 NaOH、KOH 等催化生产方法是目前生物柴油的主要生产方法。在已知碱催化剂中醇钠的催化效率最高，其次是 NaOH，但考虑到成本问题，常用后者氢氧化钠。该反应的条件如下：NaOH 用量约是油的 1%、醇油比约 6∶1、温度约为 60℃、时间为 1～3 h 左右。醇化率可在反应条件最优因素下，达到 90%以上。由于反应要求原料中的游离脂肪酸小于 0.5%，所以在具有资源丰富，碱催化剂价格便宜，催化效率很高这些优势的条件下，仍有待提高。目前解决的办法有：原料用选择性溶剂分离脂肪酸，亦可用酸预酯化，首先对原料进行碱精炼，然后水洗除皂；在反应过程中加入过量的碱催化剂；再蒸馏除掉脂肪酸等。但以上的方法都减少了生物柴油收率，不仅反应结束后产物与催化剂分离较难，副产物甘油和脂肪酸甲酯的质量皆受到影响，而且也会因为产品纯化和分离过程中大量的污水、碱液排放，对环境造成了重大污染。

2.3　酸催化的转酯反应

硫酸是该反应过程中使用较多的酸。酸催化的醇油比高达 30∶1～40∶1 甚至更高，而碱催化仅需 6∶1 左右，因此在相同的酯化率和反应时间的条件下，比碱催化需要投入更多的醇。酸催化酯交换(醇解)的反应机理如图所示，甘油三酸酯上的羰基质子化形成碳正离子物 a，与醇发生亲核反应得到四面中间体 b，最后生成新的脂肪酸酯。从反应机理可以看出水的存在容易使 a 发生水解，从而大大地降低了脂肪酸酯的产率。

$$R''-\overset{O}{\overset{\|}{C}}-OR' \underset{}{\overset{H^+}{\rightleftharpoons}} \underset{a}{R''-\overset{OH}{\overset{|}{C^+}}-OR'} \overset{ROH}{\rightleftharpoons} \underset{b}{R''-\overset{H^+\ OR}{C}(OH)-OR'}$$

$$\overset{-R'OH}{\rightleftharpoons} \underset{c}{R''-\overset{OH}{\overset{|}{C^+}}-OR} \overset{-H^+}{\rightleftharpoons} \underset{d}{R''-\overset{O}{\overset{\|}{C}}-OR}$$

R＝醇烷基 $R'=HO-CH_2-CH(OH)-CH_2-O^-$ R''＝脂肪酸上的碳键

3 生产生物柴油的工艺流程

原料油经过预处理除去杂质、酸和水分，在酸、碱或催化剂作用下和醇发生酯交换反应，反应液出现分层，上层为粗制甲酯，下层是甘油，精制后最终得到脂肪酸甲酯，即生物柴油。酯交换法制备生物柴油的工艺流程如下图所示。

油脂⟶预处理（降低酸值，干燥除水）⟶酯交换反应（加入醇，催化剂）$\xrightarrow{\text{分离}}$粗制甲酯$\xrightarrow{\text{洗涤}}$$\xrightarrow{\text{过滤}}$$\xrightarrow{\text{精制}}$脂肪酸甲酯（生物柴油）

总之，生物柴油发展速度十分迅速，虽然目前在生物液体燃料中所占份额较小，但它不仅是其重要组成部分而且其发展可能产生的经济与环境等方面的影响也逐渐凸显，并大大超过了其他燃料的增长速度[4]。发展生物柴油产业对我国意义重大，它在促进我国农业和制造业发展、保护生态环境、提高农民收入、保障我国石油安全等方面产生相当重要的作用。可以预期，在不远的将来必定会形成中国的，特色的生物柴油产业[5]。

参考文献

[1] 齐涛，鲁厚芳，蒋炜，等. Zn/Al 复合氧化物催化生物柴油酯交换反应[J]. 中国粮油学报，2010，25(2)：78－82.

[2] 忻耀年，B. Sondermann，B. Emersleben. 生物柴油的生产和应用[J]. 中国油脂，2001，26(5)：72－77.

[3]李为民，许汉祥，高琦，等. 棕榈油制备生物柴油研究[J]. 化工时刊，2006，20(12)：20－22，36.

[4]吴伟光，仇焕广，徐志刚，等. 生物柴油发展现状，影响与展望[J]. 农业工程学报，2009，25(3)：298－302.

[5] 王久臣，戴林，田宜水，等. 中国生物质能产业发展现状及趋势分析[J]. 农业工程学报，2007，23(9)：276－282.

SF_5CF_3与 OH 自由基反应机理研究

刘 艳[1,2],任 艳[1]
1.渭南师范学院 化学与环境学院 陕西 渭南 714099;
2.陕西省煤基低碳醇转换工程研究中心 陕西 渭南 714099

摘 要:采用密度泛函理论对SF_5CF_3与 OH 自由基的反应机理进行了研究,在 B3PW91/6－311＋＋g(d,p)水平上对反应通道上各驻点(反应物,过渡态和产物)的几何结构型做出了优化,并且分析了振动频率及内禀反应坐标(IRC)计算的结果,证实了过渡态的真实性,找到 3 条可能的反应通道。结果表明,SF_5CF_3＋OH→TS2→P2(SF_4CF_3＋OHF)在 3 条反应通道中需要克服的能垒高度最低,为 170.9 kJ/mol,其产物 P2(SF_4CF_3＋OHF)的能量比反应物SF_5CF_3＋OH 高 137.6 kJ/mol,属于吸热反应。从动力学角度分析,该反应是最有利的,因而是这 3 条反应通道中的主通道。

关键词:反应机理;过渡态;SF_5CF_3;OH 自由基

基金项目:国家自然科学基金项目(21503150)、渭南师范学院科研计划(15ZRRC07)和秦东化工、材料技术调查(14TSXK04) 项目资助。

随着全球变暖趋势的加剧,温室气体被人们广泛关注,经研究发现SF_5CF_3(五氟化硫三氟化碳)是一种完全由人类活动产生的温室气体,因此更加引起人们对温室气体控制的研究。SF_5CF_3因为拥有特别稳定的物化特性及红外波段吸收明显等特点而具有特别长的寿命[1],将逐渐在温室气体中占据重要的地位,因而对其研究是特别必要的。一些欧洲及美国的研究成员则发现SF_5CF_3作为大气层顶部的一种温室气体严重阻碍了热辐射逃逸出地球,而且其能力大约是二氧化碳气体的 1.8 万倍[2]。现在这种气体每年的增加速度约为 6%,如果任其长期递增而不给予控制,将对我们的气候造成难以逆转的危害,而最好的方法就是对其进行降解处理。

关于SF_5CF_3的降解机理,已经有部分实验和理论研究[3－7]。但是还没有关于SF_5CF_3与 OH 自由基反应机理的研究,因此,本文将对SF_5CF_3与 OH 自由基的反应机理及其生成的产物进行一些理论上的研究。找出其降解可能出现的另一种途径,为温室气体的消除做出贡献。

1 计算方法

SF_5CF_3与 OH 自由基的反应机理是在 B3PW91/6－311＋＋g(d,p)水平上计算得到的,其中该反应通道上各驻点(反应物，过渡态和产物)的几何构型得到了优化，并且通过分析物种振动的频率确定出各驻点物种的结构，也在此水平上应用内禀反应坐标(IRC)方法证实了各个过渡态与对应的反应物和产物之间存在联系。反应物、过渡态和产物的电子结构能 E 及零点振动能 ZPE 均在该水平上被计算出来，Gaussian03[8]程序完成了所有的计算工作。

2　结果与讨论

图 1 中 2 个反应物，3 个过渡态及 6 个小分子产物的几何构型和结构参数是在 B3PW91/6－311＋＋g(d,p)水平上得到的。其中，反应物 SF_5CF_3 的 C—S 键长为 0.194 nm，S—Fax(分子轴方向)键长为 0.161 nm，C—F 之间的键长是 0.132 nm。振动频率计算表明反应物及产物的振动频率都为正值，因此可断定它们属于势能面上的稳定点，过渡态 TS1、TS2、TS3 的唯一虚频为 587.5i cm^{-1}、663.3i cm^{-1}、312.1i cm^{-1}。对这三个过渡态进行内禀反应坐标(IRC)计算，对其结果进行分析得出三个过渡态所计算出的 IRC 曲线两边所显示的几何构型分别指向反应物和产物。

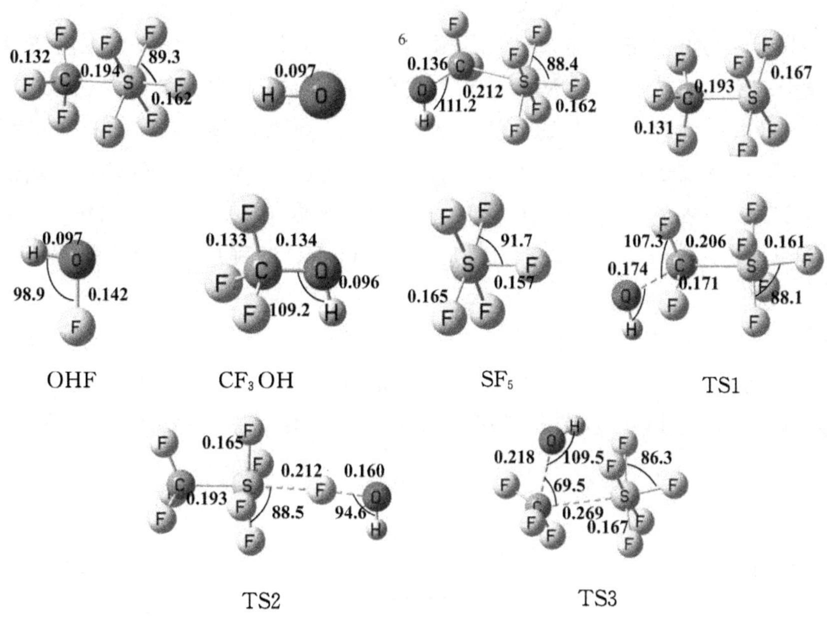

图 1　B3PW91/6－311＋＋g(d,p)水平得到的各物种的几何构型(键长：nm 键角：°)

2.1　反应机理讨论

SF_5CF_3与 OH 自由基反应得到的 6 个不同的小分子产物是通过 3 条不同的反应通道进行的，一种情况是 OH 自由基与 F 原子发生了相互作用，另一种是 OH 自由基破坏 C—S 键后与 C 原子基团发生了相互作用。通过对这几条反应通道分析可知，在反应通道(1)中 OH 自由基进攻 SF_5CF_3分子中 C 上的 F 原子，由于 C 上的三个 F 原子所处位置相同，故无论替换哪个 F 原子所得到的都是一种情况，得到的过渡态为 TS1。对 TS1 的振动频率分析可以得出，

SF_5CF_3分子中 C 上的 F 原子在不断的挣脱，OH 自由基在不断的靠近。随着 OH 自由基的慢慢靠近，C—F 之间的键不断拉长，C—O 之间的键在不断拉近，图 1 中反应物 SF_5CF_3的 C—F 是 0.132 nm，经过渡态到产物时 F 原子从分子 SF_5CF_3上剥落，而 C—O 键由过渡态时的 0.174 nm拉短为 0.136 nm，形成最终产物 SF_5CF_2OH。

SF_5CF_3分子中 SF_5基团上存在两种不同的 F 原子，即与分子轴垂直的和分子轴上的 F 原子，而通道(2)的反应就是与垂直分子轴上 F 原子作用，得到过渡态 TS2。对 TS2 的振动频率进行分析得出在 OH 自由基与 S 原子之间的 F 原子来回振动，图 1 反应物中 0.162 nm 的 S—F 键长到过渡态时拉长到 0.212 nm，直至最终断裂，而 F 原子则被 OH 自由基拽走，形成最后的两种小分子产物 SF_4 CF_3和 OHF。

对于反应通道(3)来说，则是 SF_5CF_3分子上的 S 原子与 C 原子之间的连接键被 OH 自由基进行攻击，可得到的过渡态为 TS3。由 TS3 的振动频率分析得出 C 上的原子基团与 S 上的原子基团在慢慢分离，反应物中 C—S 键长是 0.194 nm，在过渡态时则被拉长变为 0.269 nm，直至最后断裂，与此同时 CF_3原子集团与 OH 自由基相连接，形成 CF_3OH 和另外一种小分子产物 SF_5。其中，CF_3OH 中 C 原子与 OH 自由基的夹角为 109.2°。

2.2 能量分析

图 2 是 SF_5CF_3与 OH 自由基反应在 B3PW91/6－311＋＋g(d,p)水平上的势能剖面图，图中把反应物 SF_5CF_3与 OH 自由基的能量之和作为势能面上的能量零点。图 2 综合分析得，SF_5CF_3与 OH 自由基的反应处于 SF_5CF_3＋OH→TS1→P1(SF_5CF_2OH＋F)过程中时，从反应物到 TS1 需要克服 290.6 kJ/mol 的能垒，而 42.2 kJ/mol 是 P1 时的能量，其能量较反应物高，从 TS1 到 P1 的过程中将有 248.4 kJ/mol 的能量被放出。SF_5CF_3与 OH 自由基的反应在通道(2)时，在 SF_5CF_3＋OH→TS2→P2(SF_4CF_3＋OHF)过程中，从反应物到 TS2 需要克服 170.9 kJ/mol 的能垒，P2 时的能量为 137.6 kJ/mol，能量高于反应物，从 TS2 到 P2 需要放出 33.3 kJ/mol。SF_5CF_3与 OH 自由基的反应在通过反应通道(3)时，SF_5CF_3＋OH→TS3→P3(SF_5＋CF_3OH)过程中，从反应物到 TS3 需要克服 193.9 kJ/mol 的能垒，P3 时的能量为－235.8 kJ/mol，能量低于反应物，从 TS3 到 P3 需要放出 429.7 kJ/mol。

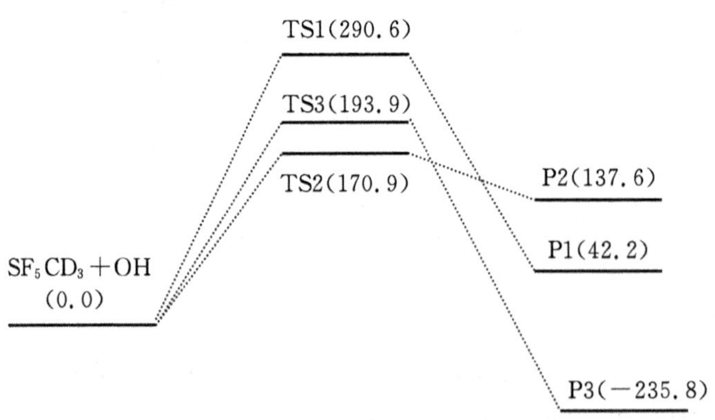

图 2 B3PW91/6-311＋＋g(d,p)水平上的势能剖面图(能量:kJ/mol)

经上述分析，在这三个反应通道中，通道(1)从反应物到过渡态时所需克服的能垒最高，通道(3)次之，通道(2)所需克服的能垒最小。从过渡态到分解为小分子产物时，通道(3)放出的能量最高，通道(2)次之，通道(1)放出的能量最少。从热力学角度分析通道(3)为放热反应，通道(2)和通道(1)为吸热反应，但从动力学角度分析通道(2)的能垒最小且比通道(3)少克服23 kJ/mol。综述可知通道(2)是该反应中的主要通道。

3　结　论

通过对 SF_5CF_3 与 OH 自由基反应机理的研究，发现了三条反应通道可进行，其中，反应通道(2)为主反应通道，反应所需克服的能垒最低，从动力学角度分析是最有利的，通道(3)中所得产物的能量比反应物的能量低，是放热反应，从热力学角度看是不利于反应进行的，但从动力学角度分析是不利的。而通道(1)不管从热力学还是动力学分析都是不利的。综上所述，就动力学方面而言得出通道(2)最有利于进行，是最佳反应通道。

参考文献

[1] 张建良，张仁熙，黄丽，等. 新温室气体 SF_5CF_3 与还原性自由基的反应研究[J]. 环境化学，2005，26：50－54.

[2] STURGES W T，WALLINGTON T J，HURLEY M D，et al. A potent greenhouse has identified in the atmosphere：SF_5CF_3[J]. Science，2000，289(5479)：611－613.

[3] KISLIUK，PSILVEY G A. et al. The structure of SF_5CF_3[J]. Chem Phys，1952，20：517－520.

[4] MARSDEN C J，CHRISTEN D，OBERHAMMER H. The trans-influence of CF_3：Gas phase structure of SF_5CF_3[J]. J Mol Struct，1985，131：299－307.

[5] BALL D W. Formation and vibrational spectrum of trifluoromethyl sulfur pentafluoride，SF_5CF_3，a new greenhouse gas Gaussian-2 and Gassuian-3 calculation[J]. J Mol Struct，2002，578：29－34.

[6] 张仁熙，黄丽，等. 放电条件下 SF_5CF_3 的分解反应[J]. 环境科学，2005，26：50－54.

[7] 姚焕英，李林优等. SF_5CF_3 与 H 自由基反应机理的理论研究[J]. 化学化工与资源环境研究，2014，29：33－40.

[8] FRISCH M J，TRUCKS G W，SCHLEGEL H B. et al. Gaussian 03[CP]. Gaussian Inc，Wallingford CT，2004.

秸秆的能源化应用与发展

吕海波[1]，吴海真[1,2]，杨 宁[1]，杨 强[1]

1.渭南师范学院 化学与环境学院 陕西 渭南 714099；

2.陕西省煤基低碳醇转换工程研究中心 陕西 渭南 714099

摘 要：面对日益严峻的能源短缺和环境污染问题，秸秆能源化的开发和利用对于国内外资源建设具有不可估量的发展前景。秸秆生物质含有少量硫、氮组分，对于环境来说污染很小。此文阐述了处理秸秆能源各项措施的特点及应用，并展望了各种应用在未来的发展前景。

关键词：秸秆；能源；发展

基金项目：渭南师范学院校级项目：黄河滩地农田犁底对水肥运移的影响(15ZRRC12)；芦苇湿地带状废水排放造成的重金属土壤扩散及相应特征 14YKS004)。

开发利用可再生清洁能源是解决我国环境污染、资源浪费与能源短缺等问题的关键所在。秸秆生物质是继水能、风能、太阳能、潮汐能等清洁能源之后再次研发的一种新型绿色可再生能源。秸秆的能源化利用可取代化石能源成为热能、电能和燃料能源等，减小环境污染。其多功能性主要体现在微生物制沼气、热解气化、压块固化成型、纤维素木质素制燃料乙醇的能源化应用。秸秆在生活和工业生产中的广泛利用，使废弃物转变成了高经济价值的能源资源，有效地缓解了困扰我国多年的能源短缺的现状。秸秆的能源化应用是一个兼具吸引力和挑战性的课题，需要利用先进技术[1-7]将秸秆生物质转化为二次能源，社会价值和使用价值更高。迄今为止，我国开发制得的乙醇燃料品数量已跃居世界第三，秸秆生物质的能源化应用利用技术发展还是很有发展前景的。

1 秸秆生物质的能源化应用

1.1 秸秆厌氧发酵制沼气

秸秆气化技术是将秸秆类生物质与农村生活垃圾、人类和动物粪便等作为原料混合厌氧发酵后制成能够燃烧的沼气和农家肥的一个无污染工艺流程。我国秸秆生物质原料储量丰富，来源广泛，秸秆利用率高，高达 20%，过程没有条件限制，原料也可随便混合投入发酵池，而且产气率可以达到 75%，秸秆封池发酵产气后剩余的渣滓可以直接撒入田地，当作肥料可以提高土地的生产能力，发酵池的建设成本低，设备投资少，大量农村废弃土地可作为生产基地，这一切都为该技术的发展提供了便利。

水解池与发酵池的建设需要不少的配套小项目，而且小池的产气量不定，微生物菌种发酵速度慢、效率低，在独门独户的农村无法进行系统化、规模化生产。

目前，西方部分国家已将秸秆气化技术及下游产品应用在居民生活的供暖、电力、炉灶等领域[7]。李世密等[8]对秸秆类木质纤维素原料厌氧发酵产沼气进行了研究，整个发酵过程中产生甲烷体积分数的较高值为65%，二氧化碳为30%，表明当秸秆中的能量都转移到可燃气体，在燃烧时将能量转化为可直接供生活和工业生产用的优质能源。

1.2　秸秆压块固化制燃料

压块固化法是当温度在300 ℃左右时，将秸秆生物质中苯丙烷型的高分子化合物液化，并在立体空间内进行压缩整合，待冷却后可形成固体燃料，也可分为高温成型工艺。秸秆制煤炭技术是秸秆生物质在缺氧的反应器中快速燃烧炭化，混合粘合剂后，经专用压块机压制成燃烧面积大的物块，可是蜂窝型、螺旋型、网状。

通过专用高效压块机对生物质秸秆等进行转化后所得的固化燃料物块体积可缩小为原体积的1/8～1/6，单位体积热焓值更高；压块后的燃料资源方便存储和运输。压块固化技术具有投资价值高、回报高的优点。而且秸秆压块固化的煤炭燃料可以代替木柴、液化气等广泛用于生活炉灶、供热取暖锅炉、工业锅炉等，应用范围广泛。由于压块固化燃烧技术对于专用机械设备和技术的要求较高，现如今依旧处于小范围住户的热电联供；初建成本较大，普通农民难以支撑，需国家专项资金支持。

1.3　秸秆直燃发电

直接燃烧法是将剩余的秸秆废弃物经过干燥预处理投入炉灶内充分燃烧然后直接发电，利用炉灶加热蒸发的水汽推动机械轮机的运转的原理，实现了化学能到电能的一个转化，过程中电能转化率较高，现如今该技术趋于成熟并试图用于大规模运行。

经过大量实验探究发现当秸秆生物质与原煤、牛粪等混合燃烧时，烟雾中SO_2的释放量大大减少，而且能在反应中被颗粒物吸附。科学家指出秸秆中的少量硫组分容易与碱土金属Ca、Mg等反应生成硫酸盐，并通过汽化凝结等物理现象吸附在亚微米颗粒上。这些研究都表明利用秸秆直燃发电产生的SO_2排放量远少于原煤、石油等燃烧后的排放量。风能、太阳能等发电技术只适用于大型国企或公司，所以对新能源秸秆发电技术进行了研究，解决了我国偏远山村供电难的问题。

1.4　秸秆液化制备燃料化学品

由玉米秸秆提取乙醇的传统工艺是：预处理→水解→发酵。微生物能够利用秸秆生物质水解液转化生成乙醇，前提是需要对发酵前的水解液进行脱毒预处理或寻找耐受能力较高的实现原位脱毒菌种。分离的程度是制备乙醇的关键。通过预处理分离技术可以大大的提高纤维素的水解程度，有利于生物燃料乙醇等的制取。

利用秸秆生物质液化提取生物燃料乙醇或丁醇，同时联产丁二酸。碳四平台化合物丁二酸可生成新型可降解塑料PBS等新材料，有着极广的投资范围与应用前景。秸秆乙醇项目还可实现纯生物化工艺生产，在生产过程中没有化学原料的添加，每3 t的生物质秸秆大约可产生 1 t 乙醇和二氧化碳，乙醇与二氧化碳比例为 1∶1。整个生产流程都是纯生物化的，几乎没有化学能源的消耗，都是自然能源的循环利用，对环境没有任何污染。

在 340～420 ℃、30～40 MPa 条件下，对亚临界和超临界水中的纤维素液化试验研究表明，秸秆生物质水解的稳定产物主要成分是糠醛、5-甲基糠醛、5-羟甲基糠醛和一些含甲基、羟基、羟甲基等官能团的酮类、苯酚类化合物。由此可见，超临界条件下纤维素在极短时间内即可完成水解并获得易水解的低聚糖、葡萄糖等产物。而日本微生物学家研究出了一种秸秆分解菌，该菌种能从农作物秸秆纤维素快速水解发酵提取酒精燃料，已投入产业化生产。

1.5 秸秆的热解气化

秸秆热解气化是将作物秸秆和家用废弃物等，在缺氧或无氧环境下，温度为 800 ℃左右的气化炉中充分燃烧后生成 H_2、CH_4、CO 等可燃性清洁能源。秸秆生物质热解气化时燃烧率高，反应过程中生成得到热焓值高，1t 秸秆的燃烧热近似于 0.5 t 煤，气化后的废渣污染成分含量少，可作有机肥增加土地营养价值，促进农作物发芽；不受秸秆季节性生产的约束，用于生活住房的不间断供气；另外秸秆热解气化过程可人工操作控制调节，即在大规模投资生产时也无需大量自动化设备的投入。

利用秸秆热解气化技术生产燃气，促进了能源资源的高效化配置，降低了 S、N 等有害元素的挥发量，增大了对秸秆资源的利用率。通过对国内 1998—2000 年的数据分析可以看出，秸秆生物质的集中供气每年可节省近 10 万吨原煤，是改变传统化石能源生产的一种优化型加工技术。我国 IGCC(Integrated Gasification Combined Cycle)整体煤气化联合循环发电系统，是将煤气化技术和高效的联合循环相结合的先进动力系统。它由两大部分组成，即煤的气化与净化部分和燃气-蒸汽联合循环发电部分系统，处于正建阶段。

1.6 秸秆热裂解制柴油

秸秆在隔绝空气的环境下加热，分解生成可燃气体、液体燃料油、木炭的过程称为秸秆生物质的热裂解。选用秸秆、林业废弃物等作为原材料，进行热解液化、加压催化液化等多种液化技术生成酯化酸、醛等碳水化合物，再经过水解、发酵、用碱催化转酯化过程制成生物柴油。

利用固定床技术研究了热解温度、秸秆分子大小和氮气流速对秸秆热解的影响，认为分子大小和氮气流速对热解过程没有明显的影响，而温度才是主要影响因素。在终温为 550 ℃，分子粒径为 0.85～1.85 mm 的条件下，最大液体产率为 24.77%。Putun 等对水稻秸秆快速热解液化技术进行了研究，发现生物油最大产率为 30.23%。浙江大学在我国最先试验了利用流化床闪速热裂解制备生物柴油。

1.7 秸秆制吸附剂

秸秆组分木质素是一种较好的重金属吸附材料，作吸附剂时对阳离子重金属(如 Cu、Zn、Pb、Cd 等)的吸附能力较为明显，而且从热力学角度研究发现，经羟甲基化、氧化等途径改性后的秸秆对磷酸根离子和四环素有良好的去除率，可用于缓释剂的制备。另外，球形纤维素是改性秸秆研究的一个新热点，由于秸秆纤维素内含有大量氢键，结构复杂，晶化时结晶能力强，使得纤维素对有机产品的可极度低、难溶性大，反应性能及化学均一性差，对纤维素制品的使用性能有特别大的影响。而球形纤维素具有疏松和亲水性网络结构的基体，通透性和水力学性能好，表面积大，适用于床式吸附处理的特点。

另外秸秆中的—CHO，经过热解液化反应制取的胶黏剂可增强与之反应的有机酯的耐热性、耐溶性和拉伸强度，属于环保型产品。

1.8 秸秆作基质栽培食用菌

食用菌是仅次于粮、棉、油、果、菜的第六大农产品，在食品行业中占有越来越重要的地位，成为了人们日常生活中不可或缺的产品。农作物秸秆中含有大量纤维素，可粉碎加工为有机基质栽培食用菌，能大大降低食用菌的生产成本。

生产过程中需要严格控制温度、湿度、通风、采光、pH 值等。一般秸秆粉碎后可占食用菌栽培基质的 80%。因栽培菌种、基质配比、地理环境等方面的差异，导致利用秸秆生物质栽培食用菌在实际生产中，出现了多种栽培模式。其中秸秆袋料栽培食用菌技术，是目前使用最广泛的一种方法，而且成本低，经济效益高。

2 秸秆能源化的现存问题及发展

秸秆能源化应用的关键步骤是对秸秆生物质的组分进行预处理分离，而目前国内对秸秆内部结构的研究不透彻。秸秆制得的生物质燃料单位体积密度小，燃烧后化学有害物质挥发度低，所以专用的气化炉燃烧设备要能够进行二次风供给，气化炉设备的使用效率需要很大的提高，设备的使用必须经过合理的成本与经济性计算，符合当前生产能规模与高效要求。秸秆生物质中含有少量灰分、硫分及氮成分，燃烧后的烟尘中的灰分粒子严重影响人体健康，更会与汽车尾气、工业废气造成雾霾。为了生物圈的可持续发展还是要做到后续处理，所以在生产工艺中添加三废处理设备，分离各种有机物无机物，进行针对性处理，使其达标排放或安全回收。

秸秆生物质是农作物收获后得到的主要能源，其在新材料、化工原料、能源和功能食品及药物方面的生产应用是一种发展潜力较大的产业。利用含有丰富可再生资源的秸秆生产生物燃料，可减缓持续增长的能源需求压力，而且具有低成本和高生物可用性等优点。秸秆生物质的能源化应用将成为中国高新技术发展的重点领域。而农作物秸秆利用率低是造成我国农业面源污染的重要因素之一，充分有效的利用秸秆资源，能彻底解决我国因秸秆焚烧所造成环境污染问题，改善空气质量，降低了秸秆资源的浪费，增大了能源的使用范围，能够推动科技发展、建设和谐友好环境。

参考文献

[1] 娄玥芸. 秸秆生物质能源的应用现状和前景[J]. 南京工业大学，2010，27(9)：73 - 77.
[2] 王克勤. 秸秆生物质处理方法的理论与技术问题[J]. 江苏师范大学学报，2015，33(3)：36 - 39.
[3] 黎钢. 秸秆生物质转化为燃料化学品的工艺技术发展[J]. 河北工业大学，2013，42(1)：

45 - 55.
[6] 胡代泽. 我国农作物秸秆能源现状与前景[J]. 酿酒，2014，16(1)：19 - 20.
[7] 刘志玲. 浅析秸秆综合利用技术[J]. 农业开发与装备，2016，10(2)：93 - 94.

胆固醇衍生物的修饰

蔡秀琴[1,2]

1.渭南师范学院　化学与环境学院　陕西 渭南　714099；

2.陕西省煤基低碳醇转换工程研究中心　陕西 渭南　714099

摘　要:胆固醇也叫胆甾醇,是人造牛黄、维生素 D4 的原料,可用于制造液晶、化妆品、化学试剂等,胆固醇及其衍生物具有组织相容性与可降解性,应用价值高。多年以来,胆固醇及其衍生物的合成与应用是现代化学以及医药研发领域的热点项目。胆固醇的衍生物包括维生素 D(VD)、胆固醇杯芳香烃衍生物、胆固醇海藻纳衍生物、胆固醇阳离子脂质体、基于胆固醇甾核 C3 位羟基改造形成的衍生物,这些衍生物在化学或是生物活动中起着重要的作用。对胆固醇衍生物的合成与应用的研究具有重要的意义。

关键词:胆固醇;胆固醇衍生物

1　引　言

胆固醇(Cholesterol)是人们于 18 世纪从胆石中发现。胆固醇属于环戊烷多氢菲衍生物,又称胆甾醇,是一种与人生命息息相关的化合物[1—3]。胆固醇在体内代谢过程中的中间产物被用来合成各种激素[4—6]。在细胞机体,激素是协调细胞间代谢作用的信使,参与到机体内多种物质代谢过程,对维持人体正常的生理功能十分重要。胆固醇的结构式如图 1 所示。

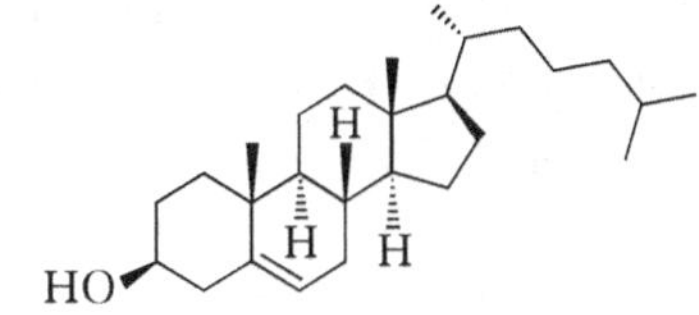

图 1　胆固醇的结构式

由图 1 可见,胆固醇分子的结构体现出其具有刚性骨架、具有多手性中心以及片层堆积的能力,因此被广泛应用于合成小分子胶凝剂与液晶材料[1]。胆固醇的亲两性分子的研究拓展了胆固醇作为载体的生物学应用。对于胆固醇与其衍生物结构的改变与修饰是研究胆固醇类物质应用的必经路之一。目前,胆固醇有很多衍生物,主要有胆固醇杯芳烃衍生物、胆固醇海藻纳衍生物、胆固醇阳离子脂质体、胆汁酸、给予胆固醇 C_5、C_6 位烯键改造形成的衍生物、维生素。本文主要从胆固醇衍生物的合成及应用来综述。

2 胆固醇衍生物的合成

胆固醇作为许多重要物质的原料，在合成与实际应用中起了重要的作用。胆固醇衍生物广泛应用于生物医学领域，近年来关于胆固醇衍生物的拓展及其应用前景的报道很多。基于胆固醇的分子结构，人们利用它自身的两个官能团根据进行衍生，一个是甾核 C_3 位置羟基，另外一个是 C_5、C_6 之间的双键。后者的存在使得胆固醇分子具有刚性，因此，对于 C_3 位置羟基的改造是新型胆固醇衍生物研究的热点。

2.1 基于胆固醇甾核 C3 位羟基衍生物

通过对羟基酰化成酯，胆固醇羧酸酯广泛应用于医药以及液晶材料的研究。王学杰[2]等用 N,N=研二环己基碳酰亚胺(DCC)与三甲基吡啶盐酸盐（TMP 啶盐酸盐用作为除水剂以及除水促进剂，制备苯乙酸胆固醇酯，该方法的产率可以达到 89%，产物如图 2 所示。胆固醇羧酸酯衍生物是应用中常见的结构和原始原料，如戊基碳酸胆固醇酯（如图 3 所示）以及胆固醇油醇碳酸酯。

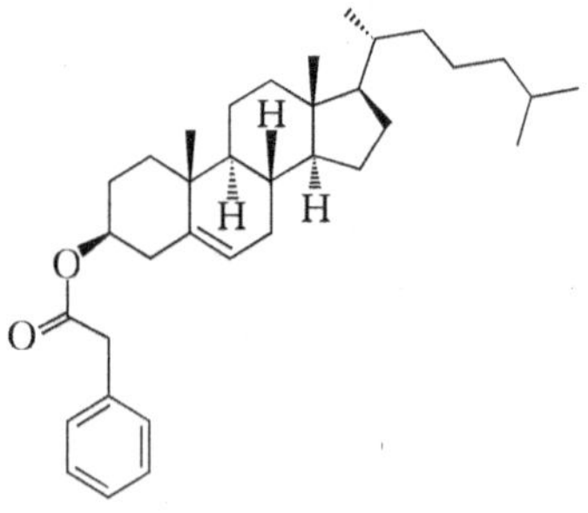

图 2　苯乙酸胆固醇酯的结构式

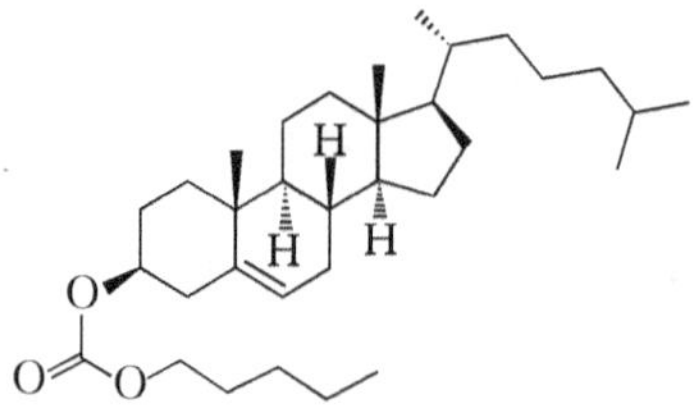

图 3　戊基碳酸胆固醇酯的结构式

杯[4]芳烃-1,3-二乙酰肼是第三代超分子化合物主体。胆固醇氯甲酸酯与前者可形成杯[4]芳烃双胆固醇衍生物图 5 所示，胆固醇的刚性结构稳固了杯[4]芳烃的锥形构象。研究发现杯[4]芳烃双胆固醇衍生物能够胶凝乙腈和癸烷两种互不相容的溶剂，得到的凝胶有好的剪切触变性[7]。该化合物对金属离子 Ni^{2+} 有好的萃取能力[7]。

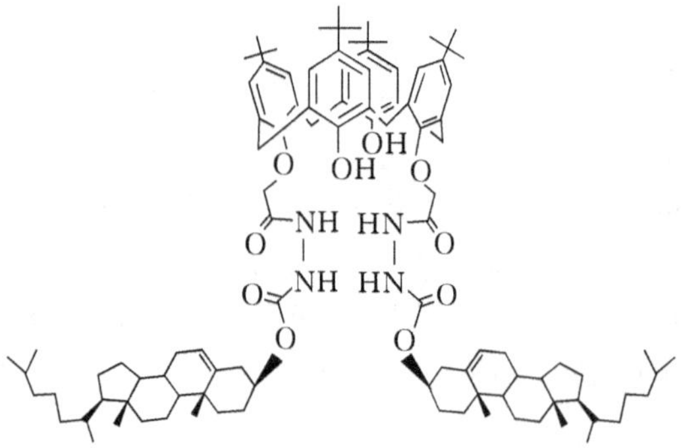

图 5　杯[4]芳烃双胆固醇衍生物的结构式

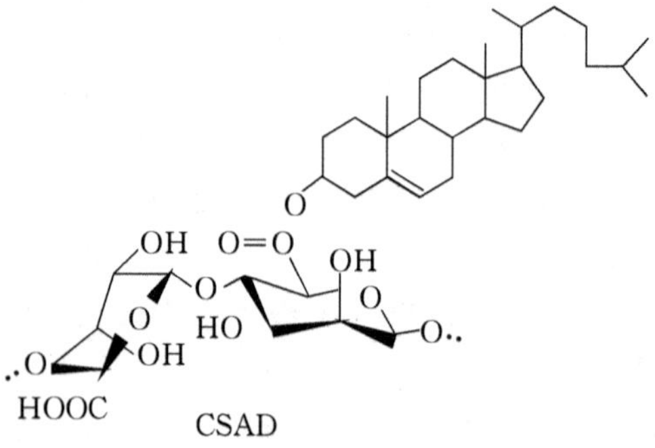

图 6　海藻酸胆固醇衍生物的结构式

海藻酸分子上具有大量的亲水基团，限制了这种天然可再生多糖聚合物在药物乳化方面的作用。胆固醇是较强的疏水物质，二者通过酯化反应得到的衍生物具有两亲性，反应过程与产物结构如图 6 所示，这一化合反应的研究拓宽了海藻酸钠在水乳剂方面的应用范围[8]。基于胆固醇的疏水特性，研究者们开发了在生物实验和临床治疗中对胆固醇的应用。胆固醇疏水尾部可促使药物包裹在自发形成脂质体中，输送到体内促进细胞的转染。胆固醇分子具有多环、多手性的碳结构特征，有机超分子凝胶剂由于具有热光，剪切触变等可逆性，被称为智能凝胶，在胆固醇支架上引入二噻吩乙酰基团，偶氮苯基团等光控基团或者苯二酚等其他可反应基团可以产生对外界反应性的胆固醇有机超分子智能凝胶衍生物。

2.2 胆固醇 C_5、C_6 位烯键衍生物

胆固醇结构中 C_5、C_6 位烯键附近空间位阻大，因此在双键位置的衍生物较少。近年来研究表明胆固醇以及氢化胆固醇均可作为液晶基元，对胆固醇烯键的改造的研究日益增多。为了避免氧化还原反应过程中对甾核 C_3 位置羟基的影响，可以首先利用碘乙烷进行羟基甲醚封端。烯键可经过氧化再开环的方式将胆固醇形成新型的侧链液晶聚合物。

人工改造的胆固醇衍生物拓宽了胆固醇在材料应用上的利用价值，但是对于新型的衍生物需要进行核磁、质谱和元素分析确定衍生物的化学结构，也可以初探新型材料的应用前景。

3 展 望

胆固醇在人们的生活生产中会带来更多的环保利益，它的实际运用范围更宽更广。胆固醇衍生物杯[4]芳中超分子主体有特殊的识别分子的能力不仅能建构很有序列的微结构独有的外形和刺激性的响应材料，而且还在环保、制药、分离等方面也有很广泛的应用；胆固醇衍生物胆汁酸、VD 以及甾体激素等固醇类激素也起着重要的作用。胆固醇经过机体的代谢可以转化成为中间产物和终末产物胆汁酸、类固醇激素、7 -脱氢胆固醇与 VD_3 等。胆汁酸能够节约能量原料，提高能量利用率，改善生长性能及屠宰性能，是节约资源的“正能量”。VD 不仅对人体骨骼有着重要的作用，对孕期婴儿骨骼发育有帮助，而且与恶性前列腺癌之间有重要的关系。胆固醇与其衍生物的合成与改造与应用密切相关。

参考文献

[1] Olson RE. 脂蛋白以及其在脂肪转运中的作用的发现[J]. 营养学报，1998(02)：2 - 5.

[2] Lecerf J M，Lorgeril M，Razin S，Tully J G. 支原体的胆固醇需求[J]. 细菌学杂志，2011(05)：35 - 36.

[3] 张晓光，刘洁翔，王海英. 阿维菌素水乳剂的稳定性[J]. 物理化学学报，2010，26(3)：617 - 625.

[4] Wei Yang，Yibing Bai. CD8 T 细胞通过调节胆固醇代谢来增强抗肿瘤反应来增强抗肿瘤反应[J]. 生命科学，2011 (03)：22 - 27.

[5] Hanukoglu I. 类固醇合成酶的结构功能和调节甾类激素生物合成的作用的研究[J]. 类固醇生物化学与分子生物学杂志,1992(12):5-8.
[6] Rachael Rettner. 英国儿童在胆固醇方面疾病的临床调查[J]. 生命科学,2015 (12):9-12.
[7] 蔡秀琴. 杯-4-芳烃双胆固醇衍生物萃取性能研究[J]. 化学新型材料,2015 (11):6-8.
[8] 王春修. 胆固醇改性海藻酸钠衍生物对高效氯氟氰菊酯水乳剂稳定性的影响[J]. 农药学学报. 2015 (02):221-224.

锂离子电池的研究进展

王香爱[1,2]

1. 渭南师范学院　化学与环境学院　陕西 渭南　714099;

2. 陕西省煤基低碳醇转换工程研究中心　陕西 渭南　714099

摘　要:锂离子电池是20世纪研发成功的一种新型高能电池。文章综述了锂离子电池的结构、工作原理、主要特征,介绍了锂离子电池在电子产品等领域的应用,并对其未来的发展进行了展望。

关键词:锂离子电池;结构与与原理;发展与应用

锂离子电池是20世纪研发成功的一种新型高能电池[1]。最早商业化使用是20世纪80年代,主要由美国,加拿大,日本等国领导这个领域。我国锂离子电池是在上个世纪90年代才开始相继问世。锂离子电池有这样一些优点:超长的寿命,充电可达1100多次;使用安全,可快速充放电;耐高温,没有环境污染;体积比较小,重量轻;工作温度范围宽,－30～＋45℃;无需维修,并且没有记忆效应。还有能量密度高,绿色环保等优点。现在锂离子电池被应用到很多方面,例如,公交车使用纯动力电池就是一个很好的改进。也做到了国家要求的节能减排,绿色环保政策。本文主要就锂离子电池的结构、工作原理、主要特征等进行了综述。

1　锂离子电池的结构和工作原理

1.1　结　构

锂离子电池的体系是比较复杂的,其中正极材料有 $LiCoO_2$,$LiMnO_2$,$LiNiO_2$,$LiFeO_2$,橄榄石等。正极材料在锂离子电池结构性能上会对整体性能有着很大的影响作用。随着技术水平的提高,$LiMnO_4$ 和 $LiNiO_2$ 将会成为锂离子电池实用的正极材料。

负极的活性物质主要为石墨或近似石墨结构。目前,碳素材料是负极应用最大的原材料之一。如石墨,软碳,硬碳等。总体来说,锂离子的脱嵌容量要大。

隔膜是一种特殊的高分子薄膜,薄膜表面有微孔结构,它可以让锂离子自由通过而阻止其他离子通过。隔膜是锂离子电池的组成部分之一,隔膜的研究将是未来的一个新方向。

锂离子电池的电解液有液体、固体、熔盐三类。由于电解液是非水电解质的这种特殊的组成结构，给锂离子电池的性能带来了很大的改进[2]。因为很多的设计安全性的反应都与电解液有关，所以设计电解液的时候应该要考虑下面几个因素：锂离子电池的电导率要高、热性能稳定在较宽的范围内不发生反应[3]。化学稳定性高，也就是电解液本身不会与正负极材料、隔膜发生化学反应；没有毒性，可以安全使用；从经济方面考虑，原材料的价格应该尽可能的低，并且容易制备。

1.2 锂离子电池的基本原理

化学电池在放电时，正极活性物质 P_1 获得电子变成 P_2，负极活性物质 N_1 失去电子后变成 N_2，电池反应的通式见表 1。

表 1 电极反应

电极	反应
负极	$N_1 \longrightarrow N_2 + ne$
正极	$P_1 + ne \longrightarrow P_2$
总反应	$P_1 + N_1 \rightarrow N_2 + P_2$

锂离子电池的基本工作原理就是锂离子嵌入到不同的电极材料中。锂离子电池属于二次电池，通俗的说也就是可充电电池。它的工作原理是：用两个能可逆的嵌入与脱嵌出锂离子的化合物作为正负极材料，让锂离子来回地嵌入两个电极中，构成的二次可充电池[4~7]。在充电的时候，锂离子从正极脱嵌，进入电解质中，再通过隔膜，再进入电解质，最终嵌入负极，最终使负极处于富锂离子状态：放电时候则相反。从它的充放电来说，锂离子电池是一种比较理想的可逆反应。因此，当电池在充放电循环时，锂离子从正极—负极—正极的这样运动。

1.3 锂离子电池的主要特性

电池内阻：电池的内阻是指电池在工作的时候，由于有电流流过，隔膜、正负极材料都会产生一定的阻力。并且电池内阻也不是一个固定的值，电池内阻的过大或者过小都对电池的使用性能带来影响。例如，短路或者击穿隔膜。需要考虑安全隐患：过大则会影响电池容量衰减迅速，寿命短，充放电平台低。电池容量：电池的容量就是指在放电或者充电的情况下，可以释放或吸收的电量。它可以分为理论容量，实际容量，额度容量。电池倍率性能：是指电池在不同的电流大小下，它的充放电性能力。或者说是电池放电快慢的能力。通常将充放电速度称为 C 速率。电池循环寿命：因为在使用的过程中，随着电池容量的衰减，电池的循环次数也在一次一次的递减。所以，它就会有一个宏观上的使用寿命。自放电性能：在电池的储存过程中，电池未接负载即电池开路的情况下，电池容量也会有所降低，原因是由于正负极自放电，电池自放电越小电池的性能越好。

2　锂离子电池的应用

2.1　电子产品

锂离子电池已经成为手机的巨大市场中主要的组成部分，并且这些移动通信市场应世界需求持续快速发展，手机的普及也带动着锂离子电池的高度发展。由于手机的普遍的使用，长久待机是手机的最大待解决问题，也就是目前锂离子电池需要解决的问题。笔记本电脑现在也是一个很普及的电子产品，笔记本电脑其实就是手机的放大版本。在硬件设施的改进方面，与手机是同样的问题，延续待机时间。

2.2　汽　车

在电动汽车的进一步发展的背景下，顺而对锂离子电池的制作工艺有了更加严格的要求。由于电动汽车的许多优势，特别是零排放，备受各国关注。也侧面反映出来了车用锂离子电池的一些问题，过充电、过放电、过电流、过温、绝缘检测等些许问题需要解决。可应用的汽车方面有现代汽车、电动车、电动自行车、纯电动汽车、混合电动汽车等。

2.3　军事与航空航天领域

比较普遍的就是军事通信以及民用，更前沿的就是武器方面。这也就要锂离子电池有更好的配置。满足更高端的要求。能量密度高、质量轻等特点可以提高武器的灵活性。例如，鱼雷、潜艇、军用导弹、火箭、飞机等；航空航天领域的应用例如，火星轨道器、火星着陆器；神舟七号已经采用锂离子电池作为它的电源之一。

2.4　医学方面及其他

目前的应用有，助听器、起搏器等。但是锂离子电池在医学方面的应用比较缓慢、其他方面的应用：手表、微型机电系统等动力负荷调节系统。应急电源、儿童玩具，电动工具等。

3　结束语

锂离子电池是在科学水平的进步下，这个时代的产物。未来对锂离子电池的需要会进一步扩大，应用更加普及，更多前沿性领域也会使用到锂离子电池。锂离子电池性能的提高，一方面要依赖科学技术，另一方面也需要新型材料与之搭配。我们展望未来，锂离子电池会在未来的一段时间内起着十分重要的作用。

参考文献

[1] 胡光. 水中兵器锂离子动力电池安全性问题的几点思考[J]. 机械管理开发，2013.(3)：123-124.

[2] 徐化云. 锂离子电池正极材料的制备改性及表征[D]. 中国科学技术大学，2007.

[3] 王海腾. 基于石墨烯的锂离子电池负极材料的研究[D]. 北京交通大学，2013.

[4] 黄海江. 锂离子电池安全性研究及影响因素分析[D]. 中国科学院研究生院，2005.

[5] 吴宇平. 锂离子二次电池[M]. 北京：化学工业出版社，2002：142.

[6] 陆天虹. 能源电化学[M]. 北京：化工业出版社，2010：91.

[7] 李若红，马忠龙. 聚合物锂离子电池的研究进展[J]. 聚合物锂离子电池的研究进展，2015(8)：271-276.

聚甲基丙烯酸水凝胶的合成及pH响应性

杨　珊[1,2]，张紫菱[1]，王　琳[1]，许艳婷，尹艳丽
1.渭南师范学院　化学与环境学院　陕西 渭南　714099；
2.军民两用材料重点实验室　陕西 渭南　714099

摘　要：研究丙烯酸类水凝胶的制备及其pH响应性。采用溶液聚合制得丙三醇交联的聚甲基丙烯酸(PMAA)水凝胶，通过改变单体与交联剂的配比调整水凝胶的溶胀性。结果表明，交联的PMAA水凝胶具有pH响应性；冻干方式得到的凝胶的pH响应性较烘干的凝胶要好；水凝胶的吸水溶胀比最大约20。

关键词：水凝胶；甲基丙烯酸聚合物；吸水溶胀；pH响应性

基金项目：陕西省军民融合研究基金项目，渭南师范学院科研项目，渭南师范学院大学生创新创业训练计划项目。

pH响应性水凝胶作为一类环境敏感的高分子材料，可以根据外界环境的pH刺激发生体积相转变，加之其良好的吸水保水性，使其在药物控释、化学分离、智能传感器等方面具有良好的应用前景[1]。具有pH响应性的水凝胶网络中大多含可以水解或栀子花的酸性或碱性基团，如$-COO^-$、$-OPO_{3-}$、$-NH_{3+}$，$-NRH_{2+}$、$-NR_3$等。环境pH和离子强度的变化皆会引起上述基团发生不同程度的电离和结合的可逆过程，使网络内大分子链段间的氢键解离和形成，引起不连续的体积溶胀或收缩变化[1]。本文以丙三醇为交联剂合成聚甲基丙烯酸这种pH响应性水凝胶，研究其在不同pH下的吸水溶胀速率和溶胀比。

1　实验部分

1.1　水凝胶的制备

取20 mL的超纯水、4 mL的甲基丙烯酸(MAA)、0.4 mL丙三醇(GL)(即MAA的10 wt%)和0.097 g过硫酸铵(APS)加入反应瓶中，在70℃下搅拌反应至体系粘度很大、搅拌困难时停止搅拌，得到无色透明的凝胶聚甲基丙烯酸(PMAA)，用蒸馏水浸泡以除去杂质和

作者简介：杨珊(1981—)，女，汉族，陕西长安人，理学博士，渭南师范学院化学与环境学院副教授，研究方向为功能高分子材料。E-mail：yss12041981@163.com。

未反应单体。凝胶一部分烘干(60℃干燥至恒重),一部分冻干(德国 Christ Alpha1-2LD 冷冻干燥机)。

1.2 水凝胶的表征

凝胶的结构表征:取一定量的干凝胶,用 Tensor II 红外光谱仪(Bruker 公司)测试红外光谱,衰减全反射(ATR)模式,测试范围为 4000~600 cm^{-1},扫描 16 次。

热稳定性测试:用 STA449 F5 同步热分析仪(耐驰公司)测定干凝胶的 DSC&TGA,在 18~500℃、N_2 氛下测试,气流速率 30 mL/min,升温速率 10 K/min。

表面形貌表征:用导电胶粘在样品台上,用离子溅射仪喷金 3 min,在 5 kV 电压下用 Signa500扫描电子显微镜(Zeiss 公司)观察烘干和冻干凝胶的形貌并拍照。

pH 响应性测试:取一定量(W_0)的 PMAA 干凝胶,分别在 pH 值=4.01、6.86、9.18 的缓冲液中浸泡,于不同时间取出并用滤纸吸掉表面多余水分后称重(W_t),计算水凝胶在不同时刻的溶胀比[SR= $(W_t-W_0)/W_0$],并绘制溶胀速率曲线。

2 结果讨论

2.1 凝胶的理化性能

交联剂用量对 PMAA 水凝胶在水中的溶胀性能影响很大。GL 用量过多时得到的 PMAA 凝胶为白色、质硬,且在水中几乎不溶胀;而 GL 用量过少时,PMAA 凝胶在水中溶胀时有部分溶解。本文参考文献[2]的交联剂用量,合成了 GL 用量分为单体 MAA 质量 10%的 PMAA 凝胶,合成得到的凝胶在烘干后皆为微黄色透明固体,冻干后皆为白色、脆性、多孔的固体。

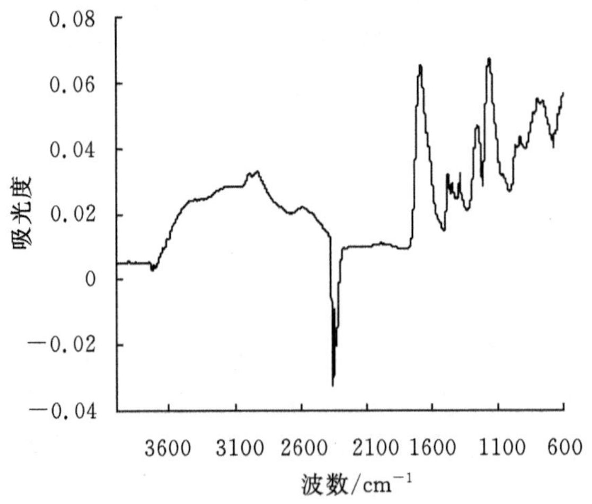

图 1 PMAA 凝胶的 ATR-IR 光谱图

2.1.1 红外光谱

PMAA 凝胶的 ATR－IR 光谱见图 1。由图可见，在 2358 cm^{-1} 处的吸收峰为 CO_2 的吸收峰，2912 cm^{-1} 处的吸收峰是饱和亚甲基的不对称伸缩振动吸收峰，1680 cm^{-1} 处为 C═O 的伸缩振动吸收峰，1152 cm^{-1} 处是酯的 C－O－C 不对称伸缩振动吸收峰[3]。由此可见，PMAA 聚合成功，且聚合物中不含未反应单体 MAA。

2.1.2 热稳定性

图 2 为 PMAA 凝胶的 DSC&TG 曲线。由图可见，水凝胶在一定温度(186.9℃)下开始失重，这表明聚合物发生了分解，此前聚合物的 DSC 曲线上并未见吸热峰，这表明 PMAA 凝胶在室温至 186.9℃下处于高弹态。

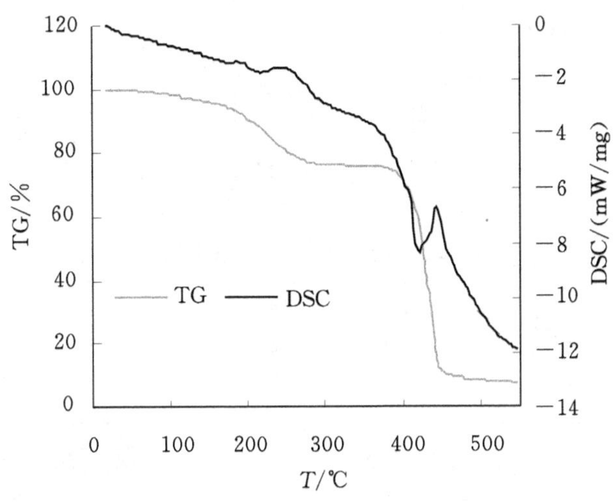

图 2 PMAA 凝胶的 DSC&TG 曲线

2.1.3 表面形貌

水凝胶作为吸水保水材料，其溶胀性能与孔隙大小密切相关。图 3 为 PMAA 水凝胶的 SEM 图，由图可见，烘干的几乎看不到孔，而冻干的能明显看到孔结构。

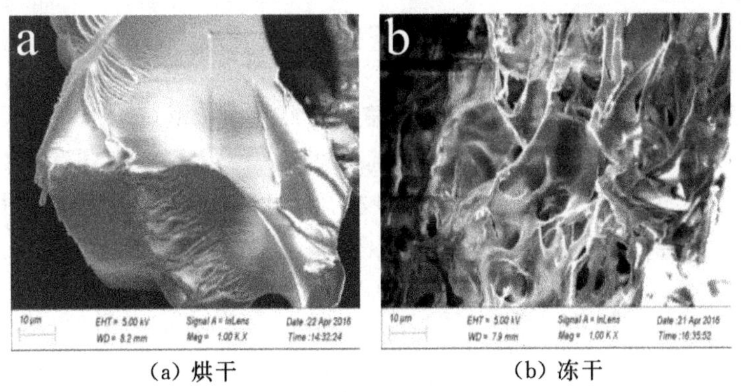

(a) 烘干 (b) 冻干

图 3 PMAA 水凝胶的 SEM 图

2.2 水凝胶的 pH 响应性

图 4 是 PMAA 凝胶在不同 pH 值(图中数字代表 pH 值)下的溶胀动力学曲线。由图可见,无论哪种 pH 下,冻干样品的吸水溶胀速率和平衡溶胀比皆比烘干样品明显大,这与冻干样品的多孔结构有关;无论何种干燥方式,该凝胶的平衡溶胀比皆有如下顺序:碱性条件>中性条件>酸性条件,即显示出 pH 敏感性。PMAA 凝胶中带有可电离的$-COOH$[4,5],在 pH 值为 4.01 时不电离,凝胶中有氢键形成,网络的亲水性不强,吸水溶胀较慢、SR 较低;其在中性和碱性条件下电离为$-COO^-$,由于 pH 值为 9.18 时电离程度比 pH 值为 6.86 时更充分,凝胶中链段的排斥作用也更大,故而网络的亲水性更大,吸水溶胀较快、SR 较高(pH 值为 9.18时平衡溶胀比为 20)。

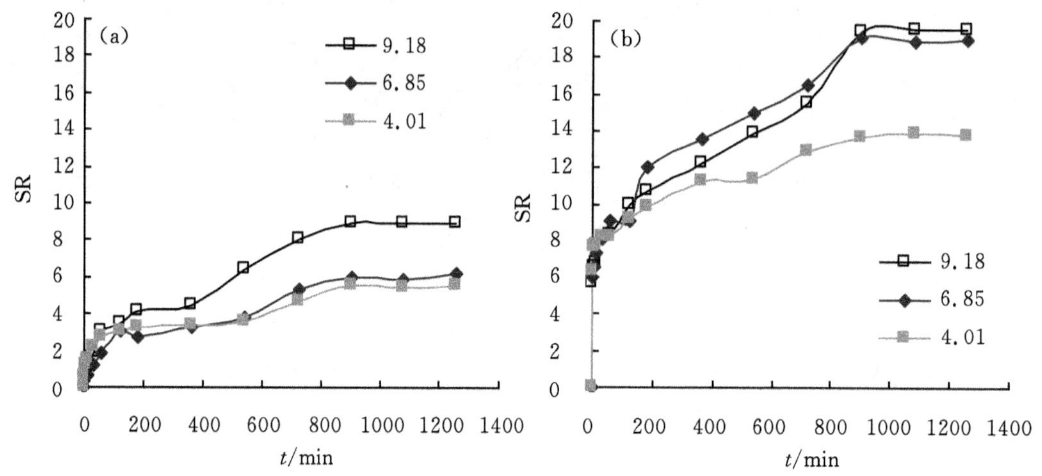

图 4 PMAA 凝胶在不同 pH 值下的溶胀动力学曲线
(a)烘干;(b)冻干

3 结 论

本文以丙三醇(GL)为交联剂成功合成交联的聚甲基丙烯酸(PMAA)水凝胶,该聚合物在室温下处于高弹态,不同 pH 值下聚合物的溶胀性测试表明该聚合物具有 pH 响应性,且冻干凝胶的 pH 响应性比烘干的更好。然而,该凝胶的吸水溶胀比不是很大,这可能与交联剂的种类和用量有关。

参考文献

[1] 罗祥林.功能高分子材料[M].北京:化学工业出版社,2010:38-43,224-225.
[2] 邹新禧.超强吸水剂[M].北京:化工出版社,2002:284-334.

[3] 卓仁禧，张先正. 温度及 pH 敏感(丙烯酸)/聚(N-异丙基丙烯酰胺)互穿聚合物网络水凝胶的合成及性能研究[J]. 高分子学报，1998，(1)：25-37.

[4] NAFICYS，BROWN H R，RAZAL J M，et al. Che minform abstract：progress toward robust polymer hydrogels [J]. Che minform，2012，43(2)：32-48.

[5] KAMATH K R，PARK K. Biodegradable hydrogels in drug delivery[J]. Advanced Drug Delivery Reviews，1993，11(1)：59-84.

固相微萃取有机涂层的研究进展

焦锁囤
陕西省煤基低碳醇转换工程研究中心 陕西 渭南 714099

摘 要:本文介绍了 SPME 装置、有机涂层研究进展,重点论述了 PDMS 涂层的研究,包括高分子聚合物类涂层、高温环氧树脂固定涂层、溶胶-凝胶涂层等,并对涂层的发展前景做了展望。

关键词:固相微萃取;涂层;聚二甲基硅氧烷; 研究进展;综述

固相微萃取(solid-phase micro-extraction)技术,简称 SPME 技术,是目前最受欢迎的,具有简单、高效、无需有机溶剂、样品用量少、携带方便、适合现场分析等优点的绿色分析试样预处理方法,起源于 20 世纪 90 年代,最开始由加拿大 Waterloo 大学的 Pawliszyn 等[1]提出。样品预处理(取样、萃取、富集)和进样被该技术集为一体,灵敏度和分析效率均得到了很大地提高,适合于气体、液体、固体试样的分析,还可与 GC、HPLC、SFC 等多种分离分析方法联用,已开始应用于环境、生化、食品等领域中的样品分析,有着很好的发展潜力和应用前景。

1 固相微萃取的装置及类型

1.1 固相微萃取的装置

SPME 装置结构设计得很是巧妙且简单,整个装置主要是由萃取手柄与萃取头(或纤维头)两个部分组合而成,如图 1 所示。

1.2 固相微萃取的类型

固相微萃取大致分为纤维式 SPME、管内 SPME、搅拌棒式固相微萃取和固相微萃取膜四种类型。萃取纤维是外层涂抹着不同类型固定相涂层的熔融石英纤维;管内 SPME 是以毛细管的内壁为基底并把萃取相固定在上面来作为萃取头;搅拌棒式固相微萃取是将萃取相涂渍于封端的毛细管外表面,萃取、搅拌同步进行;固相微萃取膜是通过在膜状的基材上均匀地涂抹 SPME 涂层材料制作得到的。

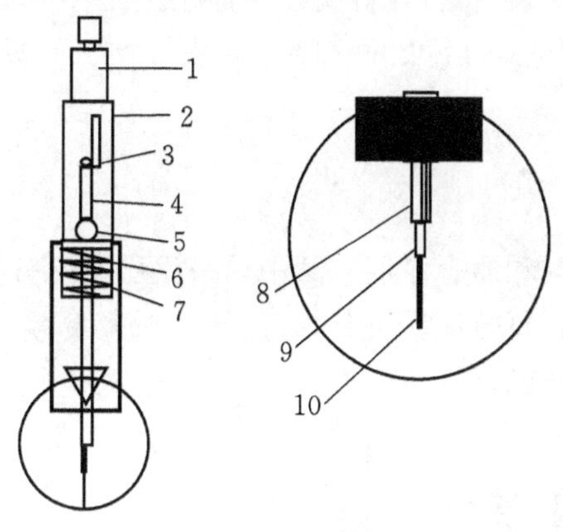

图 1　固相微萃取装置图

1—推杆；2—手柄筒；3—支撑推杆旋钮；4—Z 型支点；5—透视窗

6—针头长度定位器；7—弹簧；8—隔膜穿透针；9—纤维固定管；10—涂层

2　萃取头的有机涂层

2.1　涂层的选择

涂层作为 SPME 装置的核心，影响萃取结果的准确度，是决定最后分析结果成败的关键。以“相似相溶”为主要原则对涂层材料进行选择，另外选用的涂层还应满足能够稳定存在于有机溶剂中以及高温条件下，使得待萃取分析物质不仅能在其中快速扩散达分配平衡，还能从涂层上迅速地解吸下来，对目标物质要有较好的的萃取能力等[2]。

2.2　涂层的萃取机理

因为存在着不同的涂层材料，所以固相微萃取涂层在萃取待测分析物的时候有着两种不一样的机理：吸收和吸附。图 2 很好地展现了分别使用吸收和吸附两种萃取机理类型的

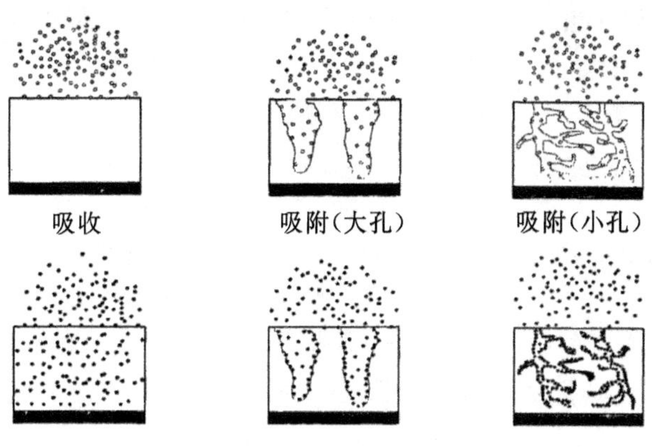

图 2　纤维涂层萃取机理

SPME 涂层在进行萃取操作时，目标待测分析物在涂层之上刚开始时的分布情况以及达到稳定状态时的分布情况，两相对比之后可以发现待测分析物从开始到稳定时分布状态的变化情况。

2.3 涂层种类

涂层材料可分为单一涂层和复合涂层。其中单一涂层又可分为线性有机高分子聚合物涂层和枝状、环状的大分子涂层；复合涂层可分为有机-有机复合涂层和有机-无机复合涂层，后者具有机械强度高和耐酸碱性能好等特点[3]。

3 PDMS 涂层材料研究进展

3.1 物理涂渍法涂层

采用物理涂渍的方法，将在光纤塔中拉制得到的石英纤维冷却后直接插入色谱固定相溶液中，聚合物便被涂渍在纤维上，取出，再经后处理（热处理或紫外灯照射）操作，使聚合物固化在石英纤维上，制得萃取头。

3.2 高温环氧树脂固载涂层

高温环氧树脂固定法简单来说就是运用高温环氧树脂将部分有着良好吸附性能却不易键合到 SPME 支撑物上的涂层材料粘在基质表面的涂层制备方法，操作方法简单易行。

3.3 溶胶-凝胶涂层

溶胶-凝胶（sol-gel）法是以具有高化学活性成分的物质为前躯体，在温和的条件下进行反应，生成了有着三维网络状结构的凝胶的一种实验手段。Malik 等于 1997 年，第一次尝试利用 sol-gel 法制备了 SPME 装置的 PDMS 涂层，并将其在萃取吸附多环芳烃（PAHs）、烷烃等有机物质时使用。韩素琴等[4]采用溶胶-凝胶法将高分子聚硅氧烷富勒烯复合涂层用于 SPME 涂层材料，并且运用顶空 SPME－GC 法对该涂层进行了评价。傅月理等[5]利用该技术在萃取头的石英纤维上固定了 PDMS/β-环糊精 SPME 涂层，涂层的萃取吸附能力变强。张建平等[6]利用 Sol-gel 法涂渍的三氧化锌-二氧化硅-聚甲基硅氧烷（ZnO_3－SiO_2－PDMS）涂层，有着使用温度高、寿命长、比面积大、萃取富集能力强的特点。

3.4 高分子聚合物类涂层

申书昌等[7]以苯乙烯、丙烯酸丁酯为主要原料合成了共聚物，再与 PDMS 色谱固定液充分混合得到苯丙聚合物－PDMS 复合材料作为 SPME 装置的涂层，经实验测得该涂层可在 280℃时使用，耐热性能较好。隋丽丽等[8]研制合成了有机硅-聚氨酯共聚物并以此作为 SPME 固定相涂层，不仅具备耐高温性能好、不易脱落的优点，还有着较强的萃取能力。

4 总结与展望

SPME技术作为一种具备极佳潜力和发展前景的试样前处理新技术，在短短十几年内得到飞速发展并且取得了非常好的应用效果。SPME技术的关键就在于涂层材料，现在可供使用的涂层种类并不多，还存在选择性差、灵敏度低、使用寿命较短等不足，所以研发出更具吸引力的应用范围更广的涂层新材料以及通过特定的涂层制备技术来不断地对现有涂层进行改变得到新涂层显得尤为重要。

参考文献

[1] ARTHUR C L, KILLAM L M, BUCHHOLZ K D, et al. Automation and optimization of solid-phase microextraction[J]. Anal. chem, 1992, 64(17): 190-196.
[2] 张道宁，吴彩樱，艾飞. 固相微萃取中高分子涂层的研究[J]. 色谱，1999，17 (1)：10-13.
[3] 高会云，何娟，刘德仓，等. 固相微萃取萃取头的研究进展[J]. 分析仪器，2007，(2)：1-6.
[4] 韩素琴，吴彩樱，肖春华. 聚硅氧烷富勒烯固相微萃取涂层的性能[J]. 分析化学，2001，29：1374-1378.
[5] 傅月理. 新型固相微萃取涂层的研制与其应用研究[D]. 2005.
[6] 张建平，辛建娇. 二氧化硅-氧化锌溶胶凝胶法制备固相微萃取涂层的研究[J]. 齐齐哈尔大学学报，2010，26(4)：57-60.
[7] 申书昌，肖忠峰，张维冰，等. 苯丙共聚物-聚硅氧烷复合固相微萃取涂层的制备及性能研究[J]. 分析测试学报，2006，25(1)：12-15.
[8] 隋丽丽，贾鹏禹，申书昌. 有机硅改性聚氨酯固相微萃取涂层的研制及应用[J]. 化学工程师，2009，170(11)：12-14.

秸秆制作酒精燃料的方法研究

王淑荣
1. 渭南师范学院　化学与环境学院　陕西 渭南　714099；
2. 陕西省煤基低碳醇转换工程研究中心　陕西 渭南　714099

摘　要：综述了制备酒精燃料的原理及方法，如湿氧化法预处理法、酸解发酵法、酒精发酵法、纤维素酶降解发酵法等；指出了目前生物量制酒精燃料存在的问题，对秸秆的综合利用，以及制备酒精燃料的制备工艺可提供一定的参考。

关键词：湿氧化；糖发酵；酸碱发酵；酒精发酵

环境资源的匮乏以及人类生存的环境日益遭到破坏等一系列危害人类生存的问题，促使人类越来越关注可再生资源酒精燃料的发展进程。酒精燃料产业的发展不仅可以减少焚烧废弃农作物秸秆所带来的污染，同时也减少汽油等燃烧排放尾气的污染，这样既环保又节能又廉价的燃料，具有可观的发展潜能[1]。在研究秸秆制备酒精燃料时要考虑到成本、实用性、环保性、原料利用率、能耗、工艺流程可行性和经济性问题等。该论文主要综述了制备酒精燃料的各种方法，对今后秸秆的综合利用，以及制备酒精燃料的制备工艺提供一定的参考。

1　秸秆原料的预处理原理

纤维素特殊的结构是它降解速率缓慢的根本原因。纤维素具有特殊的晶体结构，缠裹在它周围的有木质素、半纤维素等，它们阻碍材料和酶的充分接触，导致水解缓慢。预处理技术可以去除原料中木质素、半纤维素等，降低纤维素聚合度和结晶度，加快反应并实现材料利用率的最大化。

木质纤维素材料的构成特别复杂，结构稳定，导致它降解速度异常缓慢。天然纤维素聚合度大约为 8500～9500，拥有高结晶度的约占 70%。在结晶区内，葡萄糖分子中羟基全部在分子内部或与葡萄糖分子外部氧相结合，不能以游离态存在。这样即使是水分子也很难从外部进入，比水分子更大的酶分子更难进入。天然纤维素也并不是没有缝隙存在，可分为大孔隙和小孔隙，纤维素酶反应活性及效率等都与纤维素的孔径尺寸及其分布方式有着密切的关系。一般来讲，预处理工艺应满足：降解效率提高；尽量减少原料损耗；尽量控制副产物；环保型和节能型。常用预处理方法有物理方法（剪切、研磨、高温液态法、微波处理法等）、物理化学方法（蒸汽爆破法、CO_2爆破法等）、化学方法（酸水解、碱水解、臭氧分解法等）、生物方法等[2]。

2　制备酒精燃料的方法

制备酒精燃料的方法主要有酒精发酵法、纤维素酶降解发酵法、湿氧化法预处理法、酸解发酵法、生物法等方法。

2.1　酒精发酵法

酒精发酵法是通过酵母菌等微生物分解有机物。酒精发酵过程是一种无氧糖酵解，分为两个阶段：其一是反应物与纤维素酶反应生成葡萄糖；其二是葡萄糖经过无氧呼吸生成酒精[3]。这些微生物有放线菌、丝状真菌、细菌等，其中最理想的是丝状真菌，一是它所产生的酶是胞外酶，这就有益于酶的分离和提取；二是酶效率高。工艺改进方向：回收各种酶减少成本；改善糖类发酵方式，提高微生物耐受力；外加磁场和添加表面活性剂等提高效率和产量；利用渗透汽化、分子筛吸附法等对生成物进行浓缩提纯等，这样可减少能耗，提高工艺经济实用性。

2.2　纤维素酶降解法

纤维素酶分子由催化结构、链结区和结合结构三部分组成。链结区富含脯氨酸和羟脯氨酸一段连接肽，它结构近乎一个楔形，一面亲水而另一面疏水，能很容易插入和分开纤维素的结晶区。整个降解过程是外切纤维素酶的结合结构吸附到不溶性的纤维素表面，使结晶结构的纤维素大分子链逐渐断开，长链分子末端部分慢慢发生成为游离状态，发生水化，因此纤维素结晶结构被完全打乱。同时水分子进入又破坏了纤维素分子间氢键，产生了一些可溶性的纤维微结晶，这样逐次降解，经过发酵即成为酒精[4]。

2.3　酸解发酵法

酸解发酵法有浓酸水解发酵法和稀酸水解发酵法。一般采用稀硫酸(0.2%～0.5%)在较温和条件下进行。首先，在低温下纤维素生成葡萄糖等糖类物质，此时糖生成量最大；其次在高温下，剩余部分纤维素经水解生成六碳糖，生成率约50%，最后再经过发酵得到酒精[5]。

2.4　湿氧化法预处理法

湿氧化法预处理需要在高压中进行[6]。此试验是根据丹麦国家实验室中玉米秸秆湿氧化预处理制酒精理论基础上实施的[6]。反应条件195℃，预处理15 min[7]。例：将60 g干燥秸秆与1 L水充分混合，加入适量Na_2CO_3，通入O_2，等反应完成后，预处理所得的物料可以分为残渣和水解液体，分离即可。

3　生物量制酒精燃料存在问题

3.1　原料问题

制备酒精燃料原料有淀粉、油脂类、各种糖类、纤维素、半纤维素和木质素等，但现在能正式用于制备酒精燃料的只有糖类和淀粉质的原料，纤维素和半纤维素的利用还不能投入使用，目前仍在研发中。

3.2 能效率问题

以酒精用作燃料，必须考虑能的效益问题，即需要比较所产出能量与消耗能量。将产物包含的总能量对于栽培和加工中消费的总能量之比称为净能率（N. E. R.），用它作为将生物量转换成酒精时能效率的指标。据统计甘蔗因有蔗渣作燃料 N. E. R 值较大，而玉米和木薯则有可能在 1 以下。因此，要达到较高能效率就应选择适宜原料和采用低能耗生产技术。酒精生产中耗能量多的是蒸（占 40%），其次为蒸煮、副产物的回收与废液处理[7]。

3.3 生产成本问题

用生物量制酒精，原料费一般占成本 60%～80%。在加工费中，设备和实物的消耗费用大致相当。在原料费占成本的大部分的情况下，要期望通过改进设备的控制来实现生物量制燃料酒精有限制的，必须使用便宜原料（如木材之外的纤维素等）和获得高的收得率以降低成本。

3.4 酒精糟对环境的污染问题

以往发酵法制酒精，要产生 10～14 倍酒精量的糟水，随原料的不同含有总固形物 20～80 g/L。BOD（生物需氧量）有的高达 4000。这是必须加以妥善解决的问题。最好的办法应是着眼于提高酒精生产技术。

4 结　语

酒精燃料生产中存在的主要问题是成本问题，怎样去开发一些高效率、无污染、低成本、工艺操作简单、安全的预处理技术和培育筛选能高效的将纤维素类物质进行发酵的微生物，以及微生物过滤回收等有待解决[8]。另外，如何在进行发酵前对水解液进行脱毒作用（生物体或其酶系将环境中的有毒物质转化为无毒或毒性较低的物质的作用或过程）也是非常重要的问题。

参考文献

[1] 胡代泽．我国农作物秸秆资源的利用现状和前景[J]．资源开发与市场，2000，16(1)：19－20.

[2] 王永忠，冉尧，陈蓉，等．不同预处理方法对稻草秸秆固态酶解特性的影响[J]．农业工程报，2013，29(1)：225－231.

[3] 吕伟民．玉米秸秆发酵生产燃料乙醇[J]．酿酒，2002，34(7)：57－58.

[4] 王菁莎，王颉，刘景彬．纤维素酶的应用现状[J]．中国食品添加剂，2005，16(5)：2－5.

[5] 刘娜，石淑兰．木质纤维素转化为燃料乙醇的研究进展[J]．现代化工，2005，25(3)：

19 - 22.

[6] 牟晓红,赵成赟.向日葵籽壳湿氧化预处理与同步糖化发酵制生物乙醇[J].石化技术与应用,2014,32(6):399 - 401.

[7] 林向阳,阮榕生,李资玲,等.利用纤维素制备燃料酒精的研究[J].可再生能源,2005,23(6):51 - 54.

[8] 李鹏,孙可伟,柴希娟.秸秆的综合利用[J].中国资源综合利用,2006,24(1):23 - 27.

毛竹笋壳合成羧甲基纤维素钠的研究

张秀芹[1,2]
1. 渭南师范学院 化学与环境学院 陕西 渭南 714099；
2. 陕西省煤基低碳醇转换工程研究中心 陕西 渭南 714099

摘 要：本文简述了用毛竹笋壳提取合成羧甲基纤维素钠的方法，主要论述反应原理、提取方法及纤维素的羧甲基化，提出了羧甲基纤维素钠的应用和发展方向。

关键字：羧甲基纤维素钠；提取；合成

羧甲基纤维素钠(carboxymethyl cellulose CMC)是当今世界上使用范围最广、用量最大的纤维素种类。是一种重要的纤维素醚，是天然纤维通过化学改性后所获得的一种水溶性良好的聚阴离子纤维素化合物，易溶于冷水也易溶于热水。它具有良好的固体分散性、不易腐蚀性、乳化分散性、保水性、增稠性、溶解性、吸湿性、分散稳定性、成膜成形性、代谢惰性、生理上无害等特殊的极具价值的综合化学、物理性质，可用作保水剂、增稠剂、润滑剂、粘合剂、助悬浮剂、药片基质、乳化剂、生物制品与生物基质载体，是一种使用范围广的天然高分子衍生物[1]。羧甲基纤维素钠的应用范围广，生物原料多种多样，本文通过分析羧甲基纤维素钠的毛竹笋壳提取合成羧甲基纤维素钠方法，分析了羧甲基纤维素钠合成现状，提出了羧甲基纤维素钠的发展方向。

1 CMC 合成的方法

CMC 是一种重要的纤维素醚。主要化学反应是纤维素和碱生成碱纤维素的碱化反应以及碱纤维素和一氯乙酸的反应。

第一步：碱化：$[C_6H_7O_2(OH)_3]_n + nNaOH \rightarrow [C_6H_7O_2(OH)_2ONa]_n + nH_2O$

第二步：醚化：$[C_6H_7O_2(OH)_2ONa]_n + nClCH_2COONa \rightarrow [C_6H_7O_2(OH)_2OCH_2COONa]_n + nNaCl$

CMC 的生产方法主要分为水媒法和有机溶媒法两种[2]。

2 小毛笋竹壳提取 CMC

本法是以农业废弃物毛竹笋壳为原料，经酸泡、碱煮、漂白等工艺提取纤维素，并对其进行化学改性，合成了羧甲基纤维素钠产品，取代度为 0.86，黏度为 22MPa. s，达到医药行业的应用标准。最后利用 FTIR 及 XRD 衍射分析对产品进行了表征，通过与商品级 CMC 比较，验证了羧甲基纤维素产品的成功合成[3]。

2.1　实验原理

CMC 是由天然纤维素经碱化后，再与氯乙酸或氯乙酸钠盐反应制得，制备过程中主要反应式为：

（1）碱化，即纤维素与碱水溶液反应生成碱性纤维素：

$$[C_6H_7O_2(OH)_3]_n + nNaOH \rightarrow [C_6H_7O_2(OH)_2ONa]_n + nH_2O$$

（2）氯乙酸转化为氯乙酸钠：

$$ClCH_2COOH + NaOH \rightarrow ClCH_2COONa + H_2O$$

（3）碱纤维素和氯乙酸钠反应：

$$[C_6H_7O_2(OH)_2ONa]_n + nClCH_2COONa \rightarrow [C_6H_7O_2(OH)_2OCH_2COONa]_n + nNaCl$$

2.2　纤维素的提取

毛竹笋壳原料的成分较复杂，除了纤维素外，还有一定的半纤维素、木质素、果胶、脂肪等杂质。为了获得实验所需的毛竹笋壳纤维，有必要对毛竹笋壳原料进行预处理。化学脱胶法是提取纤维素的主要方法，它是指原料先经稀酸浸泡预水解，再经高温碱煮处理，最后添加漂白剂提高白度及进一步去除残余的木质素。碱煮是前处理过程的核心工艺，碱不但可与杂质中的果胶、脂肪、蛋白质等有机物反应，生成溶于水的组分，也可以同木质素中的基反应生成可溶性碱木质素，另外半纤维素等物质的抗碱能力较弱，在高温下，也几乎全部被碱液溶解。并且进行高温碱煮处理，纤维素的结晶区受到破坏，增大了反应试剂的可及度，有利于后续合成反应的进行。具体方法为：毛竹笋壳经洗净、晒干，粉碎过筛备用。称取 10 g 的毛竹笋壳粉末，经过稀硫酸预水解后，配制 30 g/L^{-1} 的氢氧化钠溶液沸煮 1 h，冷却至室温，用蒸馏水洗去碱溶杂质，抽干。再加入 3% 的 H_2O_2 漂白剂漂白 0.5 h。过滤，洗涤至中性，在 60℃ 干燥箱中烘干至恒重，得白色毛竹笋壳纤维[4]。

2.3　纤维素的羧甲基化

5 g 毛竹笋壳精制纤维素，加入质量分数为 15% 的氢氧化钠乙醇溶液 15 mL 进行碱化，在 25℃ 下碱化反应时间为 1.5 h。接着加入 2.5 g 的氯乙酸在乙醇溶液中溶解后在 70℃ 下醚化反应时间为 4.5 h。反应完毕，经中和、提纯、烘干得羧甲基纤维素钠产品[5]。

毛竹笋壳是一种极具利用价值的天然可再生资源。本法采用废弃的毛竹笋壳为原料，通过酸泡、碱煮、漂白等化学脱胶工艺提取毛竹笋壳纤维，并以此为原料制备得到了取代度为 0.86，黏度为 22 MPa/s 的羧甲基纤维素钠产品，可以应用于医药行业中。通过红外及 XRD 表征分析，验证了 CMC 的成功合成。用毛竹笋壳替代传统原料制备羧甲基纤维素钠产品，不但可以降低生产成本，还能够提高废弃资源的利用率，具有重要的现实意义。毛竹笋壳制取 CMC 的方法比较简便，并且材料来源广，提高废弃资源的利用率。为了更好的满足市场的需求，未来的科研目标应该定位于利用低成本原料，制备出满足市场需求粘度的 CMC。

3 羧甲基纤维素钠的应用

CMC 应用在食品中不仅是良好的增稠剂、乳化稳定剂，并且还有优异的冻结、熔化稳定性，而且还能提高产品的风味，延长贮存的时间。CMC 在医药行业的用途可作针剂和片剂的粘结剂、成膜剂和乳化稳定剂。在洗涤剂中，CMC 可用作抗污垢再沉积剂，尤其是对疏水性的合成纤维织物的抗污垢再沉积效果，CMC 可作为螯合剂、絮凝剂、增稠剂、乳化剂、上浆剂、保水剂、成膜材料等，并广泛使用于农药、电子、塑料、皮革、陶瓷、印刷、日用化工等领域，并且因为其广泛的用途和优良的性能，还在不断地开拓最新的应用领域，市场前景十分广阔，潜力巨大。

为了处理原料(棉短绒制成的精制棉)来源不足的问题，最近几年来中国一些科研组织和企业合作，综合使用地脚棉(废棉)、豆腐渣、稻草等试制 CMC 获得成功，生产成本大幅度下降，如此便为 CMC 工业制造开辟出来了一条新的原料来源途径，实现资源的综合利用。目前，CMC 的研究与开发主要着重现有生产技术的改造与制造工艺的革新，以及开发具有独特性能的 CMC 新产品，如国外研制成功并已普及应用的“溶媒—淤浆法”工艺，生产出具有高稳定性能的新型改性 CMC，由于取代度较高，取代基分布更为均匀，使其可以应用在更为广阔的工业生产领域和复杂的使用环境，满足更高的工艺要求。

参考文献

[1] 刘洋洋，刘正芹. 废棉布制备高粘度羧甲基纤维素[J]. 青岛大学学报，2010(11)：51 - 52.
[2] 戴晓峰，方桂珍. 苦味酸-氧化羧甲基纤维素酯的制备及其对尿素和肌酐的吸附性能[J]. 食品工业科技，2012(6)：78 - 96.
[3] 王平. 提高 CMC 黏度的方法综述[J]. 纤维素醚工业，2003，11(4)：37 - 38.
[4] 陈延兴，李建强. 竹笋壳纤维的提取及其基本结构特性[J]. 天津工业大学学报，2009，28(6)：32 - 34.
[5] 贾燕芳，石伟勇. 几种笋壳的化学成分及其纤维素特征[J]. 浙江大学学报，2011，3(3)：338 - 342.

第二篇

军民两用材料重点实验室研究论文

偶联剂对CE/nano-SiO_2复合材料性能的影响

张学英[1,2]
1.渭南师范学院　化学与环境学院　陕西 渭南　714099；
2.渭南师范学院　军民两用材料重点实验室　陕西 渭南　714099

摘　要：采用模塑成型法制备CE/nano-SiO_2复合材料，通过冲击强度和磨损率测试、透射电子显微镜(TEM)和扫描电子显微镜(SEM)表征，分别考察了nano-SiO_2及其表面处理对氰酸酯树脂韧性和耐磨性的影响。结果表明，nano-SiO_2经偶联剂SEA-171表面处理后其改性效果明显优于未表面处理的nano-SiO_2；相对纯CE，3.00% nano-SiO_2时，未表面处理和表面处理的nano-SiO_2其复合材料的冲击强度提高率分别为61.28%和83.58%；耐磨性提高率分别为51.16%和77.05%。

关键词：氰酸酯树脂；nano-SiO_2；偶联剂；冲击强度；磨损率

氰酸酯树脂(CE)是继环氧树脂(EP)和双马来酰亚胺树脂(BMI)之后新发展的一类高性能热固性树脂，因其具有优异的力学性能、介电性能、耐热性以及良好的加工工艺性等，从而被广泛应用于航空航天承力结构件、透波材料、隐身材料等领域[1]。但由于CE单体聚合后形成的三嗪环网络结构高度对称，造成其结晶度高，固化物较脆，所以近年来常用热固性树脂、热塑性树脂、橡胶弹性体、纳米粒子等对其进行改性[2-8]。我们曾利用不同无机纳米粒子对CE进行过改性研究[5-8]，本文在此基础之上进一步探讨了nano-SiO_2及其偶联剂表面处理对CE韧性和耐磨性的协同影响。

1　实验部分

实验原料：双酚A型氰酸酯，纯度96.0%，中国航空工业济南特种结构研究所。nano-SiO_2，工业品，粒径20～40 nm，浙江弘崴材料科技股份有限公司。偶联剂SEA－171，纯度98.0%，西北工业大学；丙酮，分析纯，沈阳化学试剂厂。双酚A型氰酸酯和nano-SiO_2的预处理，以及nano-SiO_2的表面处理，参考文献[11]进行。

试样制备：在80℃下将氰酸酯油浴加热熔融，按质量分数加入经偶联剂表面处理(或未处理)的nano-SiO_2，在不断搅拌下升温至100℃，并在此温度下用均质机继续搅拌30 s，倒入预

作者简介：张学英(1961—)，女，高级工程师，从事CE基纳米复合材料研究。

热好的模具内，放入恒温真空干燥箱，控制温度 100±1℃，抽真空至无气泡逸出，按照 120℃/1 h+140℃/1 h+160℃/1 h+200℃/2 h(+220℃/4 h)进行固化和后处理，分别制得 nano-SiO_2未表面处理的（a）CE/nano-SiO_2 和经偶联剂 SEA－171 表面处理后的（b）E/nano-SiO_2/SEA－171 两种复合材料试样。同法制得纯 CE 试样：(0)Pure CE，作比较用。

表征分析：用德国莱比锡公司 XCL－40 型材料试验机按 GB 2571—1995 测定冲击强度。用河北宣化材料试验厂 MM－200 型磨损试验机按 GB/T 3960—1983 测定磨损率，偶件 45# 钢，直径 40 mm，试样尺寸 6 mm×7 mm×24 mm；试样和偶件用 600# 金相砂纸打磨后，用丙酮棉球擦洗干净，吹干；试验载荷 196 N，转速 200 r/min，摩擦时间 2h。在氮气保护下，用日立公司 H－700 型透射电子显微镜(TEM)观察试样脆断后的表面形貌。将试样磨损表面喷金处理，用日立公司 HITACHIS－570 型扫描电子显微镜(SEM)观察磨损表面形貌，扫描加速电压为 15kV。

2 结果与讨论

2.1 nano-SiO_2含量对冲击强度的影响

图 1 为(a) 和 (b)两种复合材料的冲击强度随 nano-SiO_2 含量变化的测试曲线。可以看出，随着 nano-SiO_2含量的增加，两种复合材料的冲击强度均呈现凸峰形变化。当 nano-SiO_2的质量分数为 3.00%时，复合材料的冲击强度均达到了最高值，并且(b)体系高于(a)体系；相对于纯 CE 的冲击强度 7.98 kJ/m^2而言，(a)体系的冲击强度为 12.87 kJ/m^2，相对提高率为 61.28%；(b)体系的冲击强度为 14.65 kJ/m^2，相对提高率为 83.58%。可见，适量 nano-SiO_2对 CE 具有明显的增韧作用，而且 nano-SiO_2表面处理后更能进一步提高其冲击强度。

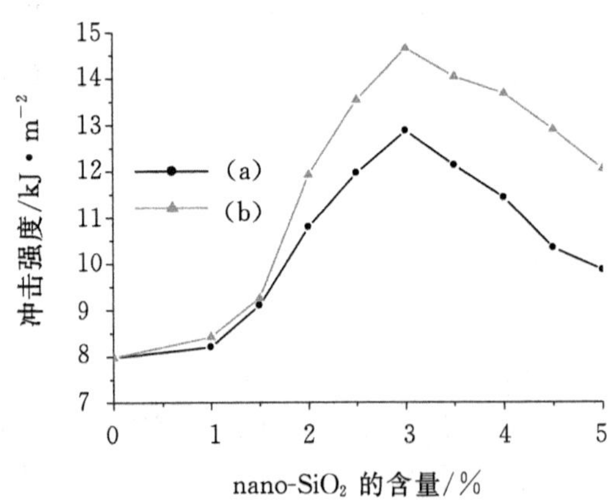

图 1 Nano-SiO_2含量对复合材料冲击强度的影响

图 2 为 3.00% nano-SiO_2时两种复合材料的 TEM 图片。可以看出，nano-SiO_2的填充，隔离了 CE 部分网络分子之间的联系，降低了三嗪环的交联密度，所以其韧性得到了提高。同时，nano-SiO_2由于表面能高，在树脂基中的分散常常会出现“软团聚”现象，极易形成二次粒

子，因此其分散程度对 CE 的韧性也会形成不同的影响。比较(a)、(b)两种复合材料的 TEM 图片可以看出，未经表面处理的 nano-SiO_2在 CE 基中分散不均匀，分散粒子直径大，存在明显的团聚；而经偶联剂 SEA－171 表面处理的 nano-SiO_2其分散性明显得到了改善，分散比较均匀。由此可见，偶联剂的表面处理，降低了 nano-SiO_2粒子的表面能，提高了其分散性，所以其改性效果优于未表面处理的 nano-SiO_2。

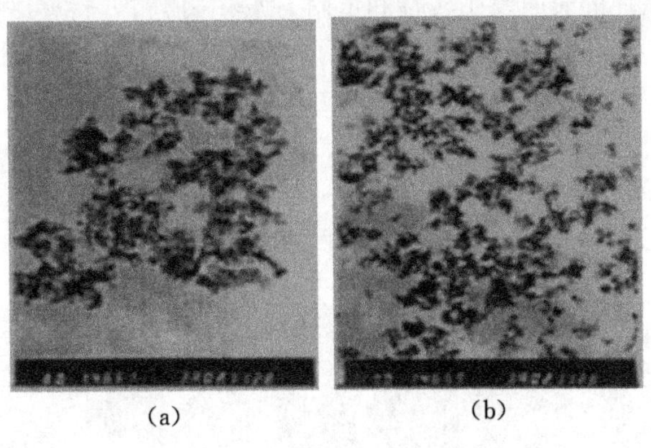

图 2　复合材料的 TEM 图片

2.2　nano-SiO_2含量对耐磨性的影响

图 3 为(a)、(b)两种复合材料的磨损率随 nano-SiO_2含量变化的测试曲线。可以看出，随着 nano-SiO_2含量的增加，复合材料的磨损率呈现凹峰形变化，当 nano-SiO_2的质量分数为 3.00%时，两种复合材料的磨损率均达到了最低值，并且(b)体系低于(a)体系。从测试数据来看，纯 CE 的磨损率为 4.75×10^{-6} $mm^3/N\cdot m$，nano-SiO_2未经偶联剂表面处理的 (a)体系其磨损率为 2.32×10^{-6} $mm^3/N\cdot m$，相对下降率为 51.16%；nano-SiO_2经偶联剂 SEA－171 表面处理的(b)体系其磨损率为 1.09×10^{-6} $mm^3/N\cdot m$，相对下降率为 77.05%。可见，适量 nano-SiO_2在提高 CE 韧性的同时，也显著地提高了其耐磨性，而且 nano-SiO_2表面处理后也能

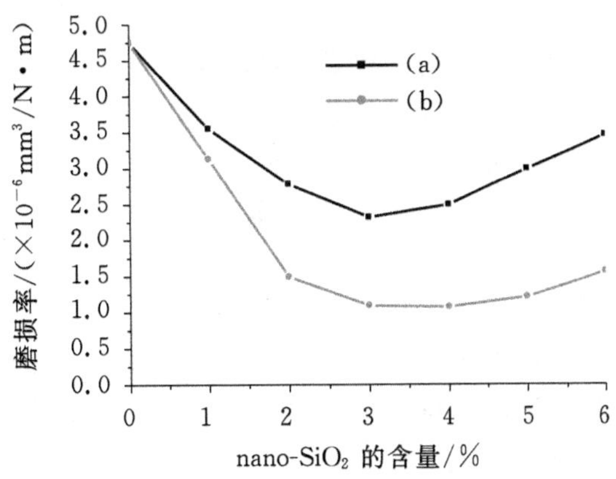

图 3　Nano-SiO_2含量对复合材料磨损率的影响

够进一步降低其磨损率。

图 4 为纯 CE 及其 3.00% nano-SiO_2时(a)、(b)两种复合材料磨损面的 SEM 图。可以看出，纯 CE 在摩擦过程中由于产生的热而部分软化，发生了塑性变形，在磨损面上形成了“鱼鳞状”的条文，伴随有少许的疲劳磨损。与之相比较，(a)体系的磨损面只有轻度的脱落和塑性形变，说明加入 nano-SiO_2后磨损性能得到了改善，磨损面上的 nano-SiO_2有效地参与了应力承载，使转移膜向对偶钢环的表面发生转移和依附，使材料向粘着转移磨损方面过渡，所以刚性 nano-SiO_2粒子的填充可以有效地提高 CE 的耐磨性。从图 4b 可以看出，(b)体系磨损面上的粘着磨损痕迹已基本消失，在部分 nano-SiO_2粒子周边出现了犁削磨损的痕迹，而且大面积呈现“桔皮状”磨痕，说明 nano-SiO_2经偶联剂 SEA－171 表面处理后在基体中分散的更加均匀，而且纳米粒子与基体间的界面粘结强度也进一步得到了提高，使 nano-SiO_2在摩擦过程中不易从基体中脱落，从而有效地提高了材料的耐磨性。

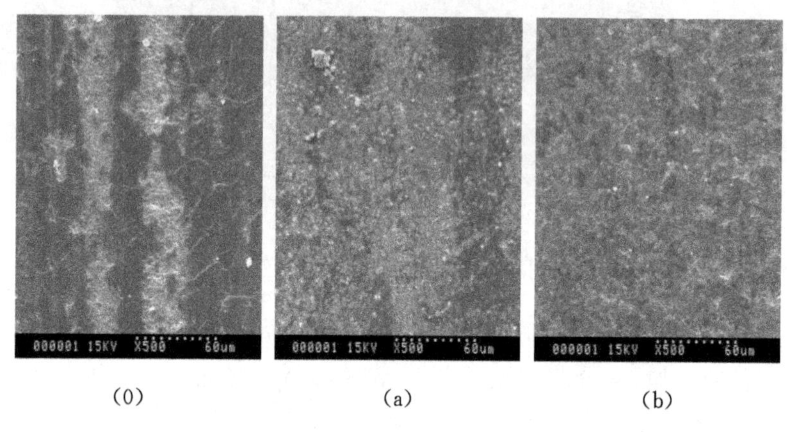

(0) (a) (b)

图 4 纯 CE 及其复合材料的磨损面 SEM 图片

3 结 论

(1) nano-SiO_2对 CE 复合材料的韧性和耐磨性能够产生显著的协同改性作用，尤其是当 nano-SiO_2经偶联剂 SEA－171 表面处理后，改性效果更加明显。相对纯 CE，nano-SiO_2表面处理和未表面处理两种情况下，CE/3.00% nano-SiO_2复合材料冲击强度的提高率分别为 83.58%和 61.28%，磨损率的下降率分别为 77.05%和 51.16%。

(2) TEM 分析表明，nano-SiO_2的填充，降低了 CE 三嗪环的交联密度；而偶联剂对 nano-SiO_2的表面处理，克服了其“软团聚”，使其分散更加均匀。SEM 分析表明，nano-SiO_2的引入，改变了 CE 的内部结构；偶联剂的表面处理，改善了 nano-SiO_2粒子的界面现象，提高了其界面粘接强度。同时 SEM 分析还表明，nano-SiO_2及其表面处理，改变了复合材料的磨损机理，使其从纯 CE 主要表现的疲劳磨损和塑性形变，变成了粘着转移磨损向轻微的犁削磨损和大面积的“桔皮状”磨损过渡。

参考文献

[1] Gu Aijuan. High performance bismaleimide/cyanate ester hybrid polymer networks with excellent dielectric properties[J]. Composites Science and Technology, 2006, 66 (11 - 12): 1749 - 1755.

[2] 姚雪丽，马晓燕，屈小红，等. 纳米 SiO_2 增韧增强氰酸酯制备工艺的研究[J]. 材料工程，2006(5)：3 - 6.

[3] 姚雪丽，马晓燕，陈芳，等. SiO_2/氰酸酯纳米复合材料的力学性能和热性能[J]. 复合材料学报，2006，23(3)：54 - 59.

[4] 方芬，颜红侠，李倩，等. 偶联剂表面处理纳米 SiO_2 填充 CE/BMI 体系的力学性能[J]. 材料科学与工程学报，2007，25(5)：731 - 734.

[5] 王君龙，梁国正，祝保林. 纳米 SiO_2 对氰酸酯树脂的增韧改性研究[J]. 宇航学报，2006，27(4)：745 - 750.

[6] 王君龙，梁国正，祝保林. 溶胶-凝胶法制备纳米 SiO_2/CE 复合材料的研究[J]. 航空材料学报，2007(1)：61 - 64.

[7] Wang Junlong, Liang Guozheng, Zhu Baolin. Modification of Cyanate Resin by Nanometer Silica[J]. Journal of Reinforced Plastics and Composites, 2007, 26(4): 419 - 429.

[8] 王君龙，祝保林，张文根. CE/纳米 SiO_2 复合材料的改性研究[J]. 工程塑料应用，2007，35(10)：21 - 25.

聚合物/碳纳米管复合材料的研究进展

焦更生[1,2],张 超[1]
1.渭南师范学院 化学与环境学院 陕西 渭南 714099;
2.渭南师范学院 军民两用材料重点实验室 陕西 渭南 714099

摘 要:随着人们发现材料复合后可以改变材料的一些性能,使材料的性能得到优化,这给众多研究者提供了一个新的研究方向,纷纷向着这个方向发展。有研究者发现碳纳米管有奇特的构造让其显示出特异的理化性能,并且与聚合类物质有相似之处,这些使得聚合物/碳纳米管类复合材料被人们普遍关注,经过不懈地研究现已初步化。本文主要论述了聚合物/碳纳米管复合材料的类型、性能、制备尤其是近几年的应用等。

关键词:聚合物-碳纳米管复合材料;性能;制备

基金项目:陕西省科技厅 2013 年专项科研计划项目(2013JM2014)。

聚合物/碳纳米管复合材料的制备已成为复合材料研究的一个重要方向,而且它涉及许多学科范畴,因为得到众多的支持,使其在许多应用范围成为热门。把通过两种或两种以上的固相以纳米级大小复合成的材料称为纳米复合材料[1]。它在 1~100 nm 范围内其材料性能被大大提高。聚合物是指具有较大分子量,且分子间由共价键连接在一起的化合物。通常聚合物的基体按受热形式主要能划分为热固性与热塑性两种[2]。传统的聚合物基体是热固性的,虽其有良好的工艺性但是材料的韧性差。而热塑性的基体的工艺性差,并且像聚碳酸酯或尼龙这样一些工程塑料因耐热性、抗蠕变性等方面问题使应用受到限制。

碳纳米管简称 CNT,它是由日本学者 Lijima 在 1991 年发现的[3]。它是通过一种六元环构成的石墨片层结构卷曲成的同心圆筒,有多壁碳纳米管如图 1 和单壁碳纳米管如图 2 两种类型,由于其独特的结构和特殊的性质立即引起科学界极大的重视,也是近几年科学研究的重点。大量的研究集中在其合成、生长机理、性能表征、应用等领域。随着它的各种技术逐渐的成熟,人们开始逐渐的关注它的化学改性和它与聚合物的复合(碳纳米管和高分子聚合物有着相类似的结构)。而碳纳米管与聚合物的复合可以实现其两者优点的互补或突出,是一种 CNT 稳定化的好方法。

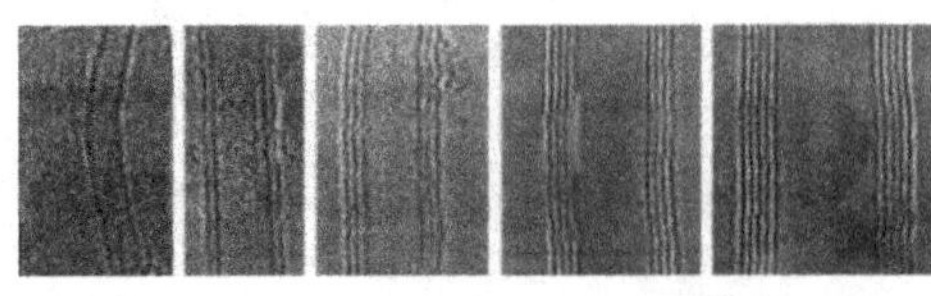

图 1 多壁纳米碳管图片

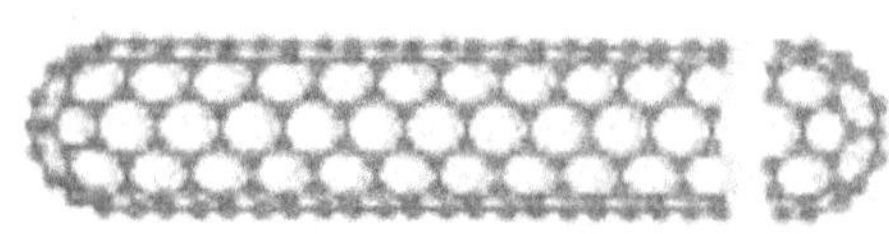

图 2 单壁碳纳米管

1　聚合物/碳纳米管的类型

因聚合物与碳纳米管的特殊构造，使得两者有多种复合方法。分别有聚合物添加碳纳米管、聚合物包覆碳纳米管、聚合物接枝碳纳米管、三维的聚合物基体分散一维的碳纳米管。

(1) 聚合物添加碳纳米管。碳纳米管奇特的中空圆筒状组成形态被认为是制备一维聚合物纳米线较合适的模板，但如今，由于液相单体的添补效率低且在碳纳米管内聚合比较难，导致碳纳米管内添加物主要局限于金属、金属氧化物、碳化物等，而填充聚合物的很少。

(2) 聚合物包覆碳纳米管。它是经过把聚合物包覆在碳纳米管上，这样不仅能调整其表面的性能并且也能提升了两者的相容性，使碳纳米管具有特殊组装能力。

(3) 聚合物接枝碳纳米管。被纯化或功能化后的碳纳米管顶端存在着一些活性因子，将这些活性因子与像羟基、羧基等官能团反应，聚合物大约能够接枝到碳纳米管上。而目前的研究主要集中在一些小分子接枝上。

(4) 三维的聚合物基体里分散着一维的碳纳米管。一般是通过溶液、熔融混合以及原位聚合法制备而成。但目前由于各种原因，使其实验结果与理想预期相差比较大。

2　聚合物/碳纳米管的主要性能

2.1　力学性能

碳纳米管具有很好的力学性能，它的拉伸强度和它的轴向弹性模量与金刚石几乎相同，弹性应变最高可达到 12%，强度为钢的 100 倍，密度为钢的 1/6。Lijima 等研究了其弯曲性能，其结果是它具有良好的弯曲性能，其最大弯曲角为 110°，所以被认为是理想的聚合物复合材料的增强材料。采取碳纳米管作添补剂时，复合材料的力学性改进了很多。如 Qian 等在制备聚苯乙烯/碳纳米管复合材料时，当加 1%的碳纳米管后，复合材料材料的弹性模量提高 36%～42%，拉伸强度也被提高了 25%，如若用传统材料做添加剂，想要达到上述效果需要加 10%的添加剂[4]。有科学家在制备聚氨酯/碳纳米管复合材料时，对其进行了力学性能的测试，其结果是当添加 3%的碳纳米管后，该复合材料的强度得到巨大提高，整体性能也是最好。

2.2　电学性能

碳纳米管具有明显的纳米材料的几个效应，使其介于导体、半导体、绝缘体三种状态。通常手扶椅式碳纳米管具有金属性质，锯齿型具有半导体性质，金属性的碳纳米管的电导率和最大电流密度比较好，而半导体性的迁移率和跨导却是最好。贾志杰在制备聚甲基丙烯酸甲酯/碳纳米管复合材料时，并对它开展过导电性测试，发现当添加 5%的碳纳米管后，它的导电率有所下降。潘晓艳等制备环氧树脂/碳纳米管复合材料时，也对它的导电性进行测试，发现当加入 0.1%碳纳米管后，其复合材料的导电性能有了很大提高[5]。

2.3 热学性能

碳纳米管之所以沿它的横向方向的热交互性能较高，垂直方向的热互换性能较低，是因为它的特殊的长径比。若沿着契合的取向，碳纳米管能成较好的热传导材料。王川研究了聚氨酯/碳纳米管复合材料的热学性能，发现经聚氨酯和碳纳米管复合后的材料其耐热性必然获得提高[6]。将尼龙 6 和 5%碳纳米管通过复合，制备出其材料，经热分析发现具有热稳定性。

2.4 阻燃性能

向聚合物中增多碳纳米管量的方式还可以提高该复合材料的阻燃性。Kashiwagi 等通过对比了聚丙烯/碳纳米管和聚丙烯/炭黑复合材料，发现当聚丙烯中分别添加 1%的碳纳米管或炭黑，经测试它们抗燃性后，发现聚丙烯/碳纳米管复合材料的阻燃性远高于聚丙烯/炭黑[7]。

2.5 其他性能

聚合物和碳纳米管进行复合后，不仅改善了上述的几个性能还改善了光电性能、磁学性能、耐摩擦性、抗静电性、耐酸碱性、热阻性等。

3 聚合物/碳纳米管的制备

自从聚合物/碳纳米管复合材料成为科学界的探索焦点，许多科学家都在探索其制备方法，就目前来说，其制备方法有多种，以下介绍几种改进过的常用方法。

3.1 直接分散法

直接分散法是制备聚合物/碳纳米管一种最简单的方法。Z. jin 等通过小型熔体混炼器在 200 ℃下混合 20 分钟来研制聚合物/碳纳米管，试样压制成型后通过透射电镜(TEM)观察发现两者分散良好且无明显的团聚[8]。再如胡平把碳纳米管和高分子聚乙烯通过偶联复合处理，然后放入研磨机里研磨，最后放入模具里，采取煅烧成型，用扫描隧道显微镜观察，发现碳纳米管和基体有很好的分散性。

3.2 原位聚合法

原位聚合法又称在位分散聚合法，但这种方式只能用于含有氢氧化物，硫化物或金属胶体。主要是通过碳纳米管上的官能团参与聚合或通过引发剂打开碳纳米管中存在的 π 键，使它们能够参加聚合反应从而得到与有机相获取更匹配的相容性。文常保通过原位聚合法把聚苯胺包裹在碳纳米管外层，制备出的聚苯胺/碳纳米管复合材料[9]。另外尚有聚苯乙烯-丙烯腈/碳纳米管复合材料、聚甲基丙烯酸甲酯/碳纳米管复合材料、聚苯乙烯/碳纳米管复合材料等都是利用此方式合成的。该方式的缺点是在制备过程中大概会碰到引发剂和碳纳米管反应不尽人意的问题。

3.3 其他方法

上述方式是制备的通用手段，仍有研究者通过另外的方式制备该复合材料。像将方法中的两种或多种方法混合使用，这样有可能避免某种单个方法的缺陷，进而可以制备出更加优异的材料。像胡平、贾志杰等都采用过多种方法的联用来制备其复合材料，且经测试其性能确实更加优异。

4 聚合物/碳纳米管的主要应用

碳纳米管当作一种增强相与导电相，在纳米级复合材料的领域拥有非常大的潜在应用价值，而在这其中又以聚合物/碳纳米管复合材料的应用探究发展最快。因为通过聚合物与碳纳米管复合后，所制备的材料的性能有了很好的改善，进而才使其有了很广的应用领域。

4.1 在传感器方面的应用

碳纳米管与聚二甲基硅氧烷有机基体进行复合后，有望开发一种新型的应变片式力敏传感结构，且该复合薄膜已被验证具有良好的压阻敏感特性，在研究中我们还发现，该复合薄膜不仅有“力—电阻”敏感特性，且具有“力—电容”敏感的特点。利用两种敏感机理的优势做同步测量来实现两种机理的互补，进而提高力敏检测精度[10]。

4.2 在皮革涂饰方面的应用

就目前所知，常用皮革涂饰材料的主要成分包含聚氨酯、丙烯酸树脂等，但是这些涂饰中或多或少都存在这样那样的问题，导致利用率不高。通过碳纳米管与聚氨酯或改性丙烯酸树脂进行复合，得到的复合材料提高它的性能，可以作为皮革涂饰。而目前有众多科学家致力其中的研究并且也有许多成功的范例[11—13]。这类材料将会在服装皮革、汽车坐垫皮革、家具皮革等物品过程施展着极大的作用。

4.3 作为导电导热材料的应用

经聚合物与碳纳米管复合后，其复合材料的导电机能得到很大提升，聚合物复合材料在获得更好的导电性的同时，还保持着如力学性能、低熔体流动黏度等优势机能。作为导电材料现已普遍用于静电喷漆，静电消除、循环印刷电路、晶体加工、汽车塑料零部件制造等多个范畴。另外还在电路保护、自加热材料 等诸多领域也有涉及。碳纳米管是一种很好的高导热填料，将其与聚合物复合，大大的提高了聚合物复合材料的导热率，使材料具有优异的绝缘性。现在主要用于电子行业。

4.4 在生物医药领域的应用

聚合物和碳纳米管具有相似相容性，故该复合材料可以用在生物医学范围内 。①作为电驱动材料。此研究成果有望应用于心脏起搏器等靠电能驱动的体内植入装置及监测健康状况的生体附着装置；②作为支架材料。目前，研究人员已成功的研究出其应用在骨组织工程支架、肌肉组织工程支架、神经组织工程支架等生物组织工程支架的可行性;③作为药物载体。它具有很好的细胞膜穿透能力和具有很强的药物运载力且可以保护药物的分子不被破坏。近几年生物医药行业正朝着纳米医药方向发展,而该复合材料也就成为了发展中的重中之重。

4.5 在包膜控释肥料中的应用

处于考虑到碳纳米管独特的结构和好的性能,把它当作一种增强剂加入到包膜溶液里来制备性能更好的复合材料。有科学家发现该材料能够用于肥料养分控释。这也是较其他普通肥料最大的优点。包膜控释肥料就是在普通肥料颗粒表面通过特殊工艺包裹一层膜层,这种包膜肥料可以改善聚合物乳液的拉伸强度、粘度以及硬度,解决其存在的"冷脆热黏"问题[14]。使它具有可以增强肥料养分的有效吸收率,降低环境污染,节约劳动资源等作用。

4.6 电磁屏蔽和吸波隐身材料方向上的应用

因为近几年电子信息产业的快速成长,电器产品随处可见。但是电器产品却在使用过程中将会产生大量的电磁辐射,不但影响着人们的身体健康,而且也有可能泄露信息,使仪器无安全保障[15]。然而电磁波发生源电器产品的外壳材料往往是通过聚合物合成的,这种材料无屏障作用。但是经过实验后发现碳纳米管与聚合物复合后,该材料有屏蔽作用并且随碳纳米管填充量的增加电磁屏蔽作用加强。作为这种材料,有望实现对人体电磁辐射的保护以及对移动电话、计算机、微波炉等电子产品的电磁屏障。目前具有潜力的一个应用是实现对计算机和电话的电磁屏蔽作用,且已经被 Eikos 公司申请了专利。将具有吸波隐身特性的碳纳米管加入到聚合物中,制备出具备更好性能的吸收波隐身复合材料,这也成为研制新一代吸波隐身材料的一个重要的角度[16]。科学家还预测,若是把有形态差异和尺寸分布差别并在不同频率条件下存在着吸波性的碳纳米管做吸波剂,添加到聚合物中并进行适合的设计,估计在将来能制备出能在全频波界内可接受雷达波的全新吸波材料,这将对军事装备的隐形带来极大的现实意义[17]。

4.7 作为抗污材料的应用

聚合物中有像聚砜这种有着优异性能的成膜高聚物材料,它们有着很强的疏水性的原因,造成膜的表面易被污染,进而影响膜的通量和选择性,使得材料的使用率有所降落,从而限定了材料的应用。可是通过在聚合物中添加碳纳米管进行复合后,其复合材料的亲水性能有所提高,进一步大大的提高了它的抗污性能。这有利于研究做抗污染材料。

4.8 在纤维材料方面的应用

众所周知碳纳米管是一种有着很大的长径比的一维纳米纤维状的材料,因此将它和聚合物复合,利用该物质在纺制长纤维方面有着很大的优势,聚合物流体在纺丝过程中会促使碳纳米管沿轴向取向,合成具有良好优异性的纤维。这对生产用于特殊领域的防护服和穿着很轻便舒适的军用防弹衣等都有着极其重要的实际意义。Dalton 等通过将碳纳米管与聚乙烯醇混合,制备出长度高达数百米的长纤维,该纤维具有超强的韧性和超好的强度,可用于新型防弹背心或反导弹的相关材料的制备,亦可以在航天飞行器的供电领域找到应用。

4.9　在航天工业中的应用

普通材料形成的聚合物复合材料在航天产业的应用过程中，因外部气流和表面间摩擦引起静电效应，从而干扰无线通讯，造成安全隐患。然而用碳纳米管增强工程材料不但可以解决这一问题，且还能显著提高基体的性能。如美国宇航局和 Kice 大学联合探索聚合物/碳纳米管复合材料在航空航天中的相关应用。

4.10　在储氢方面的应用

氢气是一种极其重要的能源，但现阶段氢能的应用一直没能得到大范围推广，这主要是受到一些因素的制约，而制约氢能应用的主要因素之一是存储问题。但传统的方法是用钢瓶存储的，因压力高 、存储量小 ，而无法满足大规模应用的需求。因此开展了大量的有关研究是势在必行，然首先想到的是碳纳米管，主要是它具有一定的吸氢性能，被认为是很好的储氢材料添加剂，随后又发现镁基储氢材料是种极度具有前途的储氢材料，主要由于它储氢容量大，成本低并且储氢量丰硕，适合大范围应用。有研究人员就将碳纳米管加到镁基储氢材料中发现加碳纳米管的镁基储氢材料的储氢能力更强，吸放氢效率更高，且在低温条件下，可以施行吸氢与放氢过程[18]。这为解决储氢问题作出重要贡献，使未来储氢不成为问题。

5　结　语

综上述，聚合物与碳纳米管复合后可以得到具有许多优良性能的复合材料，通过不断地优化制备方法使得在许多领域有着广泛的应用前景，是理想的复合材料。但现在有许多的应用仍处于试验阶段，导致目前还无法投入工业中，所以我们今后研究方向的重点应放在寻找更加优化的制备、纯化、改性方法，使其对碳纳米管施行更加有效的分散和增强，进而制备出更好的复合材料。也要深入研究复合机理，通过界面相互作用来指导研究，为实现产业化打下坚定的基础。

参考文献

[1] 张立德，牟季美. 纳米材料和纳米结构[M]. 北京：科学出版社，2001，444 - 445.

[2] 冯小明，张崇才. 复合材料[M]. 2 版. 重庆：重庆大学出版社，2014，73 - 75.

[3] Lijima S. Helical microtubes of graphitic carbon [J]. Nature，1991，354(7)：56 - 58.

[4] 邱桂花，夏和生，王琪. 聚合物/碳纳米管复合材料研究进展[J]. 高分子材料科学与工程，2002，18(6)：20 - 23.

[5] 潘晓艳，方斌. 环氧树脂/多壁碳纳米管导电复合材料研究[J]. 工程塑料应用，2009，37(3)：1 - 6.

[6] 王川，夏延致. 聚氨酯/多壁碳纳米管复合薄膜的制备及其热稳定性研究[J]. 聚氨酯工业，2009，129(1)：6 - 9.

[7] 欧育湘,赵毅,许冬梅. 聚合物/碳纳米管纳米复合材料性能研究进展[J]. 高分子材料科学与工程,2011,27(3):167-170.

[8] Jin Zhao Xia,Pranwda K P,Xu Guo Qin. Dynamic mechanical behavior of meltprocessed mufti-walled(methyl methacrylate) composites[J]. Chemicalphysics letters,2001,33.

[9] 文常保. 碳纳米管/聚苯胺薄膜 SAW SO_2 的试验研究[J]. 压电与声光,2009,31(2):157-160.

[10] 安萍,郭浩,陈萌,赵苗苗,等. 碳纳米管/聚二甲基硅氧烷复合薄膜的制备及力敏特性的研究[J]. 物理学报,2015,63(23),237306.

[11] 胡静,马建中. 丙烯酸树脂涂饰剂的研究进展[J]. 皮化材料,2006,2:29-33.

[12] 郑新建,胡静,马建中. 纳米材料改性丙烯酸树脂的研究进展[J]. 皮革与化工,2008,25(1):14-16.

[13] 王华金,马建中,胡静. 丙烯酸酯类水性木器涂料的研究进展[J]. 上海涂料,2009,47(6):44-47.

[14] 杜昌文,周健明,申亚珍. 碳纳米管/聚合物复合材料及其在包膜控释肥料中的应用[J]. 材料保护,2013,46(增刊 2):125-128.

[15] 周坤豪,胡小. 碳纳米管填充聚合物基电磁屏蔽复合材料的研究进展[J]. 化工进展,2012,36:1258-1262.

[16] 张娟玲,崔屾. 碳纳米管/聚合物复合材料[J]. 化学进展,2006,18(10):1313-1321.

[17] 邱军,王玉磊. 碳纳米管在聚合物基吸波复合材料中的应用[J]. 玻璃管/复合材料,2012,(3):80-85.

[18] 于振兴,孙宏飞,王尔德,等. 添加碳纳米管镁基材料的储氢性能[J]. 中国有色金属学报,2005,15(6): 876-881.

块状纳米材料的特点及制备方法现状

王晓艳
渭南师范学院　化学与环境学院　陕西 渭南　714000

摘　要:综述了块状纳米材料的性能特点、国内外的制备技术进展及存在的问题,同时对大块纳米材料的性能特点、应用前景以及今后的研究及发展前景进行了展望。

关键词:块状纳米;制备技术;发展方向

块体纳米材料是晶粒尺寸小于 100 nm 的多晶体,其晶粒细小,晶界原子所占的体积比很大,具有巨大的颗粒界面,原子的扩散系数很大等独特的结构特征,其表现出一系列奇异的力学及理化性能。文中简要介绍块体纳米材料的性能特点及应用、制备技术、存在问题和应用前景的展望。

1　块体纳米材料的性能特点

块体纳米材料具有高浓度晶界、晶粒极小而均匀、晶粒表面清洁等特殊的结构,而这种结构的特殊性也使得这类材料与传统材料相比具有优异的性能。同时组成块体纳米材料的小颗粒自身具有小尺寸效应、量子效应、宏观隧道效应、表面和界面效应,从而使其具有特殊性能。

1.1　强度、硬度

构成块体纳米材料的单元—超微颗粒由宏观尺寸进入纳米级范围,由于低能重位晶界大大增加,材料的界面强度也增加,因此其块体材料的强度和硬度高。纳米陶瓷材料和纳米金属材料的强度和硬度可达普通粗晶材料的 5 倍左右[1]。

1.2　韧性、超塑性

一般说来,延展性好的材料强度较低,而强度高的材料延展性较差。但纳米材料的特殊构成及大的体积百分数的界面,使它的塑性、冲击韧性和断裂韧性与常规材料相比有很大改善。纳米结构材料中的界面的各向同性以及在界面附近很难有位错塞积发生,应力集中减小,裂纹的出现与扩展的概率也大大减低[2]。

1.3　扩散率和电导率

块体纳米材料的结构与原子排列的特殊性,使其内部的原子输送出现异常现象,其扩散系数是常规块体的 1016～1019 倍[2]，是沿晶扩散的 1000 倍。大的界面分数导致了纳米固体具有高的电导率，如块体纳米 Si 的室温电导率为 $10^{-2}(\Omega \cdot m)^{-1}$，比非晶 Si ($10^{-7} \sim 10^{-8}(\Omega \cdot m)^{-1}$) 和微晶 Si ($10^{-5} \sim 10^{-7}(\Omega \cdot m)^{-1}$) 的电导率分别大 5 个和 3 个数量级[2]。

1.4 其他特性

热学性能方面，块体纳米材料与同类粗晶和非晶相比，比热大，热膨胀系数大，比表面积大，其熔点要低得多，而磁化率比相应的晶态磁化率高得多[3]，如纳米 Sb 的磁化率为 20×10^{-5}，晶态 Sb 为 -1×10^{-5}。而且块体纳米材料的光吸收性好。由于晶粒边界原子体积的增加，纳米材料的电阻高于常规材料，催化活性高。由于块体纳米材料具有以上的特殊性能，因此关于其制备技术也越来越受到广泛的研究。

2 块体纳米材料制备技术

2.1 惰性气体蒸发冷凝原位加压法

该法首先由 H. V. Gleiter 教授提出，其装置主要由蒸发源、液氮冷却的纳米微粉收集系统、刮落输运系统及原位加压成形(烧结)系统组成。其制备过程是：在高真空反应室中惰性气体保护下使金属受热升华并在液氮冷镜壁上聚集、凝结为纳米尺寸的超微粒子，刮板将收集器上的纳米微粒刮落进入漏斗并导入模具，在 10^{-6} Pa 高真空下，加压系统以 1～5 GPa 的压力使纳米粉原位加压(烧结)成块[4]。近年来，在该装置基础之上，通过改进使金属升华的热源及方式以及改良其它装备，可以获得克级到几十克级的纳米晶体样品。纳米超饱和合金、纳米复合材料等也正在利用此法研究之中。目前该法正向多组分、计量控制、多副模具、超高压力方向发展。该法的特点是适用范围广，微粉表面洁净，有助于纳米材料的理论研究。但工艺设备复杂，产量极低，很难满足性能研究及应用的要求。

2.2 机械合金研磨(MA)结合加压成块法

MA 法是一种用来制备具有可控微结构的金属基或陶瓷基复合粉末的高能球磨技术：在干燥的球型装料机内，在高真空 Ar_2 气保护下，通过机械研磨过程中高速运行的硬质钢球与研磨体之间相互碰撞，对粉末粒子反复进行熔结、断裂、再熔结的过程使晶粒不断细化，达到纳米尺寸。然后，纳米粉再采用热挤压、热等静压等技术[5]加压制得块状纳米材料。

该法合金基体成分不受限制、成本低、产量大、工艺简单，特别是在难熔金属的合金化、非平衡相的生成及开发特殊使用合金等方面显示出较强的活力，该法在国外已进入实用化阶段。其存在的问题是研磨过程中易产生杂质、污染、氧化及应力，很难得到洁净的纳米晶体界面，对一些基础性的研究工作不利。

2.3 高压、高温固相淬火法

该法是将真空电弧炉熔炼的样品置入高压腔体内，加压至数 GPa 后升温，通过高压抑制原子的长程扩散及晶体的生长速率，从而实现晶粒的纳米化，然后再从高温下固相淬火以保留高温、高压组织[6]。该法的特点是工艺简便，界面清洁，能直接制备大块致密的纳米晶。其局限性在于需很高的压力，大块尺寸获得困难，另外在其他合金系中尚无应用研究的报道。

2.4　大塑性变形与其它方法复合的细化晶粒法

2.4.1　大塑性变形方法

在采用大塑性变形方法制备块状金属纳米材料方面，俄罗斯科学院 R. Z. Valiev 领导的研究小组开展了卓有成效的研究工作。早在 90 年代初，他们就发现采用纯剪切大变形方法可获得亚微米级晶粒尺寸的纯铜组织[5]。近年来他们在发展多种塑性变形方法的基础上，又成功地制备了等合金块体纳米材料[5]。

2.4.2　塑性变形加循环相变方法

该方法与其他方法相比具有适用范围宽，可制造大体积试样，试样无残留缩松(孔)，可方便地利用扫描电镜详细研究其组织结构及晶粒中的非平衡边界层结构，特别有利于研究其组织与性能的关系等特点并可采用多种变形方法制备界面清洁的纳米材料，是今后制备块体金属纳米材料很有潜力的一种方法。如将此法与粉末冶金及深过冷等技术相结合，则可望利用此法制备金属陶瓷纳米复合材料[7]，并拓宽其所能制备的合金成份范围。

3　展　望

纳米材料的推广应用关键在于块体纳米材料的制备，而块体金属纳米材料制备技术发展的主要目标则是发展工艺简单、产量大适用范围宽、能获得样品界面清洁、无微孔隙的大尺寸纳米材料制备技术。其发展趋势则是发展直接晶化法纳米晶制备技术。从实用化角度来看，今后一段时间内，绝大多数纳米晶样品的制备仍将以非晶晶化法和机械合金化法为主，它们发展的关键是压制过程的突破。从长远角度来看，高压高温固相淬火、脉冲电流和深过冷直接晶化法以及与之相关的复合块状纳米材料制备技术及其基础研究工作，是今后纳米材料制备技术的研究重点。

参考文献

[1] 张立德，牟季美. 纳米材料和纳米结构[M]. 北京：科学出版社，2001.

[2] Eerence GLangdon. Recent Development in High Strain Rate Superplasticity[J]. Materials Transactions，1999，40 (8) ：716－722.

[3] 高春华. 纳米材料的基本效应及其应用[J]. 江苏理工大学学报(自然版)，2001，22(6)：45－48.

[4] 李冬剑，丁炳哲，胡壮麒，等. 块状 Cu－Ti 纳米晶合金的直接形成——高压下从高温固相淬火[J]. 科学通报，1994，39(19)：1749－1751.

[5] 张东涛，张久兴，周美玲. 块状纳米材料研究进展[J]. 金属功能材料，2002，9(4)：15－19.

偶联剂处理对环氧基泡沫复合材料热性能的影响

刘史力

渭南师范学院　化学与环境学院　陕西 渭南　714000

摘　要：采用模塑成型法制备环氧树脂/氰酸酯基复合材料，通过 DSC-TG 连用技术分别考察了 KH-550 浓度对环氧基泡沫复合材料热性能的影响。结果表明，随着偶联剂含量的增加，复合材料的峰值反应温度和终止反应温度逐渐降低，而玻璃化转变温度变化不大，但是热分解温度则随着偶联剂含量的增加而呈现先降低后增加的变化趋势。

关键词：环氧树脂；空心玻璃微珠；氰酸酯；偶联剂；耐热性

环氧树脂材料因良好的电气性能、粘结性能、力学性能、化学稳定性能、易加工成型和成本低廉等优点在涂料、胶黏剂、机械等领域得到极其广泛的应用。但由于环氧树脂脆性大这一缺点使其应用范围的进一步扩大得到限制，因此对环氧树脂的增韧研究成为环氧改性的热点之一[1—3]。近年国内外学者在改性环氧树脂方面取得了显著成就[4]。空心玻璃微珠作为一种新型的轻质非金属填充材料，直径处于数百微米的变化范围内，流动性能较好[5]，具有质量轻、耐高温、绝缘性好、耐磨、耐碱、化学性能稳定等特点，已广泛应用于轻工、建筑、航空航天等领域[6]。

空心玻璃微珠填充环氧基是一种新型的泡沫复合材料，不仅降低基体密度，而且会提高其刚性、稳定性、韧性等性能[7]。由于基体与空心玻璃微珠间出现熔点、密度等不同差距，使得其相容性很差，是以需要对填料进行表面活化处理，加入偶联剂进行表面处理是最常用的方法[8]。偶联剂由两部分组成，分别是亲无机基团和亲有机基团，亲无机基团与无机填充剂或增强材料作用，亲有机基团与合成树脂作用[9]。KH－550 作为亲有机基团对空心玻璃微珠进行表面改性，并将其填充到环氧树脂中，制备了空心玻璃微珠填充环氧的复合材料，使玻璃微珠表面由亲水变为亲油，从而更好的填充环氧树脂中并对环氧树脂热性能进行测试[10]。

1　实验部分

1.1　实验原材料

双酚 A 氰酸酯(CE)，江苏吴桥树脂厂；偶联剂 KH－550，中科院研制；二月桂酸二丁基锡，化学纯；HN60 型空心玻璃微珠，河北灵寿县荣盛矿产品加工厂；环氧树脂 E－51，南通星辰合成材料有限公司。

1.2 实验方法

1.2.1 玻璃微珠制备

玻璃微珠制备：干燥玻璃微珠两小时，将无水乙醇与水按质量比 9∶1 制备，加入含量分别为 0、0.5%、1%、2%、3%的 KH-550，超声洗涤器中超声震荡 1 h，120℃干燥至恒温，研磨装瓶密封。将偶联剂含量 0%、0.5%、1%、2%、3%体系分别记为 A、B、C、D、E 体系。

1.2.2 样条制备

称取适量环氧树脂，加入 1%的二月桂酸二丁基锡，将表面处理过的空心玻璃微珠加入到 60℃环氧树脂中，搅拌分散均匀后，用超声波处理 30 min，再将熔融的 CE 迅速加入 100℃环氧树脂中，待氰酸酯完全溶解后，取适量混合溶液快速冷却至室温，用于 DSC 测试。然后将剩余溶液搅拌至粘度变大，真空干燥箱中抽至无气泡逸出，注入预先涂好脱模剂并加热好的模具中，按照 100℃/2 h+150℃/2 h+180℃/3 h+200℃/3 h 固化，即得环氧/氰酸酯基泡沫复合材料。

1.3 性能测试

测试在德国耐驰的 DSC&TG 同步热分析仪上进行，升温速度 10℃/min，N_2保护，吹扫速度 50 mL/min。

2 结果与分析

2.1 偶联剂浓度对环氧与氰酸酯共固化反应的影响

图 1 是加入不同量玻璃微珠的环氧与氰酸酯共固化体系的 DSC 曲线随温度变化示意图，从图 1 分析得到，每种反应体系的溶液都含有相似的放热峰曲线，并且在高温区和低温区时都

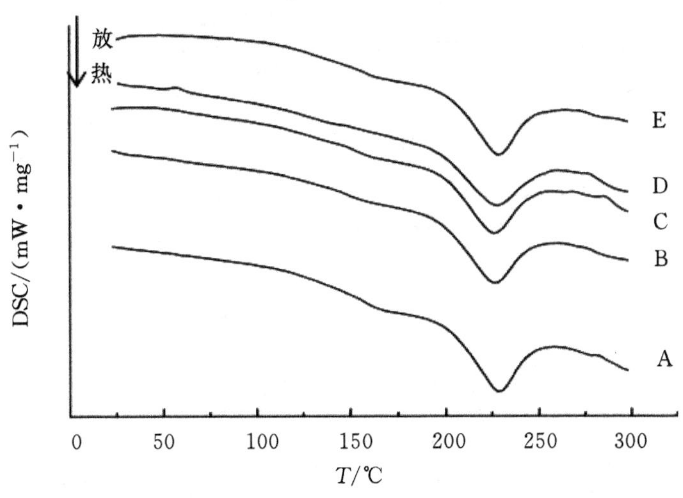

图 1 偶联剂不同浓度环氧/氰酸酯共固化 DSC-T 曲线

有肩峰，则表示含量不同的偶联剂的加入对环氧与氰酸酯的反应进程影响不大。

表 1 是由图 1 得到的峰值反应温度和终止反应温度，由表 1 可以得出，纯环氧/氰酸酯固化物的峰值反应温度和终止反应温度分别为 229℃和 259℃。随着偶联剂的加入，复合材料的峰值温度和终止温度逐渐降低，当偶联剂含量为 3%时峰值反应温度和终止反应温度分别为 228℃和 255℃，是因为偶联剂的添加会使玻璃微珠原有的亲水性发生改变，提高玻璃微珠与有机聚合物的相容性和分散性。

表 1　温度随偶联剂含量变化示意表

试样	起始反应温度/℃	最大反应温度/℃	终止反应温度/℃
A	157	229	259
B	146	226	259
C	152	226	255
D	144	227	255
E	177	228	255

2.2　偶联剂浓度对玻璃化转变温度 T_g 的影响

图 2 是不同含量偶联剂的玻璃微珠填充环氧/氰酸酯基复合材料的 DSC 随温度变化示意图，表 2 是玻璃化转变温度随偶联剂含量变化示意图。纯环氧/氰酸酯固化物的 T_g 为 209℃，加入含不同偶联剂的玻璃微珠时，复合材料的 T_g 变化不大，基本保持在 207℃。

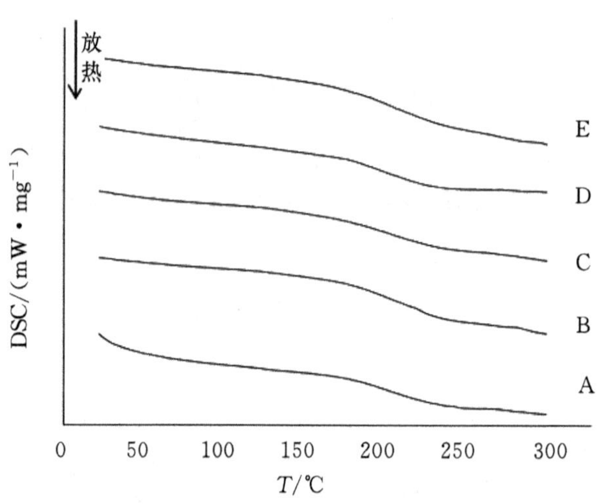

图 2　偶联剂不同浓度环氧/氰酸酯 T_g 曲线

表 2　T_g 随偶联剂含量变化结果

试样	A	B	C	D	E
T_g/℃	209	206	205	207	208

2.3　偶联剂浓度对热稳定性的影响

图 3 表示的是偶联剂不同含量的玻璃微珠/环氧树脂的热失重 T_g 的示意图，表 3 是对 T_g 的数据分析，可以得出结论，在室温到 300℃左右，失重缓慢，是由于增强了样条的致密度而使质量保持率下降缓慢[6]。从 300～480℃时失重加快，失重率达到 75%左右，体系会发生一部分端基或侧基的消除反应，同时主链也发生部分断裂。500～600℃失重逐渐缓慢，失重率为 4%左右，反应在此范围内发生碳化、裂解反应。从表 4 可以看出，质量保持率 95%时 E 体系的热分解速率最大；升温到 350℃时 D 体系的热分解速率最大；升温至 400℃时 E 体系的热分解速率最大；升温至 450℃时 D 体系的热分解速率最大。E 体系中残炭率最少。

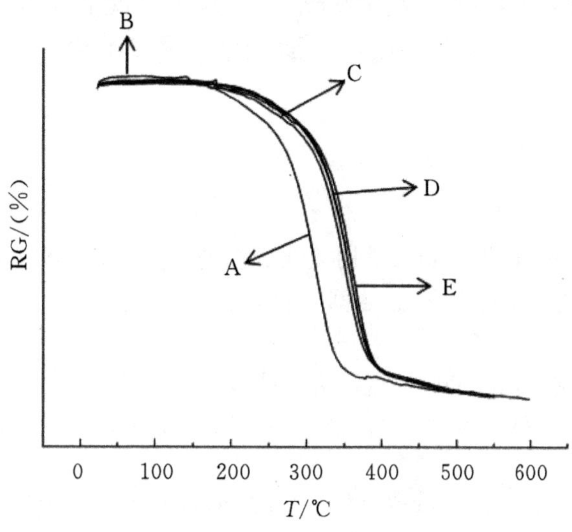

图 3　偶联剂不同浓度环氧/氰酸酯 T_g 曲线

表 3　从 T_g 曲线得到的数据

体系	A	B	C	D	E
失重 5%时热分解温度/℃	319.39	304.73	309.73	314.73	307.23
相对热分解速率/%min^{-1}	−0.13	−0.12	−0.12	−0.14	−0.09
350℃时质量保持率/%	89.39	87.74	88.80	89.02	88.24
相对热分解速率/%min^{-1}	−0.43	−0.34	−0.39	−0.37	−0.37
400℃时质量保持率/%	61.76	60.58	62.60	61.05	63.31
相对热分解速率/%min^{-1}	0.02	−0.03	−0.03	−0.04	−0.04
450℃时质量保持率/%	28.93	29.80	29.02	28.94	29.86
相对热分解速率/%min^{-1}	−0.04	−0.04	−0.06	−0.00	−0.03
残炭率/%	26.61	30.17	28.24	27.92	26.54

3 结 论

通过上述实验得到以下结论：

(1)偶联剂的加入使环氧与氰酸酯共固化反应加剧，当偶联剂含量为 3%时，复合材料的峰值反应温度和终止反应温度由 229.5℃和 259.3℃分别降为 228.7℃和 255.0℃。

(2)随着偶联剂含量的增加，玻璃化转变温度变化不大，基本保持在 207℃。

(3)TG 分析表示，偶联剂浓度增加会使热稳定提高。不同的温度范围，热分解速率不同。升温 350℃时偶联剂含量 2%的热分解速率最大；升温 400℃时偶联剂含量 3%的热分解速率最大；升温 450℃时偶联剂含量 2%的热分解速率最大。偶联剂含量 3%的残炭率最少。

参考文献

[1] 杨卫朋，艾静，王青松. 环氧树脂的增韧改性研究进展[J]. 材料学报，2011，(2)：394 - 397.

[2] 张静静，谷锦，陈勇，等. 环氧树脂增韧改性研究进展[J]. 材料开发与应用，2012，(6)：111 - 116.

[3] 窦宝捷，环氧树脂胶粘剂增韧改性的研究[D]. 哈尔滨：哈尔滨工程大学，2013.

[4] 胡传群，曾黎明，周建刚. 改性空心玻璃微珠/环氧树脂复合材料力学性能研究[J]. 热固性树脂，2008，23(6)：21 - 26.

[5] 吕方，朱光明，胡巧青，等. 玻璃微珠填充改性聚合物研究进展[J]. 玻璃钢/复合材料，2008，(3)：53 - 58.

[6] 刘艳妮，徐伟，王嵘. 空白玻璃微珠/环氧树脂复合材料制备及性能研究[J]. 玻璃钢/复合材料，2012，(6)：53 - 60.

[7] 余为，李慧剑，何长军，等. 空心玻璃微珠填充环氧树脂复合材料力学性能[J]. 复合材料学报，2010，27(4)：189 - 194.

[8] 孙佳明. 空心玻璃微珠填充环氧树脂复合材料的制备及性能研究[D]. 青岛：中国海洋大学，2010.

[9] 刘刚，张代军. 纳米粒子改性环氧树脂玻璃化转变温度的研究[J]. 热固性树脂，2009，(2)：24 - 30.

[10] 王淑艳. 玻璃微珠填充增强环氧树脂泡沫材料的制备及性能研究[D]. 武汉：武汉理工大学，2008.

金属硫化物纳米材料的合成研究

魏正纲[1,2]

1.渭南师范学院　化学与环境学院　陕西 渭南　714099;

2.渭南师范学院　军民两用材料重点实验室　陕西 渭南　714099

摘　要:本文主要论述了过渡金属硫化物 CuS、CdS、CoS、ZnS 等纳米材料的制备技术,如模板法、水热法、溶剂热法、溶胶凝胶法等,并阐述了相关技术的优缺点以及研究现状,还对其制备技术在未来的研究方向作了总结和展望。

关键词:过渡金属硫化物;纳米材料;制备技术

1　引　言

过渡金属硫化物独特的内部结构和组织使其拥有电学、光学、磁学、催化和润滑等特殊的物理化学性能,因此被广泛应用于太阳能电池、颜料、润滑剂、催化剂、气敏传感器及红外线检测器等领域[1-3]。纳米材料(直径在 1～100 nm 之间)除拥有特殊的组织和内部结构外,其纳米结构的微粒还具有宏观量子隧道效应、小尺寸效应、量子尺寸效应及表面效应[4],使得其同样在电学、光学、磁学、催化和润滑等方面有着奇特的性能。纳米材料在自然界中的主要存在方式有纳米粒子、纳米线、纳米带、纳米管、纳米膜、纳米棒以及纳米固体材料。因此过渡金属硫化物纳米材料除保留着自身独特的内部组织和结构外,还有着纳米粒子的各项效应,且同样具有光、电、磁学、催化、润滑等性能。目前过渡金属硫化物纳米材料的制备方法趋于多样化,如模板技术、水热法、溶剂热法等。

2　金属硫化物纳米材料的制备技术

2.1　模板技术

模板制备技术通常是指由具有纳米级孔洞的基体材料(多孔氧化铝、纳米管、MCM-41、介孔沸石、金属模板、蛋白及经过特殊加工的多孔高分子薄膜等[5,6])为模板进行材料的合成与制备。该制备技术的特点为产物的形貌与尺寸能够通过模板所提供的空间区域加以控制,从而制备出多种所需结构的纳米材料。制备纳米材料的前提是模板的获得,但如今模板类型已趋于多样化，因此模板类型不同制备出的纳米材料形貌也有一定的差别。模板主要可以分为硬模板和软模板两种。

2.1.1 硬模板技术

硬模板主要包括碳纳米管、多孔氧化铝、分子筛、二氧化硅和经过处理的多孔高分子薄膜等。硬模板制备技术可以对产物的尺寸和形貌进行严格的控制。迄今为止，硬模板已是我国制备纳米材料应用最为广泛的方法之一。

Huang 等[7]人成功制备出了了纳米 CuS，其是以苯乙烯-丙烯酸共聚物这种有机物为基本模板，然后在其模板的颗粒表面聚集某种无机物，最后在有机溶剂甲苯中超声除去有机物模板后合成空心的球状 CuS，得到最终的产物 CuS。

该技术所用反应装置简单，条件温和，可以严格的将模板的形貌复制到目标产物中，并且可以有效地控制反应过程中粒子团聚现象的发生[8]。但是制备过程所需成本高且产率小，实际效益低下，能否获得特定形貌和尺寸的产物完全取决于能否获得特定尺寸和形貌的模板。

2.1.2 软模板技术

软模板制备技术通常是没有一定的组织结构，但却在一定或者特定的空间区域具有限阀能力的两亲有机分子体系。其中两亲有机高分子一般包括胶团、微乳状液、液晶、囊泡、自组装膜及生物大分子和有机高分子自组织结构等。

田枚等[9]更是以鲑鱼 DNA 作为模板合成了直径大约 3 nm 的 CdS 纳米微粒。

谭昌会等[10]以 N -十二酰- L -丙氨酸在乙醇/水混合的溶剂中凝聚的水凝胶为基体模板，然后通过离子的原位自组装制备除了纳米纤维 CuS。

目前绝大部分软模板都是两亲有机高分子的聚合体，且形状多样化，不需要复杂的反应设备，一般很容易构建，虽然其不能像硬模板严格控制反应产物的形状和尺寸，但是其简单的反应设备、操作过程和低廉的成本等优势，使其在生物模拟、矿化方面有相对的优势，同样得到了人们广泛的认可和应用，已被大规模投入到工业产业制备。

2.2 水热法、溶剂热和微乳液合成法

2.2.1 水热法

水热法是指在特制密封的高温高压体系中，以水作为反应体系的介质后，加热使该反应体系温度上升临界温度，从而进行高温高压环境下的制备材料的一种方法。在水热法中，水主要的作用体现在两个方面。

(1)当反应体系处于高压的环境下时，绝大多数反应物是能够溶解于水中，利于反应的进行。

(2)在水热环境下，水既是溶剂和矿化的催化剂也是传递压力的媒介。Fang 等[11]将锌晶粒镀于铜板之上，然后在纳米晶锌层上通过水热法涂抹硫脲和醋酸锌，最后反应生成纳米列阵 ZnS。

目前所研究的水热法不仅工艺简单，粒子不易发生团聚现象，而且可以避免高温直接得到良好的晶状粉体。制备的产物都具有规则的形状、较高的纯度、良好的分散性以及低廉的生产成本。

2.2.2 溶剂热法

溶剂热法是指通过把一种或几种前驱体溶解在非水溶剂中，在液相或超临界温度条件下，反应物分散在含有有机溶剂的密闭体系中并且变的比较活泼从而发生反应。

段鹤等[12]利用溶剂热法合成了 CoS 纳米晶粒，具体制备过程是将硝酸钴溶液和硫脲溶液一起放入不锈钢的反应釜中，然后加入盐酸，高温下硫酸会被盐酸迅速分解，从而产生许多 H_2S气体，然后与 Co^{2+} 反应生成 CoS 晶粒。

该技术与水热法的区别是所用到的溶剂不是水而是有机溶剂，因此可用于较多金属硫化物纳米材料的制备，目标产物生成的过程相对缓慢，不仅可以方便有效的对体系中有毒物质的挥发加以控制，保护人身安全，还可对产物的形貌，晶粒尺寸做出一定的控制，制备出对空气敏感的前驱体，最终得到的目标产物的具有良好的分散性。在溶剂热反应中溶剂的粘度、分散、密度等性质与正常环境中的差别较大，并且相互影响，同时反应物的快速溶解大大提高了其反应的活性。这样溶剂热反应便可在温度相对较低的环境中进行。

3 总结与展望

过渡金属硫化物纳米材料各项奇特的内部结构、性能、各向异性、各尺寸效应，使其在颜料、光敏气敏材料、催化剂、传感器等领域具有着得天独厚的优势，相应的合成技术将被不断完善甚至投入大量的工业制备，多采用模板法、水热和溶剂热法、溶胶一凝胶法等。由于过渡金属硫化物纳米微粒具有优异的电、光、磁、润滑及催化的作用，其在相应的领域拥有着广阔的应用前景，因此过渡金属硫化物纳米材料的制备技术将会向愈加高效、简易、规模化的方向不断深入研究。

参考文献

[1] 张立德. 纳米材料[M]. 北京：化学工业出版社，2000，34－41.

[2] 徐甲强，牛新书，等. 纳米 ZnS 的合成及其气敏性能研究[J]. 功能材料，2002，33(4)：425－427.

[3] Barnard A. S.，Russo S. P.，Shape and Themodynamic Stability of Pyrite FeS_2 Nanocrystals and Nanorods[J]. Phys. Chem. C，2007，111(9)：11742－11746.

[4] 张立德，弁季美. 纳米材料和纳米结构[M]. 北京：科学出版社，2001，1－32.

[5] 陈义旺，聂华荣，谌烈，等. 以聚合物乳胶为模板经表面引发原子转移自由基聚合制备空心二氧化硅纳米微球[J]. 高等学校化学学报，2005，26(10)：1978－1981.

[6] 周浪，李俊，丁军平，等. 纳米二氧化硅模板的制备[J]. 化学与生物工程，2005，8(8)：19－20.

[7] Huang Y F，Xiao H N，Chen S G，Wang C，Preparation and characterization of CuS hollow spheres [J]. Ceramics International，2009，35(10)：905－907.

[8] 李静，李利军，高艳芳，等. 模板法制备纳米材料[J]. 材料导报，2011，25(11)：5－9.

[9] 田枚，李丕春，杨文胜. 模板技术合成 CdS 纳米微粒的研究[J]. 分子科学学报，2002，18(2)：75－79.

[10] 谭昌会，苏丽红，卢然，等. 水凝胶体系中 CuS 纳米纤维的模板合成[J]. 吉林大学学报(理

学版),2006,44(1):126-128.

[11] Fang Yu W,Wang P F,et al. ZnS nanorod arrays synthe-sized by an aqua-solution hydrothermal processupon pulse-plat-ing Zn nanocrystallines[J]. Applied Surface Science, 2009,(5):5709-5713.

[12] 段鹤,郑毓峰,张校刚,等. 溶剂热法合成 CoS 纳米体[J]. 机械工程材料,2004,28(5):49-51.

炭/淀粉复混材料支撑Ca^{2+},K^{+}对Al-空气电池的效能影响

东　梅
渭南师范学院　军民两用材料重点实验室　陕西　渭南714099

摘　要:以铝片作为负极、碳棒负载氧作为正极,并以炭/淀粉复混材料支撑Ca^{2+},K^{+}为电解质,做成了简易Al-空气电池;通过改变淀粉比例、离子含量、有机溶剂比例、pH值,测定了其对输出电压的影响。实验结果表明:固定其他组分,$CaCl_2$的加入量为1 g时,所测的电压最大,为1.155 V;去离子水和乙二醇体积比为8:1时,组装的电池所测得电压最大,为1.024 V;在不同酸碱条件中,当pH值=3时,所测的电压值最大,为1.124 V。

关键词:铝片;碳棒;活性炭;可溶性淀粉;电池

基金项目:渭南师范学院特色学科项目(14TSXK02);渭南师范学院科研项目(15YKP007);渭南师范学院教改项目(JG201529)。

金属—空气电池以空气作为阴极,而电池的电能大小依赖于所选的阳极材料及其处理方式或者储存反应产物的方式[1],它具有输出电压稳定、经济低廉、无害、环保、制作简单等优点,是以后发展潜力新型能源。按金属负极材料的不同,可大致划分为四类:Zn-空气电池、Al-空气电池、Li-空气电池、Mg-空气电池[2]。而随着社会的发展以及人们对石化资源的利用,引起很多环境污染问题,所以在选择材料的时候就会考虑各方面的问题,金属铝是地壳中最多的金属,它占整个地壳总重量的7%左右[3],因此金属铝是制备新型电池的首要选择,是作为新型能源电池的理想电极材料[4]。

最近几年人们对铝及铝合金电极的研究和分析,对Al-空气电池的探索取得重大进展[1],通过对炭/淀粉复混材料支撑Ca^{2+},K^{+}对Al-空气电池的效能影响进行实验研究,从而进一步了解Al-空气电池,开拓铝电池的新领域,使其应用于更多更广的方面。

1　实　验

1.1　试剂与仪器

粉末状的氯化钠、粉末状的氯化钙、粉末状的硝酸钾、可溶性淀粉(市售)无水乙醇、去离子

作者简介:作者简介:东梅(1980—),女,硕士,讲师,主要从事重金属元素分析。

水、乙二醇、浓盐酸、丙三醇、最原始的废电池(市售)颗粒状的活性炭(市售)、未折损的铝制的易拉罐(市售)。DT9205 万用表、PPG 纤维布,市售、细砂纸、恒温干燥箱(上海一恒科学仪器公司)、玻璃棒、烧杯(10 mL 的 4 个、500 mL 的多个、250 mL 的多个)、尺子、剪刀、药勺、电子天平,赛多利斯科学仪器有限公司、PH 试纸、电磁恒温加热搅拌器(郑州长城科工贸有限公司)、滤纸、量筒。

1.2 电池的组装

将废电池中的碳棒取出来后,进行清洗,然后将易拉罐剪成若干个长为 6.5 cm、宽为 4.5 cm 的铝片,再用细砂纸将铝片的氧化膜磨掉后,立刻用备好的 PPG 纤维布将磨好的铝片包好,不要露出铝片,然后将无氧化膜的一面朝内卷成圆筒状放入 10 mL 的烧杯中,紧贴烧杯壁,铝片作为负极。把碳棒放入烧杯中间的位置作为正极,再用药勺把浸泡好的活性炭颗粒加入到烧杯中,边加边用玻璃棒把活性炭颗粒均匀压实,注意一定要保持碳棒被活性炭包围且在中间的位置,这样完整的电池制作完毕,开始用万用表进行测量电压。

2 结果与讨论

2.1 氯化钠的加入量对输出电压的影响

由图 1 可得,在不同量的氯化钠中,质量为 1 g 时,所测的输出电压值达到最大,为 0.860 V;质量为 2 g 时,所测的输出电压值达到最小,为 0.712 V;随着氯化钠质量的递增,输出电压呈现先减后增的变化趋势;氯化钠质量在 1~2 g 范围内,电压逐渐减小,从 0.860 V 减小到0.712 V,根据氯化钠质量的持续递增,输出电压伴随递增,从 0.712 V 到 0.847 V。

2.2 氯化钙的加入量对输出电压的影响

由图 2 可得,在不同量氯化钙的中,质量为 1 g 时,所测的输出电压值达到最大,为 1.155 V;质量为 2 g 时,所测的输出电压值达到最小,为 0.920 V;随着氯化钙质量的增大,输出电压的变化趋势为先递减再缓慢地递增,氯化钙质量在 1~2 g 范围内,电压逐渐减小,从 1.155 V 到 0.920 V,根据氯化钙的质量进一步的增大,输出电压缓慢地增加从 0.920 V 到 0.934 V。

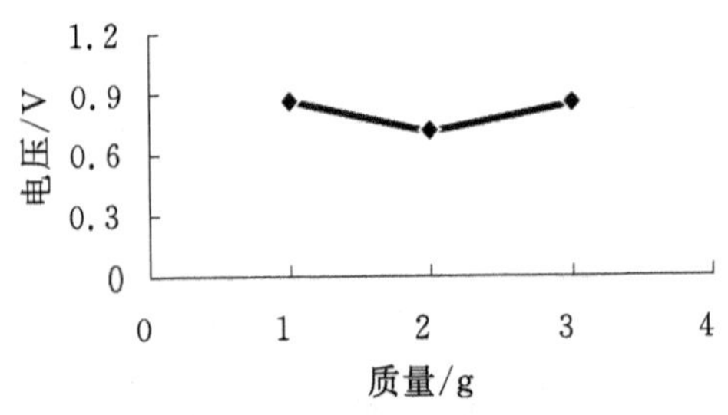

图 1 氯化钠的加入量对输出电压的影响

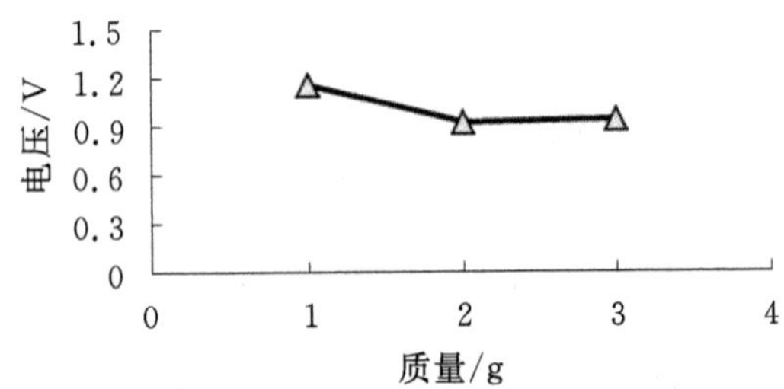

图 2 氯化钙的加入量对输出电压的影响

2.3　硝酸钾的加入量对输出电压的影响

由图 3 可得，在加入不同量的硝酸钾中，质量为 1 g 时，所测的输出电压值达到最大，为 1.010 V；质量为 2g 时，所测的输出电压值达到最小，为 0.818 V；随着硝酸钾质量的增大，输出电压出现先递减后递增的变化曲线；硝酸钾质量在 1～2 g 范围内，电压逐渐减小，从 1.010 V 到0.818 V，根据硝酸钾质量进一步的增大，输出电压逐渐增大，从 0.818 V 到 0.988 V。

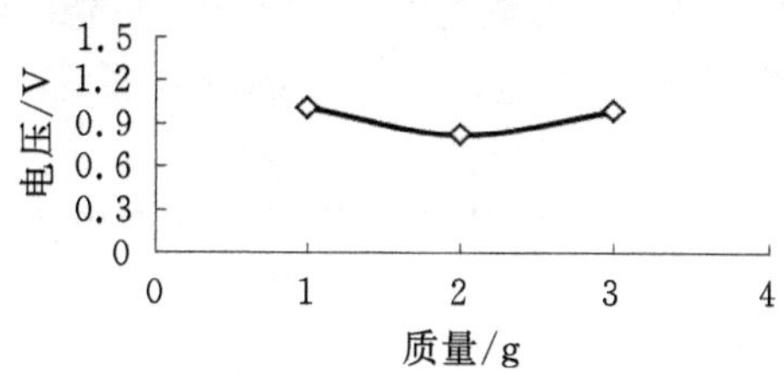

图 3　硝酸钾的加入量对输出电压的影响

2.4　有机溶剂对输出电压的影响

由图 4 可得，在三种不同容量的有机溶剂中，所测无水乙醇和丙三醇的输出电压的变化曲线是先递减后递增，而所测乙二醇的输出电压出现先递增后递减的变化趋势；无水乙醇溶剂为 5 mL 时，测得输出电压值最大，为 1.004 V，乙二醇溶剂为 10 mL 时，测得输出电压最小，为 0.786 V，乙二醇溶剂为 10 mL 时，测得输出电压值最大，为 1.024 V，乙二醇溶剂为 15 mL 时，测得输出电压值最小，为 0.861 V，丙三醇溶剂为 15 mL 时，测得输出电压值最大，为 0.959 V，丙三醇溶剂为 10 mL 时，测得输出电压值最小，为 0.798 V。

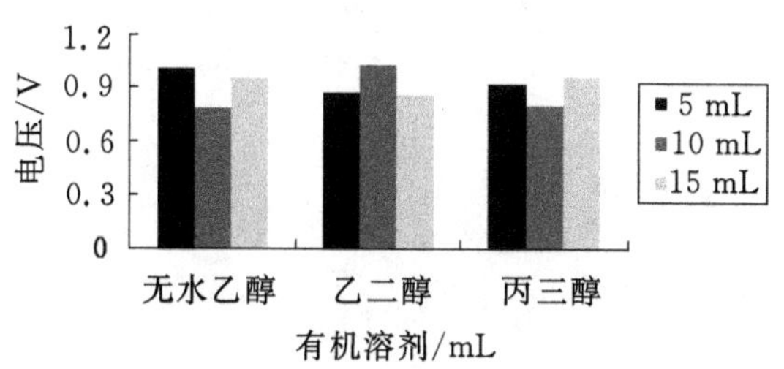

图 4　有机溶剂对输出电压的影响

3　结　论

通过控制变量法配制不同盐质量，不同有机溶剂以及不同酸碱条件的溶液，以颗粒状活性炭和可溶性淀粉混合作为介质，以铝片作为负极，碳棒作为正极，组装成不同的 Al-空气电池，由万能表对其电压进行测定。固定其他组分，$CaCl_2$ 的加入量为 1 g 时，所测的电压最大，为 1.155 V；去离子水和乙二醇体积比为 8∶1 时，组装的电池所测得电压最大，为 1.024 V；在不同酸碱条件中，当 pH＝3 时，所测的电压值最大，为 1.124 V。

参考文献

[1] 李庆峰，邱竹贤．铝电池的开发与应用进展[J]．东北大学学报（自然科学版），2001（02）：1-10.

[2] 朱明骏，袁振善，桑林，等．金属/空气电池的研究进展[J]．电源技术，2012（12）：1-5.

[3] 杨卫娟，陈超，周志军，等．铝作为能量载体利用的研究进展[J]．能源与工程，2014（06）：1-8.

[4] 王兆文，李延祥，李庆峰，等．铝电池阳极材料的开发与应用[J]．有色金属，2002（01）：19-22.

炭/$C_3H_6N_6$复混材料支撑强电解质对Zn-空气电池的效能影响

徐浩龙[1,2]

1.渭南师范学院 化学与环境学院 陕西 渭南 714099；
2.渭南师范学院 军民两用材料重点实验室 陕西 渭南 714099

摘 要:讲述制备以Zn作为负极，研磨的活性炭粉与$C_3H_6N_6$固体按12%比例混合作为介质，碳棒负载氧作为正极的Zn-空气电池的过程。以及探究了不同盐的一系列浓度，一系列浓度的多元醇，不同pH值对电池电压的影响。在一系列不同盐浓度对电压的影响的因素中，介质与$CaCl_2$浓度10∶1时电压达到峰值为1.080 V。不同多元醇的不同比例含量对电压的影响因素中，添加6.26%的CH_3CH_2OH时达到峰值为0.979 V。不同pH值对电压的影响中，pH值=3时达到峰值1.235 V。

关键词:Zn-空气电池;实验探究;电压

基金项目:渭南师范学院特色学科项目(14TSXK02);渭南师范学院科研项目(15YKP007);渭南师范学院教改项目(JG201529)。

Zn-空气电池电池具有方便，低污染，低成本，低条件[1]，寿命长[2]，大容量，便捷的优点。锌作为负极[3]，水溶氧作为正极[4]，里面包含活性炭粉以及$C_3H_6N_6$糊状电解质。负极的锌原子发生还原反应变成锌离子，失去了两个电子，正极处得到电子。电解质界面的失去或得到电子，反应物和产物的物质迁移与两级活性物质带动电荷的传递，是基于电解质中没有自由移动的电子的缘故[5-6]。离子的迁移可以实现电荷在电解质中的传递。这就构成了电池输出电能的条件[7]。活性炭是孔径多，疏松，比表面积大，固体颗粒状，结构呈现微晶碳不规则排列的状态，活化反应时很容易产生缺陷，所以，只有一些小分子进入这些孔隙，如原子或离子，这就是我们选择活性炭作为介质的原因。本文以$C_3H_6N_6$/炭支撑$CaCl_2$、NaCl、KNO_3混合材料为电解质，探究了浓度，pH值，多元醇对Zn-空气电池性能的影响。

1 实 验

1.1 实验仪器与试剂

福克DT9205万用表、恒温干燥箱(上海一恒科学仪器有限公司)、电子称(赛多利斯科学仪

作者简介:徐浩龙(1980),男，硕士，副教授，主要从事吸附材料的合成及应用。

器有限公司)、Zn、$CaCl_2$、$HOCH_2CH_2OH$、NaCl、$HOCH_2CHOHCH_2OH$、KNO_3、CH_3CH_2OH、$C_3H_6N_6$、浓 HCl 皆为分析纯、碳棒、活性炭颗粒(市售)、PPG 纤维布(市售)。用水皆为去离子水。

1.2 活性炭和 PPG 纤维布的预处理

将活性炭放入恒温干燥箱里烘干之前，要清洗大约 3 遍；之后将烘干好的活性炭研磨成粉末。留取备用。将 PPG 纤维布恒温干燥箱里烘干之前，要浸泡约 5 分钟；过 10 分钟取出烘干的 PPG 纤维布，将 PPG 纤维布剪成 5 cm×0.5 cm 的长方形。留取备用。

2 结果与讨论

2.1 电解质对电压的影响

2.1.1 氯化钙对电压的影响

由图 1 可以看出，$CaCl_2$量的增大，输出电压先递减后递增，在 0.1 与 0.05 质量比之间，输出电压是减小的，在 0.05 与 0.03 的比例之间，电压是增大的，在 0.1 时电压达到峰值为1.080 V。

2.1.2 氯化钠对电压的影响

从 2 图可以明显看出，随着 NaCl 量的增大，输出电压呈现出先递增后递减的趋势，在 0.1 与 0.05 的范围之内，电压是增大的，在 0.05 与 0.03 的范围之内，电压是减小的，在 0.05 时电压达到峰值为 0.990 V。

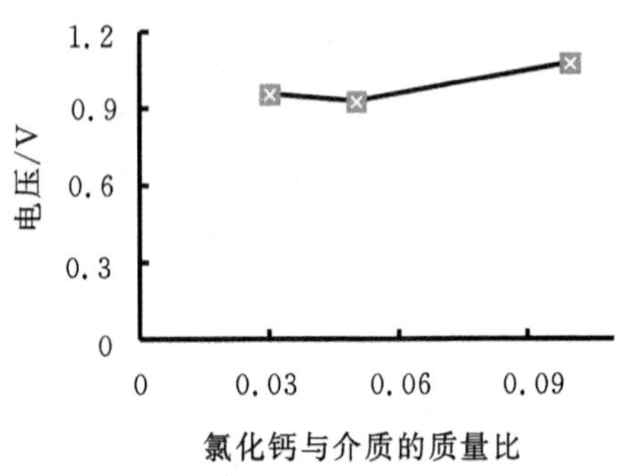

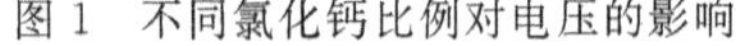
图 1 不同氯化钙比例对电压的影响

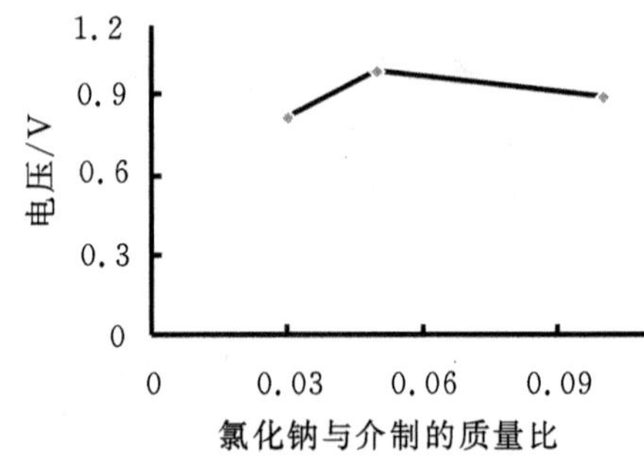

图 2 不同氯化钠比例对电压的影响

2.1.3 硝酸钾对电压的影响

从图 3、图 4 可以看出，随着 KNO_3量增大，输出电压先递减后递增，在 0.1 与 0.05 的比例之间，电压是递减的，在 0.05 与 0.03 的比例之间，电压是递增的，在 0.1 时电压达到峰值为 0.981 V。结合图 1～图 4，总体上，随着盐的稀释倍数的增大，电压是成负相关的趋势，这是因为离子浓度越小，离子运载能力下降，致使电压下降。

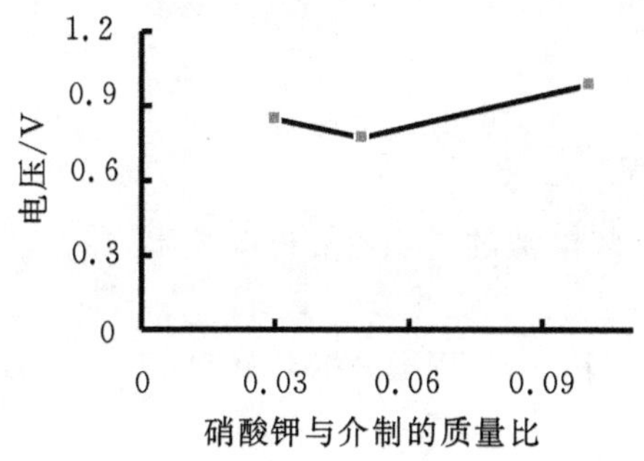

图 3　不同硝酸钾比例对电压的影响

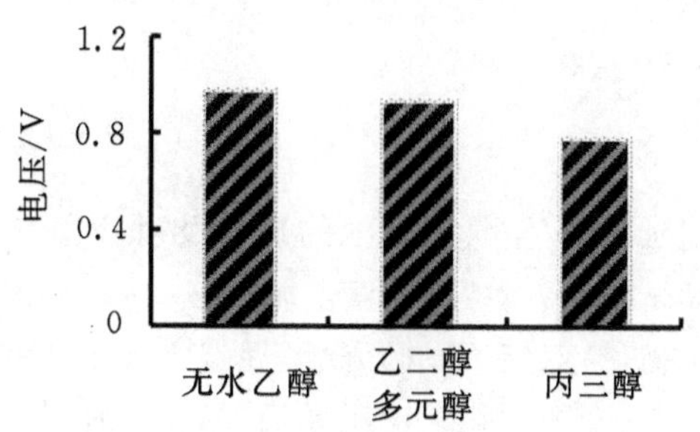

图 4　含 6.26％不同多元醇对电压的影响

2.2　多元醇对电压的影响

由图 5 可以看出，含 6.26％的多元醇，随着羟基的增多，输出电压一直减小，在 CH_3CH_2OH 时达到峰值为 0.979 V。含 12.5％的多元醇，随着羟基的增多，输出电压一直减小，在 CH_3CH_2OH时达到峰值为 0.929 V。由图 6 可以看出，含 18.75％的多元醇，随着羟基的增多，输出电压先增大后减小，在 $HOCH_2CH_2OH$ 时达到峰值为 0.962 V。

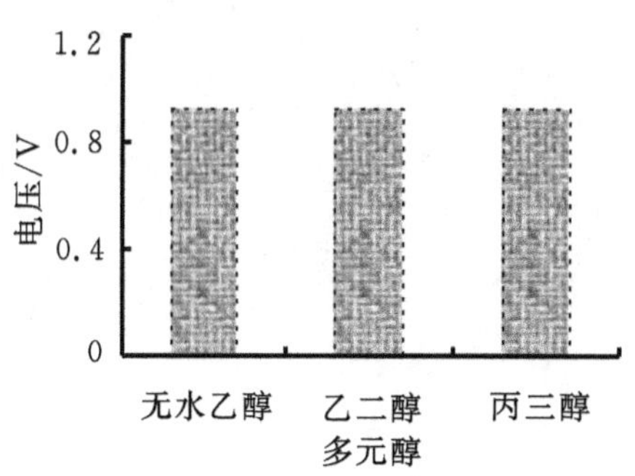

图 5　含 12.5％不同多元醇对电压的影响

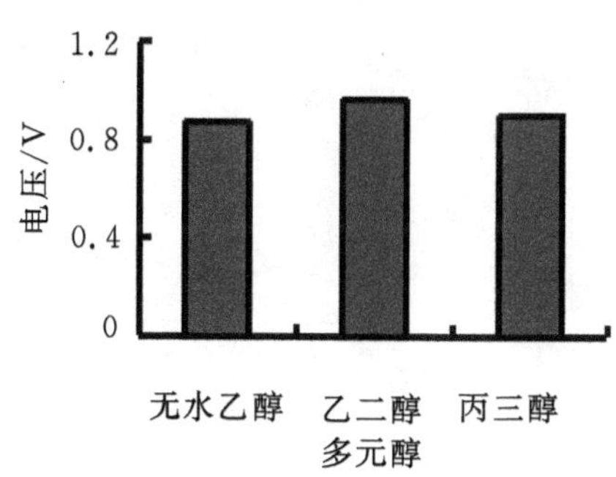

图 6　含 18.7％不同多元醇对电压的影响

3　结　论

通在过控制变量法配制一系列不同盐浓度、不同多元醇、不同 pH 值组装不同的电池，利用万用表对不同电池的电压进行测定。在一系列不同盐浓度对电压的影响的因素中，介质与 $CaCl_2$浓度 10∶1 时电压达到峰值为 1.080 V。不同多元醇的不同比例含量对电压的影响因素中，添加 6.26％的 CH_3CH_2OH 时达到峰值为 0.979 V。不同酸碱度对电压的影响中，pH 值＝3 时达到峰值 1.235 V。炭|$C_3H_6N_6$复混材料支撑强电解质对 Zn－空气电池的效能影响，不止可以从电压的角度研究，还可以研究放电时间，Zn－C 空气电池的研究空间还很大。

参考文献

[1] 赵延龄.锌空气原电池的现状及对我国发展锌空气电池的设想[J].电源技术,1987,(5):25-28.

[2] 朱梅,徐献芝,苏润,等.碱性锌空气电池的新发展[J].电池工业,2004,9(3):149-151.

[3] 李国欣.新型化学电源导论[M].上海:复旦大学出版社,1997:442-475.

[4] 郭炳坤,李新海,杨松青.化学电源-电池原理及制造技术[M].长沙:中南工业大学出版社,2000:126-132.

[5] 查全性.电极过程动力学导论[M].2版.北京:科学出版社,1987:186-200.

[6] 洪全,邢少华.碱性介质中空气电极性能改进的研究[J].重庆师范大学学报,2004,21(1):49-52.

[7] 俞翠兰,吴家生.使用圆柱型锌空气电池的开发[J].电池工业,电源技术,2000,6(5):262-266.

有机铁磁体的研究进展

郭百凯[1,2]

1.渭南师范学院　化学与环境学院　陕西 渭南　714099；

2.渭南师范学院　军民两用材料重点实验室　陕西 渭南　714099

摘　要:文章综述了有机铁磁体问世以来的发展概况,简单地介绍了其分类和特点,着重阐述了有机铁磁体的制备原理和制备方法、性能检测方法、以及在相关领域的应用和未来的发展前景。

关键词:有机磁性材料;有机铁磁体;有机金属铁磁体

磁性现象普遍存在,但是由于传统的磁性材料加工过程繁琐,且加工过程易造成磨损,导致性能下降,因此造价也不菲。使得磁性材料在一些高科技含量领域受到了巨大的限制。而有机磁性材料因种类很多,可用化学合成,使磁性能与光、电等性能完美的综合在一起,性能复合,并且制造过程不易磨损,所以在微电子工业,高密度存储等高新领域倍受青睐。自上世纪60年代有机铁磁体这一概念被提出以来,得到了世界各国的科学家广泛关注。美国、日本、英国、俄罗斯以及我国都相继展开了分子磁体的设计理念、生产方法、结构与性能之间关系的分析等方面的研究。

分子铁磁体可分为:有机分子铁磁体(纯有机铁磁体)、有机金属分子铁磁体[1]。

1　有机铁磁体的制备

1.1　有机金属铁磁体的制备

1987年,美国科学家乔尔·米勒制成了世界上第一块有机金属铁磁体[2]:在高纯氮条件下,以二茂铁为原料在有机溶剂中,经多步反应,生成二茂有机磁体,(所用溶剂用钠丝预先处理,然后再高纯氮下回流6到8小时,立即使用)合成的反应式如下:

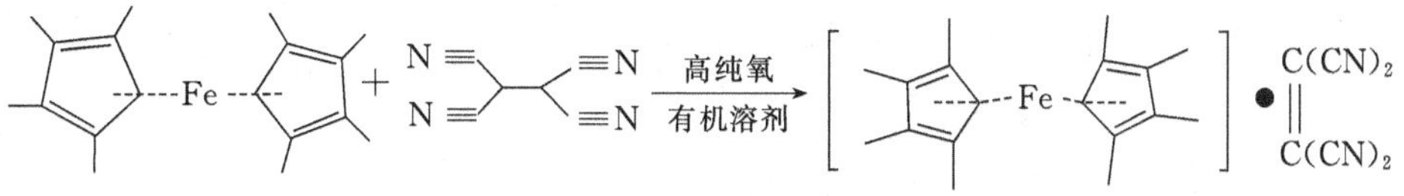

这是科学史上第一块真正属于有机的铁磁性材料,因为它的组成75%以上是碳和氢。这

个物质能溶于有机溶剂，在温度低于 5 K 时变为铁磁体。当其完全磁化时，它的磁性强度完全可以和铁相提并论。该化合物是一种有机金属盐，由十甲基二茂铁和四氰基乙烯经过一系列反应制得 $[Fe(C_5Me_5)_2]^+[TCNE]^-$。该物质具有轻质、低损耗、磁化强度不随温度变化等特点。

1993 年日本科学家[2]合成了在常温下稳定的二茂铁型有机铁磁性材料：

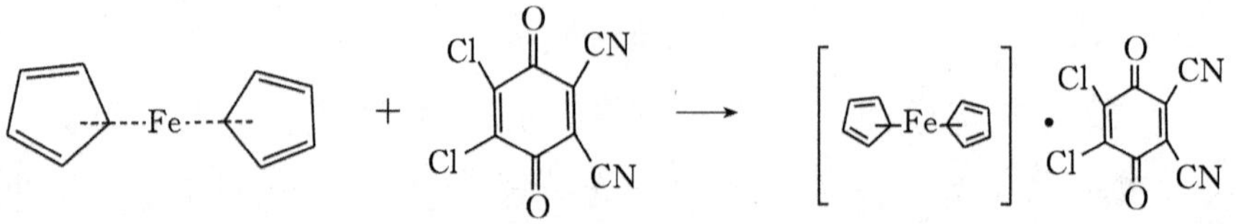

随后日本的 Ota 等[3]用二茂铁甲醛作为原料，合成了具有铁磁性的三苯基甲烷二茂铁磁性材料：

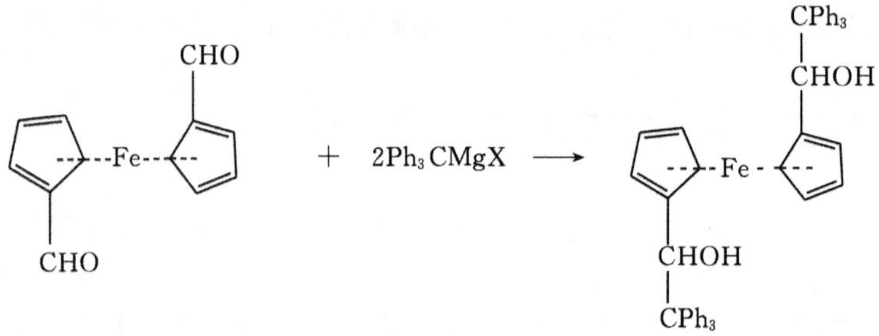

我国在含有金属的有机铁磁体方面也做了很出色的工作，比较有影响力的是孙维林等[4]在研究含联噻唑的聚酰亚胺和聚席夫碱时，发现他们的络合物具有铁磁性。自此，该研究小组合成了一系列含联噻唑结构的聚合物。

1.2 有机磁体的制备

1991 年，日本的木下等人制备了第一个磁学性质及结构完全表征的纯有机铁磁体(4－硝基苯氮基自由基)，随后 1993 年日本的向井柯等合成了纯的有机自由基晶体 P－CDTV[3－(4－氯苯基)－1,5－二甲烷－6－硫铵素铜绿]和 P－BDTV[3－(4－氯苯基)－1,5－二甲烷－6－硫铵素铜绿]。

2005 年我国的杨金贤等[5]用 2,3 二甲基－2,3－丁二羟胺和 2－甲氧基－5－乙酰基甲醛为原料，合成了氮氧自由基，下面是该氮氧自由基的合成路线：

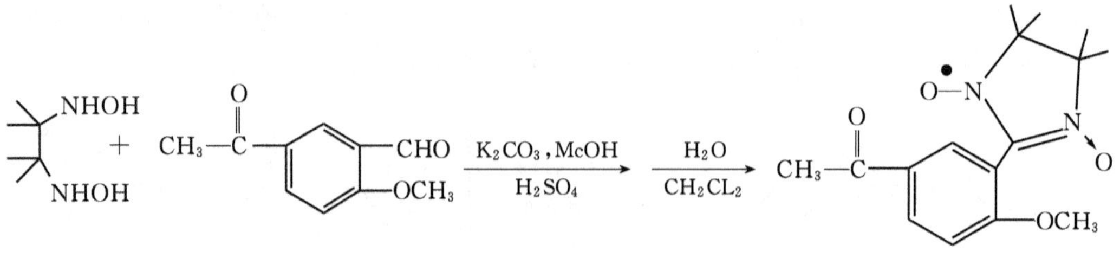

该有机铁磁体的热稳定性较强，铁磁相转变温度比较固定，所以这个氮氧自由基有机铁磁

体的性能比较稳定，不易出现性能衰颓。

2 性能检测

有机铁磁体的主要性能指标：抗磁性和顺磁性。影响材料抗磁性和顺磁性的主要因素有：原子结构、温度、相变及组织变化。

测量方法，常用的方法是用磁称量法测量磁化率：采用磁量天平。利用电磁铁磁头的一个坡度，产生一个不等距间隙，从而产生不均匀磁场。间隙沿 z 方向的磁场大小可以事先测得，可以求出斜率 $\mathrm{d}H/\mathrm{d}Z$，测量时，将试样置于磁极的间隙中，当试样在不匀称的磁场中被磁化后，沿 z 轴会受到一个力 F_z，其大小为：$\mathrm{d}HF_z = xVH\mathrm{d}z$。如果是顺磁材料，产生拉力；若是抗磁材料则相反。试样挂一边，另一边挂一铁芯，然后将铁芯置于线圈中，调整电流大小使产生产生与 F_z 相等的 F，使天平平衡，通过电流确定 F 的大小，从而计算出磁化率。

3 有机铁磁体的应用与前景

有机铁磁体的发现证明了有机物也具有金属所具有的性质即传导性、导电性和铁磁性。这就为有机铁磁科学开辟了新道路，具有十分广阔的应用前景。

在高密度存储中应用，计算机数字存储，目前是电子工业领域磁性材料发展最快的部分。有机铁磁体作为磁光材料属于可擦写材料，磁光材料的记录原理是通过激光照射，是被照射区域的温度瞬间升高，超过有机铁磁材料对应的居里温度；同时外加一个磁场，使该区域的磁化方向改变，从而实现信息记录存储。将成为高密度存储市场需求最多、最广的记录材料。

在医疗卫生领域的应用，我们所熟悉的手术器材大多是贵金属或贵金属合金制作的，制造成本高昂。有机磁性材料则因为其轻质、低磨损等特点被大量的引入医疗卫生行业。有机磁性材料可以在分子水平上设计医学上需要的性能，与传统的材料相比，更加安全可靠，因此，它备受医疗器械行业研究者的青睐。

在微电子工业中的应用，电子具有电、磁性。而传统的微电子技术只运用电荷流处理信息，无法实现自旋这一层面在信息处理里的作用。而有机铁磁体的高自旋特性，进而引起微电子领域研究者的关注。这种材料可以实现电导和磁性的共存，并且具有轻质、低能耗的优点，必将在以后得微电子工业中占据主导的地位。

4 结 论

目前研究最新的成果是含高分子金属络合物的磁性材料，含有双自由基的有机磁性材料，含氮氧自由基类化合物的有机磁性材料等。虽然有机磁性材料的研究已经经历了很多年，但是这还只是冰山一角，因为目前的技术还不成熟，而且所发现的有机磁性材料的种类还很有限，有些还止步于实验室，离实际应用还相差很远。在充分考虑其微观结构的各种相互作用的基础上，建立理论模型来研究材料中的各种作用因素对其性能的影响。在未来的发展上，必须要朝着改善有机磁性材料的性能方面投入大量的精力。我相信未来有机磁性材料必将引领我们幸福美满的生活。

参考文献

[1] 邹卫东. 有机分子磁体研究进展[J]. 咸宁学院学报，2005，25(3)：355－357.
[2] Ninahall，许明. 美国制成第一块有机铁磁体[J]. 世界科学，1987，8(11)：178－191.
[3] 郭贻诚，姜寿亭，高振生. 我国磁学研究进展[J]. 物理学进展，2010，11(3)：353－372.
[4] 施汝为，王燕华，罗劲，等. 磁性高分子金属络合物[J]. 高分子材料科学与工程，2014，8(2)：139－144.
[5] 杨金贤. 含氮氧自由基有机铁磁体中间体的合成研究[C]. 硕士学位毕业论文，北京理工大学，2005.

环氧树脂增韧改性方法的研究进展

张文根[1,2]

1.渭南师范学院 化学与环境学院 陕西 渭南 714099;

2.渭南师范学院 军民两用材料重点实验室 陕西 渭南 714099

摘 要:基于环氧树脂的特性优势,分别考查了橡胶弹性体、热塑性塑料、热致液晶聚合物、柔性链段固化剂、无机纳米材料、互穿网络等增韧改性环氧树脂方法的研究进展,指出了其目前存在的主要问题,并展望了其发展前景。

关键词:环氧树脂;增韧改性;研究进展

热固性环氧树脂(EP)是聚合物基复合材料应用最广泛的基体树脂。由于环氧树脂具有优异的粘接性能、耐磨蚀性、力学性能、化学稳定性、电器绝缘性,以及收缩率低、易加工成型、较好的应力传递和成本低廉等优点,广泛应用于涂料、胶黏剂、轻工、建筑、机械、航天航空、电子电气绝缘材料、先进复合材料基体等各个领域。但由于EP固化后交联密度高,呈三维网状结构,存在内应力大、质脆、耐疲劳性、耐热性、耐冲击性差等不足,导致剥离强度、剪切强度较差、开裂应变低等缺点,难以满足工程技术的要求。因此,对环氧树脂的增韧改性一直是中外研究的热门课题。

1 橡胶弹性体增韧环氧树脂

用橡胶弹性体对环氧树脂改性,可以降低内应力,增加韧性,提高耐水、耐候性等。橡胶胶弹性其活性端基(如羧基、羟基、氨基)与环氧树脂中的活性基团(如环氧基、羟基等)反应形成嵌段。在固化过程中,这些弹性链段从基体析出,形成两相结构,橡胶相的主要作用在于诱发基体的耗能过程,终止和分枝裂纹,诱导剪切变形来提高环氧树脂的断裂韧性,而其本身在断裂过程中的耗能占次要地位。目前用于环氧树脂增韧作用的橡胶弹性体主要有:端羧基丁腈橡胶(CTBN)、端羟基丁腈橡胶(HTBN)、聚硫橡胶、液体无规羧基丁腈橡胶、丁腈-异氰酸酯预聚体、端羟基聚丁二烯(HT2PB)、聚醚弹性体、聚氨酯弹性体等,其中CTBN是研究最早和最多的增韧剂,在理论和实际应用上都是最成熟的。

韩静[1]等采用溶液聚合法合成了以内烯酸丁醋、内烯酸乙醋、内烯酸缩水甘油醋为卞链的液体橡胶,将其用于增韧改性环氧树脂/间苯二甲胺(EF828/mXDA)体系。当丙烯酸酯液体橡胶质量分数为15%时,共混物中海岛相区的尺寸为1 μm左右。共混合体系的冲击强度增加 151.8%，玻璃化温度下降 11.3℃，可以较大程度提高其韧性，同时其耐热性基本保持不变。石敏先等[2]研究了 CTPB 改性环氧树脂的结构及性能，在反应过程中环氧树脂的环氧基开环后与 CTBN 中的梭基反应生成了醋键，他们研究了 CTBN/EP/聚醚胺体系的力学性能，结果表明，随着 CTBN 含量的增大，其弯曲强度、拉伸强度降低，冲击强度、断裂伸长率增大，说明 CTBN 改性 EP 具有良好的增韧性。

2 热塑性塑料增韧环氧树脂

采用热塑性树脂改性环氧树脂，研究始于 20 世纪 80 年代。使用较多的有聚醚砜（PES）、聚砜（PSF）、聚醚酰亚胺（PEI）、聚醚酮（PEK）、聚苯醚（PPO）等热塑性工程塑料，这些热塑性塑料不仅具有较好的韧性，而且模量和耐热性较高，作为增韧剂加入到环氧树脂中能形成颗粒分散相，它们的加入不会影响环氧固化物的模量和耐热性，但对环氧树脂的增韧改性效果显著。聚醚砜（PES）由于和环氧树脂有很好的相容性，是最早被研究用于环氧树脂增韧改性的热塑性塑料。

王惠民等[3]用聚醚砜（PES）改性 E－51，不仅可较大幅度地提高 EP 的韧性，而且不降低 EP 的模量和耐热性。在 100 份 EP 中加入 12.5 份 PES 时，冲击强度分别提高了 3.34 倍，拉伸强度分别提高 1.20 倍和 1.27 倍，玻璃化转变温度升高了 7.6℃和 7.8℃。徐修成等[4]研究了聚醚砜（PES）改性 E-51/DDS 和 E-51/DICY 体系，发现 PES 大分子长链中贯穿着环氧微区结构，两者形成半互穿网络，大大增加了环氧树脂的韧性。胡兵[5]用聚醚醚酮改性环氧树脂，在改性材料的韧性有所提高的同时，压缩强度、马丁耐热都没有降低，从断裂面的形态来看，属于韧性断裂。当聚醚醚酮的加入量为 6%时，韧性最好，冲击强度达到 19.1 kJ · m^{-2}，比纯的环氧树脂增加了 107.6%。

3 热致液晶聚合物增韧环氧树脂

热致液晶聚合物（TLCP）增韧环氧树脂通过原位复合方法来实施，与其它添加型增韧剂相比较，具有更高的物理力学性能和耐热性。它在加工过程中受到剪切作用，形成纤维结构，具有高度自增强作用。TLCP 改性环氧树脂，只需少量就可使增韧树脂的韧性得到改善，同时还能提高环氧树脂的弹性模量和耐热性。TLCP 的增韧机理主要是裂纹钉锚作用机制。固化后体系为两相结构，TLCP 作为第二相以原纤的形式存在于体系中（刚性与基体接近），本身就具有一定的韧性和较高的断裂伸长率，只要第二相的体积分数适当，就可以发生裂纹的钉锚增韧作用，从而阻止裂缝、提高基体韧性。

韦春等[6]合成了一种端基含有活性基团的热致性液晶聚合物（LCPU），用其改性环氧树脂 CYD－128/4,4′－二氨基二苯砜（DDS）固化体系，对改性体系的冲击性能、拉伸性能、弹性模量、断裂伸长率、玻璃化转变温度 T_g 与 LCPU 含量的关系进行了探讨。结果表明，LCPU 的加入可以使固化体系的冲击强度提高 2～3.5 倍，拉伸强度提高 1.6～1.8 倍，弹性模量提高 1.1～1.5 倍，断裂伸长率提高 2～2.6 倍，T_g 提高 36～60℃，改性后材料断裂面的形态逐渐呈现韧性断裂特征。牟其伍等[7]用含环氧基的液晶高分了改性环氧树脂，发现含环氧基的液晶高分了能显著提高环氧树脂的韧性，并对环氧树脂的耐热性也有较大程度的改善。

4 柔性链段固化剂增韧环氧树脂

含有柔性链段的大分子固化剂增韧环氧树脂，其柔性链段能键合到致密的环氧树脂交联网络中，并在固化过程中产生微观相分离，形成致密、疏松相间的两相网络结构，在提高环氧树脂韧性的同时，又简化了成型工艺。利用具有柔性链的双羟基化合物中所含的羟基与环氧树脂中的环氧基进行反应，将柔性链段引入到环氧主链中，制得低黏度的环氧树脂，再用丙烯酸酯化，可得到紫外光固化的低黏度环氧丙烯酸酯涂料。

李清秀等[8]采用酸酐与一系列不同相对分子质量的柔性链齐聚物反应，成功地合成了韧性固化剂。固化物在降低 T_g 的同时，冲击强度有较大的提高，而且拉伸强度和弯曲强度亦有所提高，对环氧树脂的增韧、增强效果较为显著，具有很好的工业应用前景。李坚辉等[9]合成了一系列带有柔性链的环氧基封端多元醇，作为新型增韧剂改善了增韧剂与环氧树脂间的相容性。由于增韧剂的两端含有环氧基团，与环氧树脂本身的环氧基团活性基本相同，因而新型增韧剂具有较高的活性，与环氧树脂配制成胶粘剂后可以在室温固化的条件下共固化。其中以 EM 为增韧剂的胶粘剂，其 20℃剪切强度由空白样的 20.18 MPa 提高到 32.25 MPa，剥离强度由空白样的 2.4 $kN \cdot m^{-1}$提高到 5.0 $kN \cdot m^{-1}$，高温剪切强度未见下降。

5 无机纳米材料改性环氧树脂

目前研究较多的环氧树脂/黏土纳米复合材料是将环氧树脂插入到黏土层间隙中，制备出插层型、剥离型以及兼具两种结构的纳米复合材料，该类材料具有良好的光学透明性、气体阻隔性、优越的力学性能、良好的耐溶剂性。溶胶凝胶法是制备纳米粒子的一种传统方法，将制备的纳米粒子溶胶（或通过偶联剂）与环氧树脂进行复合制备环氧树脂/纳米复合材料。

Byung Chul Ktm 等[10]将炭黑和纳米粘土加入到环氧树脂中，在室温（25℃）和低温（−150℃）下测量断裂韧性。结果发现，在室温下加入 3%的炭黑可以提高断裂韧性值 K_{Ic}值 23%，而加入 0.5%的纳米粘土就可提高 K_{Ic}值 20%，当加入的纳米粘土为 3%时 K_{Ic}值提高了 50%。但是在低温下纳米粒子的加入却降低了环氧树脂的断裂韧性。李朝阳等[11]通过高剪切分散和催化剂催化相结合的方法，使纳米 SiO_2 粒了与环氧树脂发生化学键接，制得纳米 SiO_2改性环氧树脂，较大地提高了环氧树脂的拉伸强度、断裂伸长率，使环氧树脂柔韧性增强，且耐蚀性也有所提高。

6 互穿网络(IPN)改性环氧树脂

互穿网络（IPN）是制备特殊性能的高分子合金的有效方法。IPN 是组成和构型不同的均聚物或共聚物相互贯穿、缠结而形成的物理混合物,是特殊的多相体系。其特点是一种材料无规则地贯穿到另一种材料中,使得 IPN 体系中两组分之间产生了协同效应,起着“强迫包容”作用,从而产生出比一般共混物更加优异的性能。

于浩[12]等考察了不同聚合物配比、不同聚合物组成对 IPN 性能的影响。得出的结论是,在所选用的不同种类环氧树脂中,以双酚 A 型环氧树脂(EP)形成的 EP/PU 互穿网络性能最佳,EP/PU 质量比为 90/10 时,网络互穿程度高,两相界面不明显。催化剂的作用尤为重要,其用量的确定应保证 EP 与 PU 两个网络同步形成。通过调节交联剂 TMP 与扩链剂的比例,可达到 EP/PU—IPN 最佳相容性。Mahesh 等[13]对聚氨醋一环氧树脂互穿网络杂化体进行改性,制备出一种性能更加优异的新型互穿网络结构材料。研究发现改性后的 IPN 结构材料热稳定性、抗张强度及屈挠度与未改性的聚氨醋-环氧树脂互穿网络材料相比有大幅度提高。

7 增韧改性环氧树脂存在的问题及前景展望

环氧树脂的增韧方法很多,其增韧途径主要有三种:(1)在环氧基体中加入橡胶弹性体、热塑性树脂或液晶聚合物等分散相来增韧;(2)用含“柔性链”的固化剂固化环氧,在交联网络中引入柔性链段,提高网链分子的柔顺性,达到增韧的目的;(3)用热固性树脂连续贯穿于环氧树脂网络形成互穿、半互穿网络结构来增韧从而使环氧树脂韧性得到改善。

目前,国内外在 EP 增韧研究方面取得了很大进展,但仍存在问题,如用反应性液态聚合物和热塑性树脂增韧 EP,可使冲击强度成倍地提高,但模量、耐热性能、拉伸性能均有所下降,用热致液晶改性 EP 虽然在增加韧性的同时,保持了其它力学性能和耐热性,但其合成原料来源困难,造价昂贵,且热致性液晶的热变形温度很高,难以与通用型基体聚合物匹配,造成加工成型困难。因此,今后 EP 增韧增强的研究应从以下三个方面着手:(1)合成和寻找新的具有优异力学性能,能与 EP 很好相容且能在 EP 中分散良好的增韧增强材料。(2)寻找新的制备方法,使改性剂和 EP 成型或加工方便,使改性易于进行。(3)拓宽 EP 研究和应用领域,使改性 EP 真正得到广泛的实际应用。

另外,随着科技技术的不断发展,电子工业对对 EP 复合材料的要求越来越高。单一的增韧方法已不能满足市场的需求,新型增韧方法不断涌现。如 FrohlichJ[14]用一种新型橡胶(反应性核壳型超接枝本体共聚醚)增韧 EP,增韧效果理想。在研究增韧新方法、新工艺的同时应不断地探索其增韧机理,用以指导实践,相信 EP 增韧改性研究会有更大的进展,改性 EP 的用途也将会更加广泛。

参考文献

[1] 韩静,罗炎,沈灿军.聚丙烯酸酯液体橡胶增韧环氧树脂体系研究[J].热固性树脂,2008,23(3):10-13.

[2] 石敏先,黄志雄,郦亚铭,等.端梭基丁睛橡胶改性环氧树脂的结构与性能[J].高分子材料与工程,2008,24(2):47-50.

[3] 王惠民,梁伟荣.聚醚砜环轨树脂复合体系的研究[J].高分子材料科程,1999,15(6):155-157.

[4] 徐修成.环氧-聚醚砜体系及其增韧机理的研究[J].宇航材料工艺,1996,20(1):32-34.

[5] 胡兵,曾黎明,耿东兵.聚醚醚酮增韧改性环氧树脂[J].化工新刑材料,2007,35(3):60-62.

[6] 韦春.反应型液晶聚合物改性环轨树脂性能[J].高分子材料科学与工程,2003,19(1):169-171.

[7] 吕程,牟其伍.含环氧键的液品高分子改性环氧树脂的研究[J].塑料工业,2008,36(6):12-18.

[8] 李清秀,张炜周,红卫.环氧树脂的韧性固化剂的合成[J].复旦学报(自然科学报),2005,36(4):469-475.

[9] 李坚辉,张斌,张绪刚,等.环氧增韧剂的合成及其在胶合剂中的应用[J].中国胶粘剂,2008,17(4):38-40.

[10] Byung Chul Kim,Sang Wook Park,Dai GI Lee. Fracture toughness of the nano-particle reinforced epoxy composite[J]. Composite Structures,2008,86(3):69-77.

[11] 李朝阳,邱大健,谢国先,等.纳米 SiO_2 增韧改性环氧树脂的研究[J].材料保护,2008,41(4):21-23.

[12] 于浩,路太平.环氧树脂/聚氨酯互穿网络的研究[J].热固性树脂,2006,11(1):13-16.

[13] Mahesh ,Alagar M. Preparation and characterization of chain-extended bismaleimide modified polyurethane-epoxy matrices[J]. Journal of Applied Polymer Science,2003,87(10):562-568.

[14] Frohlich J,Kaulz H,Thomann R,et al. Reactive core/shell type hyper branched block-copolyeth-ers as new liquid rubbers for epoxy toughening[J]. Polymer,2004,45(3):155-156.

介孔材料的研究及应用

付 新[1,2]

1. 渭南师范学院 化学与环境学院 陕西 渭南 714099;

2. 渭南师范学院 军民两用材料重点实验室 陕西 渭南 714099

摘 要:介孔材料在上世纪九十年代迅速成为各国开展和研究的热点课题之一,它是一种新型的纳米结构材料。本文主要阐述了目前介孔材料的在各个方面的应用,较为系统的介绍了介孔材料的发展现状和前景,对介孔材料的研究有一定的意义。

关键词:介孔材料;特点;应用

介孔材料是指 2 nm≤孔径≤50 nm 的多孔(中孔)材料的新型纳米材料。介孔材料按材料的组成可分为硅基介孔材料和非硅介孔材料两大类[1]。硅基的介孔材料由纯硅的和含其他元素的两类介孔材料组成,硅基介孔材料主要由二氧化硅成分构成骨架。非硅介孔材料即金属或非硅的其他氧化物构成骨架的介孔材料。介孔材料具有以下特殊的优点:具备高的水热稳定性;孔道分布简单,高度有序,均一性好,并且孔径在 2~50 nm 范围内可调;介孔材料的孔道具有丰富的形貌,通过优化形成不同骨架,结构和性质的孔道;可负载有机分子,制备功能材料;比表面积大,孔隙率高。这种材料具有孔隙率高、孔径分布单一、比表面积大等优点,被广泛的应用于分离科学、生物学、环境学、化学、材料学等学科领域,成为目前各国主要研究的学科之一。

1 介孔材料的应用

1.1 在化工领域的应用

介孔材料有较大的比表面积和高度有序的孔径结构,对较大的分子和基团能进行处理,因此,是优良的选择性催化剂。尤其有大体积分子的催化反应中,介孔材料比传统分子筛的催化活性更明显[2-3]。因此,介孔材料为现代石油工业的发展打开了新纪元,对石油的催化裂化起到了重要的作用。当作酸碱催化剂应用时,介孔材料能有效的改善催化剂,增强生产物的扩散速率,转化率提升至 99%,产物的选择性提升至 100%。介孔材料的孔径高度有序和组成灵活,可将有氧化还原能力的过度金属,氧化物,有机基团加入到有序介孔材料骨架中,是现在科学发展的活跃领域之一。

介孔材料不但可以用作催化剂，人们在进行过渡金属的配合物对特定的有机反应时，这些反应有很好的催化氧化作用，但为了将其负载沸石分子筛上，却受到孔径直径的束缚，并没有达到人们预期应该发挥的作用。因此，选择一个优良的载体是至关重要的，介孔材料的发展，必会带来一个全新的高度，对开展催化剂有更好的推动作用。作为一些催化剂优良的载体，新型的催化材料，固体杂多酸酸性非常高，其特点是，对周围环境良好，并且低温高活性。人们一般情况都是将其负载与优良的载体上，介孔材料孔径范围可调，有助于杂多酸阴离子更好的扩散。Kozhevnikov[4]等将固体杂多酸负载在介孔材料中，其催化反应中的催化活性明显高于杂多酸。介孔孔径壁有较大的相互作用对反应物分子，各异的基质和介孔孔径对不同的反应物，尤其对分子结构相异程度大的物质，有不同的相互作用和择型催化作用[5-6]。

1.2　在生物和医学领域的应用

介孔材料有比表面积大，孔道范围可调，并且它的理化性质稳定，与人体没有排斥反应，理化性质稳定的特点。因此介孔材料在医学和生物领域有着重要的作用。就目前介孔材料的发展下，介孔材料在蛋白质等的分离和固定；细胞的分离；药物缓慢释放等领域发挥着重要的用途。

在生物医药领域，一般生物大分子其尺寸小于 9 nm 时，分子量则在 1～90 万左右，而病毒的尺寸在 30 nm 时，相对分子质量则在 900 万之间。因为介孔材料的孔径能在 2～50 nm 范围内调节和没有毒性的优点，所以介孔材料很适合酶，蛋白质等的固定和分离，如 MCM - 41 在青霉素酰化酶上的固定[7-8]。

1.3　在环境领域的应用

近年来，由于化石燃料的燃烧，农作物的不合理处理，对大气环境造成了严重的危害，以及工业废水未经处理排放和生活污水，河水，海洋等污染令人堪忧，对人的健康生活构成了巨大威胁。然而介孔材料不断的发展和完善，介孔材料更多的应用于环境处理上，介孔材料由于具有均一可调的孔道和比表面积大，较好的热稳定性和水热稳定性，易于加入其他成分的无定形骨架构成，并且可与各异的体积分子和各异的分子结构择型吸附和分离。这些特性在有害气体的吸附和分离，以及处理水污染方面的有很好的发挥。例如：用于介孔碳分子筛材料对 CH_4 和氮气选择性吸附与分离；在水资源破坏方面，加入介孔级分子，可吸附污水中的污染物和污水中的铅，汞等对生物构成危害的金属离子，并且高效，成本低。

1.4　在功能材料领域的应用

(1)电容，电极，储能材料。用介孔材料制备出超电容电极材料，就是利用比表面积大，高度有序的孔径构造，孔内颗粒的扩散速度快的特点。例如：介孔碳双电层是电荷储量高的电容器电极物质。电子容量达 99 F/g 的孔径为 3.9 nm 的介孔碳电容器与金属类氧化物 RuO_2 颗粒组装后，电容提升至 254 F/g，是性能优越的电容器材料。

(2)发光传感材料的研究。由于人类对地球环境的破坏，造成了一系列严重的后果，从而人们对保护环境有了空前的认识,环境监测的传感材料和器件研究则快速发展了起来。研究发光传感原料的重要方法就是有机—无机的杂化,介孔材料是具有良好的载体的功能,对发光传感材料的研究进展有深远意义。介孔 ZrO_2溶胶经处理和煅烧,较好的荧光特征,在光活性荧光发光领域有望得到应用。

(3)纳米半导体团簇粒子。纳米材料具有尺寸均匀,且产生了强烈的量子尺寸效应,显著提高了荧光发射的强度,在发光领域有好的应用。上海严东生领导的小组,在介孔材料内掺合了 Zn^{2+},Cd^{2+} 等离子,就是因为乙二胺基硅烷偶联剂对介孔进行了突破性的修饰,经加工便可获到纳米半导体团簇颗粒[9]。

2 介孔材料的前景与展望

现如今,随着人们对介孔材料研究和进展,引起越来越多的各国科学家的关注,成为各国对这项跨学科的课题进行研究的热点之一。介孔材料的特点,合成方法以及在各领域的应用的掌握,显现出介孔材料在化工,环境,功能材料,生物材料、催化、能源、医药等方面有非常大的潜力价值,特别是介孔材料具备吸附与分离的特点,在环境和医药方面,将对人类面临的众多问题有所帮助。从完善介孔材料的结构和性能以及应用领域,纳米技术如何更好应用介孔材料的方面出发,再进一步的工作研究,我们相信将会设计出对社会更有价值和意义的介孔材料,这些材料将会具备更加优越的性能,对加快其产业化具有深远意义。

参考文献

[1] 刘培姣,赵颖歆. 充分发挥演示实验在大学物理教学中的作用[J]. 工程技术,2009,13(19):137-138.

[2] Stein A,Melde B J,Schroden R C. Review Hybrid Inorganic-Organic Mesoporous Silicates-Nanoscopic Reactors Co ming of Age [J]. Adv Mater,2000,12 (19): 1403-1419.

[3] Mann S,Burkett S L,Davis S A,et al. Sol-Gel Synthesis of Organized Matter[J]. Chem Mater,1997,9 (11): 2300-2310.

[4] Kozhevnikov I V,Sinnema A,Jansen R J J,et al. New acid eataly stcomprising heteropoly acid on a mesoporous molecular sieves MCM-41[J]. Catal Lett,1995,30 (14): 241-252.

[5] Kageyama K, Tamazawa J, Aida T. Extrusion Polymerization: Catalyzed Synthesis of Crystalline Linear Polyethylene Nanofibers Within a Mesoporous Silica [J]. Science, 1999,285 (5436): 2113-2115.

[6] Choi M,Kleitz F,Liu D N,et al. Controlled Polymerization in Mesoporous Silica toward the Design of Organic-Inorganic Composite Nanoporous Materials[J]. J Am Chem Soc, 2005,127 (6): 1924-1932.

[7] Ravindra R, Shuang Z, Gies H, et al. Protein encapsulation in mesoporous silicate: The effects of confinement on protein stability, hydration, and volumetric properties[J]. J Am Chem Soc, 2004, 126 (39): 12224 - 12225.

[8] 高波，朱广山，傅学奇，等. 青霉素酰化酶的性质研究[J]. 高等学校化学学报，2003，24 (6): 1100 - 1102.

[9] Zhang W H, Shi J L, Chen H R, et al, Synthesis and Characterization of Nanosized ZnS Confined in Ordered Mesoporous Silica [J]. Chem Mater, 2001, 13(2): 648 - 654.

偶联剂处理对环氧基泡沫复合材料性能的研究

谢恒星

渭南师范学院 化学与环境学院 陕西 渭南 714000

摘 要:以环氧树脂与氰酸酯的共固化体系为基体,空心玻璃微珠(HGB)为填充剂,制备环氧基泡沫复合材料,研究偶联剂种类对材料性能的影响。结果表明,不同偶联剂的加入提高了材料抗压强度、弯曲强度,其中 KH-550 使其机械强度最好。KH-550 的加入导致复合材料密度减小,而 KH-560 使材料密度大大提高。KH-550 使材料在沸水中的吸水率降低,耐湿热性增加。

关键词:偶联剂;空心玻璃微珠;环氧树脂;泡沫复合材料;力学性能

环氧基泡沫复合材料是一种新的功能结构复合材料,该类型已在航天、国防、建筑、交通等许多地方得到普遍的应用[1-2]。HGB 是加强国防建设、发展潜艇和水下机器人等潜器、进行海资源勘察和开采的新型材料[3]。许多专家现已经对 HGB 加入聚乙烯、聚丙烯、聚氨酯等一些复合材料的力学性能进行了许多的研究工作[4-7]。据报道,在深海中耐压、强度高的材料可以承受巨大的压力,该材料应用于深海潜水艇,并在长期条件不吸收水分[8-9]。因此,本文将 HGB 分别采用不同偶联剂和不加偶联剂的情况下表面处理后用于环氧树脂改性,制出了高性能的复合材料,研究不同类型偶联剂对环氧基泡沫的影响。

1 实验部分

1.1 实验原材料

空心玻璃微珠(HN60),密度 0.6 g/cm^3,粒径 70 μm,河北灵寿县荣盛矿产品加工成;环氧树脂 E-51,南通星辰合成材料有限公司;双酚 A 氰酸酯,江苏吴桥树脂厂;硅烷偶联剂有 KH-550、KH-560、KH-570 三种,中科院研制;二月桂酸二丁基锡,化学纯。

除玻璃微珠在使用前经 120℃干燥至恒重外,其余原料直接使用。其中环氧树脂与氰酸酯的摩尔比为 1:1,催化剂二月桂酸二丁基锡用量为环氧与氰酸酯总质量的 1%,偶联剂用量为玻璃微珠的 2%(质量百分数),玻璃微珠用量为环氧/氰酸酯体系的 5%(质量百分数)。未用偶联剂处理的复合材料记为 A,使用 KH-550、KH-560、KH-570 处理的复合材料体系分别记为 B、C、D。

1.2　主要实验仪器

微机控制电子万能试验机(RGM－3030),深圳市瑞格尔仪器有限公司制造。

1.3　泡沫复合材料的制备

首先将偶联剂 KH－550 在无水乙醇的水溶液(质量比为 9∶1)中稀释,然后加入适量玻璃微珠,最后在 60℃超声处理 1 h 后再放入 120℃烘箱中干燥至恒重,研磨过筛装瓶备用。

按配比称取适量的催化剂和处理好的玻璃微珠加入到 60℃环氧树脂中,搅拌均匀后,用超声波振荡 30 min,注入 120℃预热好的模具中,真空脱泡,再按照 120℃/2 h＋150℃/2 h＋180℃/3 h＋200℃/3 h 的工艺固化,即得环氧/氰酸酯基泡沫复合材料。

1.4　复合材料的性能测试与表征

力学性能测试:采用微机控制电子万能试验机(RGM－3030)进行压缩、弯曲强度测试。压缩试样规格为 26 mm×10 mm×10 mm,加载速度为 2 mm/min;弯曲试样规格为 80 mm×10 mm×4 mm,加载速度为 0.5 mm/min。每种材料试件数量均为 4 个,取平均值作为结果。

密度:测试步骤:用一小铁块用细线拴住,放入(完全沉没)约 80 mL 去离子水到 100 mL 烧杯中;放在电子天平上,调零;再将被测样品分别拴在细线上,并放入烧杯中(完全浸没)。试样的密度按照公式 $\rho_{水} m_0/m_1$ 计算,式中 m_0、m_1 分别为放入水前后质量。

吸水率的测试:将全部样品放在 100℃沸水中煮沸 24 h,每隔 3 h 将样品滤纸擦干后放入电子分析天平上称其重量并记录。

2　实验结果与讨论

2.1　偶联剂种类对环氧树脂基泡沫复合材料力学性能的影响

表 1　各环氧基复合材料的力学性能

样品编号	弯曲强度/MPa	压缩强度/MPa	密度/(g/cm^3)
A	46.3	103.6	1.3
B	52.6	125.2	1.1
C	59.1	101.2	1.2
D	49.9	106.4	1.2

表 1 给出的是各环氧基复合材料的力学性能。由表 1 可以看出,偶联剂能改善材料力学性能。这可能是由于玻璃微珠与环氧树脂相连处性能比较弱,承载后可能会有许多的微珠掉落现象,致使材料力学强度下降,而用偶联剂改性处理后的微珠/环氧树脂有更好兼容,材料的力学性能得到较大的提升。由表中结果可知:KH－560、KH－570 效果较为接近;而加入 KH－550 导致结果增加得更多。综合分析表明,偶联剂 KH－550 改性效果最好。

此外从表 1 还可以看出，偶联剂处理可以使复合材料密度下降。

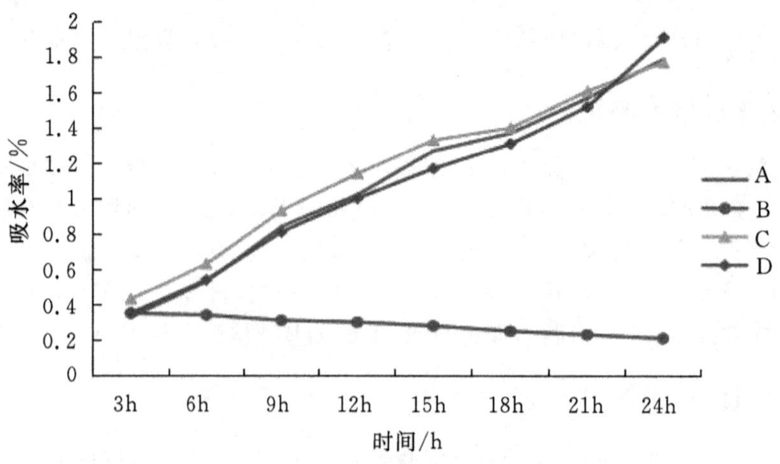

图 1　偶联剂吸水率的关系示意图

2.2　不同硅烷偶联剂对环氧树脂基泡沫复合材料吸水率性能的影响

由图 1 可得出，不同的硅烷偶联剂处理可使复合材料的吸水率不同，KH－560、KH－570 使材料的吸水率增加，而 KH－550 使材料的吸水率显著下降，这是由于通过 KH－550 改善了材料的界面相容性。相比较得出，KH－550 的耐水性最好，说明 KH－550 改性的复合材料界面结合力最强，能更好得抵抗水分子的进入。

3　结　论

通过上述实验得出以下结论：

(1)偶联剂的加入可提高环氧基泡沫复合材料弯曲和压缩强度，同时降低复合材料的密度。综合考虑，KH－550 的表面处理效果最好。

(2)KH－550 处理后，材料吸水率显著下降，耐水性提高。

参考文献

[1] 石国军，袁月，李翠，等. 玻璃微珠增强超高分子量聚乙烯的耐磨耐热性能研究[J]. 摩擦学学报，2015，35(6)：714－723.

[2] 胡传群，曾黎明，胡兵. 空心玻璃微珠在复合材料中的应用研究[J]. 化学建材，2008，24(3)：46－48.

[3] 赵坤，姬鹏燕，刘茵，等. 乙烯基三(2，2，2)三氟乙氧基硅烷的合成研究[J]. 化工新型材料，2014，42(2)：105－107.

[4] 卢子兴，邹波，李忠明，等. 空心微珠填充聚氨醋塑料的力学性能[J]. 复合材料学报，2008，25 (6)：175 - 180.

[5] 姜肠，胡跃鑫，李海东. 空心玻璃微珠增韧高密度聚乙烯[J]. 中国塑料，2008，22(4)：40 - 42.

[6] 王明珠，沈志刚，郑艳红，等. 空心微珠填充聚丙烯复合材料的显微原位拉伸试验观察分析[J]. 复合材料学报，2007，24(4)：53 - 59.

[7] 胡福田，杨卓如. 空心玻璃微珠增强聚四氟乙烯复合材料的制备及拉伸强度的研究[J]. 塑料工业，2007，35(11)：49 - 53.

[8] 刘鹤，徐徐，商士斌. 马来海松酸改性水性聚氨酯的制备及性能研究[J]. 林产化学与工业，2013，33(3)：38 - 42.

聚苯胺导电材料的研究

刘展晴[1,2]
1.渭南师范学院　化学与环境学院　陕西 渭南　714099；
2.渭南师范学院　军民两用材料重点实验室　陕西 渭南　714099

摘　要:聚苯胺是目前最具应用前景的导电高分子材料之一,本文介绍了聚苯胺的结构,导电机理,合成方法,并介绍了聚苯胺复合材料的导电性能及不同酸掺杂、有无磁场等条件对聚苯胺导电性的影响。并且简单的展望了关于聚苯胺导电性能应用前景。

关键词:聚苯胺(PANI);掺杂;导电性

早在 1862 年聚苯胺(PAn)高分子聚合物便被 H. eLtheby 所发现,鉴于聚苯胺的原料廉价易得、可以由苯胺单体通过电化学法、化学氧化法等多种方法合成,所以其成为研究者们进行科学研究的主要着手之处。由于其结构多样,性能特点随着结构的变化而变化,因此聚苯胺被认为是最具可塑性的现代多功能高分子导电材料之一。迄今为止,聚苯胺导电高分子材料已经广泛应用于我们日常生活生产中,受到人们的青睐[1—5]。

1　聚苯胺的制备

1.1　化学氧化聚合法

1.1.1　溶液聚合法

张红萍[1]等人用酸性二氧化锰氧化聚合来制取聚苯胺。所制得的聚苯胺的电导率为 12.5 S/cm。邹勇等人[2]制备的纳米管状聚苯胺与合成法制得的聚苯胺相比,电导率相差两个数量级左右。他们采用的是化学氧化聚合法在－20℃条件下进行制备的。通过溶液聚合法合成的产物电导率明显有所改善,具有操作简单易行、使用广泛操作过程易控而在各个领域都有所涉及等优点,而且将聚苯胺的应用引入了另一个全新的领域。

1.1.2　乳液聚合法

Osterholm 等[3]提出的经典乳液聚合法:是在加入水、二甲苯、苯胺等辅剂的同时,用十二烷基苯磺酸作为乳化剂过硫酸铵作为引发剂的,反应一定时间后再加入丙酮来沉淀聚苯胺/十二烷基苯磺酸,最后进行洗涤、干燥得到聚苯胺产物。李永明等人[4]利用“乳液聚合－萃取”法制取掺杂态聚苯胺,与上述反应不同的是反应结束后不洗涤分离,直接将 $CHCl_3$ 加入聚苯胺中，溶解萃取后得到 PAN(SDBA)/$CHCl_3$溶液，合成步骤简单。综合上述说法：乳液聚合法制备聚苯胺是用乳化剂和引发剂来引发聚苯胺单体的聚合，再经过物理方法来处理，最后得到聚苯胺的方法。它具有聚合速度快、产物分子量高等优点。

1.1.3 微乳液聚合法

王国祥[5]等人利用超声波来对微乳液聚合法制备聚苯胺的实验进行改善，是因为超声波具有独特的加速聚合的性能，并且可以将聚集聚苯胺大分子颗粒击碎分散，可以获得颗粒形状可控，大小合适的聚苯胺，而聚苯胺的电导率也因此而有所提高。研究者们通过微乳液聚合法可以制得分子链结构规则、结晶性能良好的聚苯胺。阳范文[6]等人用丙烯酸做乳化剂，正戊醇做助化剂，采用正相微乳液聚合法合成了电导率为 9.1 S/cm 的聚苯胺产品。聚苯胺微乳液是制作防腐涂料的原料之一，他可直接与环氧树脂等成膜物共混，微乳液聚合法先进且实用，正在慢慢走向成熟并投入生产。

1.2 电化学聚合法

Tang[7]等人制备的纳米级别聚苯胺采用的是脉冲恒电位法。彭霞辉[8]等人分别用脉冲极化法和恒电流法制备聚苯胺。结果显示，脉冲法合成的聚苯胺在硝酸介质下纤维状的膜结构会变长，恒电流法制备的聚苯胺会呈现颗粒状。并且脉冲法制得的产物其电流峰值比恒电流法制得的产物的电流峰值高。总之，电化学法是用苯胺为电解质溶液，在一定附加条件下，使苯胺单体发生电化学反应，并在电极表面生成聚苯胺膜或粉末的方法。具有纯度高、合成方法简单的有点，但这种方法只能小批量生产，不能用于工业。

2 聚苯胺导电性的研究

聚苯胺只有在隐性翠绿亚胺盐形式存在的条件下才会发生导电，在其他条件下不导电或者导电性较差。在 pH 值$<$7 的条件下它之所以能够导电是由于氢离子处于活跃状态而引起的。下面我们将对影响聚苯胺导电性的三个主要影响因素进行讨论。

2.1 不同酸掺杂对聚苯胺导电性能的影响

2.1.1 无机酸掺杂聚苯胺的导电性能

聚苯胺的合成过程只有在有酸参加反应的时候才能发生，酸的存在主要是为合成过程提供大量的质子，来保证聚合反应绝对是处在酸性环境中。实验研究证明聚苯胺的电导率随着加入无机酸酸性的增加而增加，但若是给聚苯胺中加入酸性较弱的无机酸它的电导率会出现下降趋势。鬲丽华等[9]用过渡金属盐和盐酸制得了聚苯胺，其中过渡金属盐为引发剂，盐酸为掺杂剂。这个实验可以被用来研究掺杂剂对聚苯胺导电性能的影响。实验表明，聚苯胺导电性的不同与掺杂剂和引发剂质量比有关，在无外力作用下发生化学反应时，聚苯胺的电阻率先减小后增大。在有外力作用下聚苯胺的电阻率会随着掺杂剂和引发剂质量比的增大反而出现下降的现象，但是它的导电性能变化则相反它会随着这个比例的增大而增大。以上实验现象说明在酸性条件下使用质量比大的掺杂剂和引发剂能制备出导电性良好的聚苯胺，并且掺杂引发剂对聚苯胺单体也具有聚合作用。但是对于聚苯胺而言它的缺点也非常明显，如它在无机酸中不易溶解，因此好多研究人员为了克服这个缺陷而把目光开始转向了把有机酸向聚苯胺中添加。

2.1.2 有机酸掺杂聚苯胺的导电性能

研究发现，当给聚苯胺中加入大分子时，聚苯胺分子链间的构相对分子链上电荷的离域化有好处，从而提高了聚苯胺的导电性和溶解性。张润兰[10]等人在制备磺化聚苯胺时，用磺酸基团对氧化还原度为 0.5 的本征态聚苯胺进行磺化，可以制得电导率为 0.446 S/cm，溶解度为 12.33%左右磺化聚苯胺。研究人员发现磺化度会不同程度的影响其电导率和溶解度，当磺化度不断增加时，磺化聚苯胺的电导率逐渐降低而其溶解度却会不断增大。电导率的降低是因为磺化度的增加会抑制聚苯胺分子中的电子流动，而溶解度的不断增大则是由于磺化时温度及时间等条件相对适宜造成的。与此同时，人们发现经过磺化的聚苯胺其导电性略小于经过质子酸掺杂而形成的聚苯胺，是由于磺化基团的引入增加了高分子聚合物链上的电子定域性。即磺化聚苯胺的电导率介于本征态聚苯胺和用质子酸掺杂的聚苯胺的电导率之间。

3 总 结

聚苯胺材料凭借着它许多优良的性能不管是在生活中，航天航空中还是工业生产中都具有不可替代的地位，而它的应用前景也是非常可观。在以后对聚苯胺的研究过程中，科学家们应致力于开发更先进的技术，以便于在不断改善聚苯胺导电性能应用的同时，利用掺杂技术提高其导电性，并不断研发聚苯胺的其他优良特性和新型聚苯胺材料。

参考文献

[1] 张红萍，蒋连成，邓新华. 二氧化锰氧化法合成导电聚苯胺[J]. 邵阳学院学报，2005，2(1)：69－72.

[2] 邹勇，王国强，廖海星. 掺杂聚苯胺复合材料吸波性能的研究[J]. 华中科技大学学报，2001，29(1)：87－89.

[3] Osterholm J E，Cao Y，Klavetter F，et al. Emulsion polymerization of aniline[J]. Synthetic Metals，1993，55(2－3)：1034－1039.

[4] 李永明，万梅香. 乳液聚合-萃取法制备掺杂态聚苯胺溶液[J]. 功能高分子学报，1998，11(9)：337－342.

[5] 王国祥，刘鹏丽. 方向微乳液聚合法合成聚苯胺[J]. 合成树脂及塑料，2011，28(2)：23－26.

[6] 阳范文，唐建斌. 导电聚苯胺的微乳液聚合[J]. 桂林工学院学报，2000，(3)：264－266.

[7] Tang Z Y，Liu S Q，Wang Z X，et al. Electrochemical Synthesis of Polyaniline Nanoparticles [J]. Electrochem Commun，2000，(2)：32－35.

[8] 彭霞辉，黄可龙，焦飞鹏，等. 聚苯胺的合成及性能[J]. 中南大学学报，2004，35(6)：974－977.

[9] 鬲丽华,章结兵,杜美利. 掺杂引发剂对聚苯胺和煤基聚苯胺导电性影响[J]. 现代塑料加工应用,2009,(2): 53-56.
[10] 张润兰,周安宁. 引入磺酸基改善导电聚苯胺可溶性研究[J]. 现代塑料加工应用,2005,17(3): 9-11.

二氧化钛掺杂钕-氰酸酯树脂基复合材料的制备及耐热性能研究

祝保林[1,2]

1. 渭南师范学院　化学与环境学院　陕西 渭南　714099；

2. 渭南师范学院　军民两用材料重点实验室　陕西 渭南　714099

摘　要：采用多步接枝工艺，实现了掺杂二氧化钛粒子（M 系列）的表面改性。制得了 M 系列粒子－氰酸酯树脂基复合材料。研究了该系列复合材料的耐热性能。测试结果表明，引入少量 M－2 粒子（质量分数≤3%）可对氰酸酯树脂的耐热性能有所提高。当 M－2 粒子掺杂量达到 3wt%时，该复合材料的热失重（TGA）温度增幅达 60℃，质量保持率可达 70.7%，实验数据表明 M 系列粒子，优化了该复合材料的耐热性能，扩展了其作为工程塑料基体的应用范围。

关键词：二氧化钛掺杂钕；复合材料；耐热性能

氰酸酯是一类低毒性、低吸湿率、耐湿热性能优良的热固性树脂。具有以下优良的性能[1—5]：介电常数较低、力学性能优良和高的耐热性。是一种良好的工程塑料基体。从用途上来看，主要运用于隐身材料、雷达罩、人造卫星、高性能电子印刷线路板等不同领域[6—8]。但其作为工程塑料基体，在使用过程中需要一定的硬度及韧性，由于 CE 固化体系交联密度大，使得产物虽然强度大，但韧性方面还有很大不足，因此要作为工程塑料基体来大范围推广还有缺陷。为了拓展 CE 的应用范围，对 CE 增韧成为目前研究的热点[9—10]，目前已见文献[11—14]采用热固性树脂、热塑性树脂、纳米粒子通过填充的方式改良 CE 的性能。这些方法各有各的优点，但总体来说在提高复合材料某方面性能时，总会降低其他方面的性能。因此，这些改性工艺并不完善。文章主要分析通过多步接枝对掺杂二氧化钛改性对于复合材料耐热性能的影响。

1　实验部分

1.1　原料及试剂

双酚 A 型氰酸酯树脂（白色颗粒状晶体，熔点 73℃）分析纯，济南易盛树脂有限公司；掺杂二氧化钛，自制；环氧树脂，化学纯，深圳市科琳盛科技有限公司；偶联剂，自制；甲基丙烯酸甲酯(MMA),分析纯,浙江安利康化工;偶氮二异丁腈(AIBN),化学纯,常州市耕耘化工有限公司;二甲基亚砜、乙醇、α-甲基吡啶、丙酮等都是分析纯。

1.2　主要仪器与设备

真空干燥箱:TC80-1真空干燥箱,天津泰斯特仪器有限公司;用美国TA公司生产的Simultaneous TGA-DTA热失重分析仪测定材料的热失重,升温速率10℃/min,氮气氛围,每组样品至少测试3个。

1.3　二氧化钛掺杂离子的预处理

实验之前将预先掺杂好的TiO_2(粒子直径在20～60 nm)放入调至120℃的烘箱中4 h,待用。

向丙酮中滴加偶联剂,用乙酸调节酸碱度,待偶联剂完全水解后,把不同百分比的TiO_2加入到偶联剂水解完全的丙酮溶液里,使用超声振荡半小时。通过索式抽提的方式除去没有反应的偶联剂与丙酮,然后在真空干燥箱中干燥得到掺杂好的TiO_2(记作M-1)。

将M-1、α-甲基吡啶与二甲基亚砜超声反应5分钟,加入适量的偶氮二异丁腈与MMA,65℃下反应4小时,通过离心分离,用乙醇反复清洗,放入真空干燥箱得到接枝的掺杂TiO_2(记作M-2)。

1.4　复合材料的制备

将氰酸酯放入真空干燥箱,调节旋钮至 −0.09 MPa抽真空4小时,抽出氰酸酯中的杂质,待用。

制备M—1/CE复合材料:在电炉上控制温度在80℃把放入烧杯中的CE熔化,加入适量的环氧树脂和经过处理的掺杂二氧化钛(M-1)粒子,搅拌升温到90℃,并保持这个温度使用均质搅拌器间断搅拌半分钟,取出提前预热的模具,把搅拌好的液体倒进去,放回真空干燥箱中,保持温度稳定不变,当模具中开始有气泡溢出时,打开真空泵在−0.04 Mpa～−0.05 Mpa的负压下维持真空,刚开始现象为产生大量气泡,迅速上升,当只有少许气泡出现并缓慢上升的时候,表示气泡已经基本抽干净,此时可以停止真空泵,打开放气孔使得压力恢复常压,进入后固化。固化流程为:90℃/3 h→105℃/2 h→120℃/2 h→150℃/1 h→160℃/2 h进行固化,最终得到M-1/CE复合材料。使用相同的工艺制作纯的CE板和M/CE复合材料。

制备M-2/CE复合材料方法同上。

这几种板材参考文献[15]切割出对应尺寸,待用。

2　结论与分析

2.1　M系列粒子的FT-IR

图1是M、M-1、M-2粒子及PMMA的红外曲线图。Ti—O—Ti的伸缩振动会产生吸收峰,这个吸收峰位于为600 cm^{-1}与1100 cm^{-1}之间,1707cm^{-1}处的吸收峰为MMA中极性

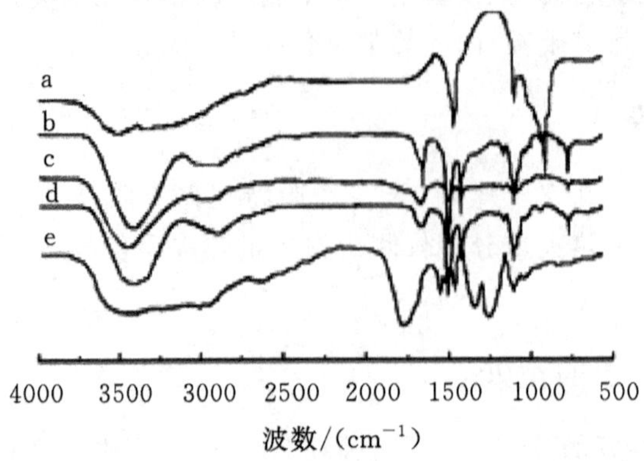

图 1 M 系列粒子及 PMMA 的红外光谱图

(a)纯 TiO_2；(b)M 粒子；(c)M-1 粒子；(d)M-2 粒子；(e)PMMA

的 C=O 的伸缩振动，水的吸收峰位于 1630 cm^{-1} 处，3400 cm^{-1} 附近弱而宽的的吸收带为 MMA 中羧基的一OH 的伸缩振动产生的吸收峰为 3400 cm^{-1}，此处附近的吸收带又弱又宽。并且，对于 M-1 及 M-2 粒子，在 750～1270 cm^{-1} 范围内，均多次出现了 PMMA 的特征峰。c 曲线表明 PMMA 已经成功接枝于二氧化钛表面的偶氮二异丁腈，成功实现了无机粒子表面的有机化。

采用 PMMA 的乳液接枝实现无机粒子的表面有机化是为了在复合材料成型加工过程中，使该复合材料在尽可能保留树脂基体良好性能的同时，获得某些新的性能。通过改变 SEA-171 的含量来得到具有不同表面改性效果的改性纳米二氧化钛。在后续实验中，选用 15.90%接枝率的偶联剂来接枝处理二氧化钛粒子。

2.2 掺杂 TiO_2 粒子及其表面改性对复合材料耐热性的影响

图 2 是纯 CE、纯 TiO_2/CE、M/CE、M-1/CE、M-2/CE 五种材料的热失重曲线，样品中无机掺杂粒子含量都是力学性能最佳点的含量。可以看出，五种材料的热分解温度相比，纯

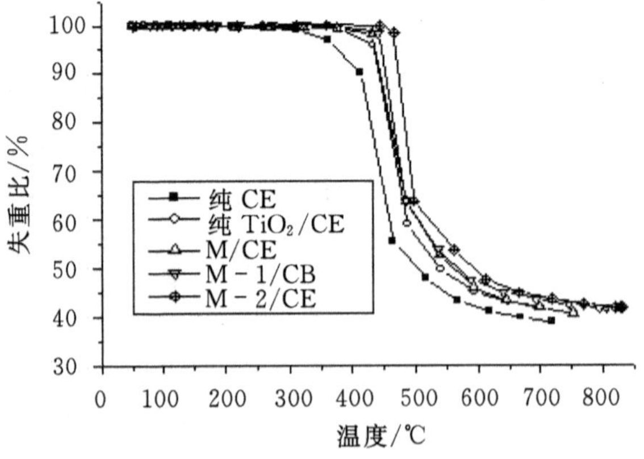

图 2 CE 及其复合材料的 TGA 曲线

CE树脂均低于四种复合材料。当失重5%时，纯CE、纯二氧化钛/CE、M/CE、M－1/CE、M－2/CE五种板材的热分解温度分别为392.6℃、418.6℃、426.5℃、437.8℃和452.7℃。当温度升高到600℃时，纯CE、纯TiO_2/CE、M/CE、M－1/CE、M－2/CE五种板材的的质量保持率分别为51.2%、54.6%、63.5%、67.3%和70.7%。由此说明，复合材料引入多步接枝二氧化钛粒子后，对材料本身的热分解温度有所提高，并对其高温下的质量保持率有所提升，显著改善了复合材料的耐热性能。因为二氧化钛粒子耐热性比较好，同时它与氰酸酯基体有特殊的界面作用。经过多步处理的二氧化钛粒子可以使复合材料的耐热性提高。由图可知提高了60℃。经过多步处理的二氧化钛粒子与偶氮二异丁腈及聚甲基丙烯酸甲酯多步接枝处理，与基体结合增强了两相间界面的粘结强度。增强了分子链之间的作用力，削弱了相分离。使体系内化学键断裂所需的能量变得更多，因此提高了材料的热分解温度并增加了材料的质量保持率。

以上结论与实验测试结果相符合。综合考虑复合材料的耐热性能，特别是考虑到在工程塑料领域的实际应用，掺杂改性的纳米二氧化钛最佳用量为质量分数小于3%。

3 结 论

（1）经红外表征，通过多步接枝工艺，成功将PMMA接枝于掺杂二氧化钛粒子表面，实现了无机粒子的表面有机化。

（2）定量M系列粒子的引入，有利于复合材料的固化成型，五种粒子分别引入复合材料所产生的效果中，M－2/CE粒子的引入效果是最佳的。当M－2粒子含量达到3.0%时，复合材料热失重(TGA)温度增幅为60℃，质量保持率为70.7%，改善了体系的耐热性能。制得耐热性能优越的M系列粒子/氰酸酯基复合材料。

参考文献

[1] 柳丛辉，唐玉生，孔杰. 氰酸酯树脂体系介电性能研究新进展[J]. 工程塑料应用，2011，22(5)：84－88.

[2] 刘意，霍文静，付彤. 氰酸酯树脂增韧改性的研究进展及发展方向[J]. 玻璃钢/复合材料，2010(6)：75－80.

[3] Jiang Y G，Zhang C R，Cao F，et al. Ablation and radar-wave transmission perfor-mances of the nitride ceramic matrix composites[J]. Science in China，Series E：Technological Sciences 2008，51(1)：40－45.

[4] 孙周强. 耐高温氰酸酯树脂基透波复合材料的研究[D]. 苏州大学，硕士学位论文，2009.

[5] Jung Tae Park，Joo Hwan Koh. Surface-Initiated Atom Transfer Radical Polymerization from TiO_2 Nanoparticles[J]. Applied Surface science，2009，255(6)：3739－3744.

[6] 吴雄芳，杨光. 环氧树脂改性氰酸酯树脂的研究进展[J]. 热固性树脂，2007，39(11)：38－43.

[7] 赵渠森.先进复合材料手册[M].北京：机械工业出版社，2003.
[8] 翟庆洲.纳米技术[M].北京：兵器工业出版社，2005.
[9] 方芬.集成电路板用氰酸酯树脂复合材料的研究[D].西安：西北工业大学硕士学位论文，2007.
[10] Goertzen William K，Kessler M R. Thermal and Mechanical Evaluation of Cyanate Ester Composites with Low-temperature Processability [J]. Composites Part A：Applied Science and Manufacturing，2007，38(1)：779－784.
[11] 王君龙，梁国正，祝保林.溶胶-凝胶法制备纳米 SiO_2/CE 复合材料的研究[J].航空材料学报，2007，21(1)：61－64.
[12] 祝保林.热塑性树脂改性氰酸酯树脂的相结构表征[J].热固性树脂，2008. 23(3)：19－25.
[13] 付东旭.新型低介电低吸湿氰酸醋与双酚 A 型氰酸西旨的共聚改性研究[D].上海：华东理工大学硕士学位论文，2012.
[14] 官大军，魏伯荣，柳丛辉.国内氰酸酷树脂增韧改性的研究进展[J].绝缘材料，2009，42(5)：52－57.
[15] 张玉龙.纳米复合材料手册[M].北京：中国石化出版社，2005，7.

玻璃微珠改性环氧/氰酸酯基复合材料热性能的研究

刘 原

渭南师范学院　化学与环境学院　陕西 渭南　714099

摘　要:以环氧树脂与氰酸酯的共固化体系为基体,空心玻璃微珠为填充材料制备复合材料。运用DSC－TG联用技术对复合材料的固化反应活性、玻璃化转变温度以及热稳定性进行研究。研究结果表明,随着玻璃微珠含量的增加,复合材料的峰值反应温度和终止反应温度逐渐降低,促进了固化反应的发生。此外,玻璃微珠的加入使得复合材料的玻璃化转变温度和热稳定性略有下降,这可能是由固化基体的交联密度降低造成的。

关键词:空心玻璃微珠;氰酸酯;环氧树脂;热性能

环氧树脂是一类具有黏接性、耐腐蚀性和电气绝缘等优异性能的热固性树脂基体,广泛地应用于多种工业领域[1]。但环氧树脂基体介电性能、耐湿热和耐冲击性能不足,极大地限制了其在航天航空和印刷电路基板等方面的应用。

20世纪70年代以后发展起来的高性能氰酸酯树脂基体有效地改善了环氧树脂基体的不足,它的单体结构中含有氰酸酯官能团,与环氧树脂共固化后生成含有恶唑烷酮的网络结构大分子,因此环氧/氰酸酯树脂基体具有优良的耐湿热性能、力学性能、介电性能和良好的热性能,使其在航空航天材料,深海浮力材料等方面得到很大的应用[2]。当今复合材料主要选用无机物对环氧/氰酸酯基体进行填充,玻璃微珠具有小尺寸、质轻、绝热、高分散、耐高低温、热稳定性好的性能,因此本文以环氧树脂与氰酸酯的共固化体系为基体,空心玻璃微珠为填充材料制备复合材料,运用DSC－TG联用技术对复合材料的固化反应活性、玻璃化转变温度以及热稳定性进行了研究[3]。

1　实验部分

1.1　原材料

凤凰牌环氧树脂E－51,环氧当量:184～195 g/mol;双酚A氰酸酯,江苏吴桥树脂厂;偶联剂KH－550(γ-氨丙基三乙氧基硅烷),无色透明液体,中科院研制;HN60型空心玻璃微珠,真密度0.6 g/cm^3,粒径70 μm,河北灵寿县荣盛矿产品加工厂;二月桂酸二丁基锡,化学纯。

除玻璃微珠在使用前经120℃干燥至恒重外,其余原料直接使用。其中环氧树脂与氰酸酯的摩尔比为1:1,催化剂二月桂酸二丁基锡用量为环氧与氰酸酯总质量的1%,偶联剂KH-550用量为玻璃微珠的2%(质量百分数)。玻璃微珠加入量为0、5%、10%、15%、20%的体系分别记为A、B、C、D、E。

1.2 实验仪器

DSC&TG同步热分析仪,型号:STA449F5,德国耐驰Netzsch。

1.3 试样的制备

首先将偶联剂KH-550在无水乙醇的水溶液(质量比为9:1)中稀释,然后加入适量玻璃微珠,搅拌均匀后于60℃超声处理1 h,再放入120℃的真空烘箱里干燥,待恒重之后研磨过滤装瓶备用。

按配比称取适量的催化剂和处理好的玻璃微珠加入到60℃的环氧树脂中,搅拌分散均匀后,用超声波振荡30 min,再将称量好的氰酸酯迅速加入100℃的环氧溶液中,待氰酸酯完全溶解后,取适量混合溶液快速冷却至室温,用于DSC测试。其余反应溶液注入120℃预热好的模具中,真空脱泡再按照120℃固化2h,150℃固化2h,180℃固化3h,200℃固化3h的工艺固化,即得环氧/氰酸酯基复合材料[4]。

1.4 测试与表征

反应液的固化反应以及固化物的玻璃化转变和热稳定均在德国耐驰的DSC&TG同步热分析仪上进行,升温速度10℃/min,N_2保护,吹扫速度50 mL/min[5]。

2 结果与分析

2.1 玻璃微珠含量对固化反应的影响

表1 不同含量玻璃微珠填充环氧/氰酸酯共固化的峰值和反应终止温度

样品编号	A	B	C	D	E
峰值/℃	228	227	226	224	222
反应终止温度/℃	260	259	261	256	254

图1为加入不同量玻璃微珠时环氧与氰酸酯共固化体系的DSC曲线随温度变化情况。从图1可以看出,每一反应溶液都有相类似的放热峰曲线,除高温区一很强的放热峰外低温区还伴随着一微弱的肩峰,表明玻璃微珠的加入并未改变环氧与氰酸酯间的反应历程[6]。

由图1得到的峰值反应温度和反应终止温度结果列于表1。由表1可以清晰地看到,纯环氧/氰酸酯固化物的峰值温度和反应终止温度分别为228℃和260℃,随着玻璃微珠加入量的增加,复合材料的峰值温度和反应终止温度逐渐降低,当玻璃微珠含量为20%时,复合材料的峰值温度和反应终止温度分别降为222℃和254℃。

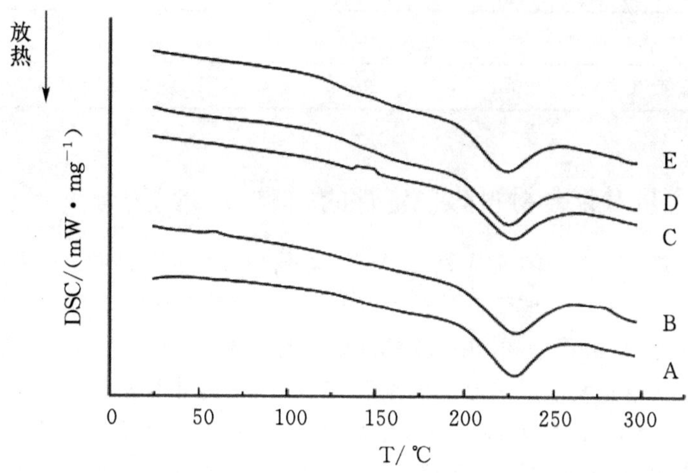

图 1 不同含量玻璃微珠填充环氧/氰酸酯共固化的 DSC－T 曲线

2.2 玻璃微珠含量对复合材料玻璃化转变温度的影响

图 2 是不同含量玻璃微珠填充环氧/氰酸酯基复合材料的 DSC 随温度变化曲线，由图 2 得到的玻璃化转变温度数值列于表 2。纯环氧/氰酸酯固化物的玻璃化转变温度为 206℃。加入玻璃微珠后，复合材料的玻璃化转变温度出现先下降后升高的变化趋势，当玻璃微珠含量为 10%时，玻璃化转变温度最低为 194℃。玻璃化转变温度的降低可能是由于玻璃微珠引发的一些副反应降低了环氧/氰酸酯基体的交联度造成的[7]。然而随着玻璃微珠含量的进一步增加，玻璃微珠优异的耐热性在复合材料中的贡献突显出来，使得整体材料的玻璃化转变温度又逐渐升高。

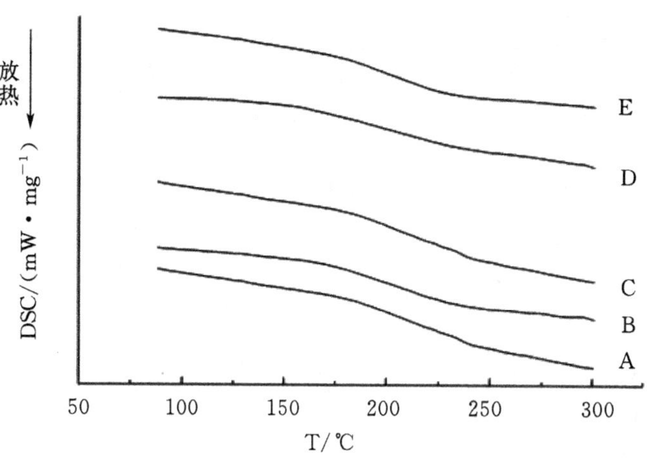

图 2 不同含量玻璃微珠填充的复合材料 DSC－T 曲线

表 2 不同含量玻璃微珠填充复合材料的玻璃化转变温度

样品编号	A	B	C	D	E
玻璃化转变温度/℃	206	202	194	196	198

2.3 玻璃微珠含量对复合材料热稳定性的影响

图 3 是不同含量玻璃微珠填充环氧/氰酸酯基复合材料的 T_g 曲线，再结合表 3 可以看出，氰酸酯的热分解温度高于含有玻璃微珠的复合材料，而随着玻璃微珠含量的增加，复合材料的热分解温度变化不大(≤400℃)，但在 400℃以后氰酸酯的热分解温度低于复合材料，并且随着玻璃微珠含量的增加最大速率热分解的温度和失重 5%的热分解温度呈现出先下降后升高的趋势，质量保持率为 95%时，玻璃微珠含量为 15%的体系热分解温度最低 285℃，热分解速率最大时，15%玻璃微珠含量的温度最低 400℃。出现这种趋势可能是因为之前玻璃微珠的加入引发了一些副反应，降低了氰酸酯/环氧基体的交联度影响的。然而随着玻璃微珠含量的进一步增加，它对提高复合材料的耐热性和热变形温度凸现出来，所以在失重相同和热分解速率都达到最大的条件下热分解温度又升高了[8]。

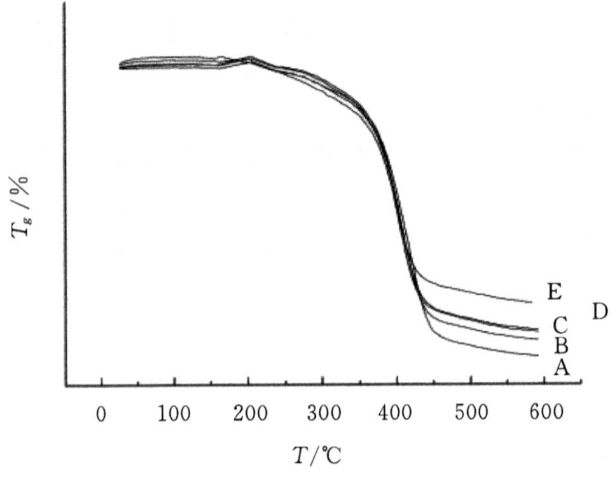

图 3 不同含量玻璃微珠填充复合材料的 T_g-T 曲线图

表 3 不同含量玻璃微珠填充复合材料的 T_g 数据分析

样品编号	A	B	C	D	E
质量保持率 95%时的热分解温度/℃	322	310	301	285	303
热分解速率最大对应温度/℃	416	403	413	400	404

3 结 论

通过上述实验得出以下结论：

(1)玻璃微珠的加入促进了环氧与氰酸酯的共固化反应，当玻璃微珠的含量为20%时，复合材料的峰值反应温度和终止反应温度分别从原来的228℃和260℃降至222℃和254℃。

(2)随着玻璃微珠加入量的增加，复合材料的玻璃化转变温度呈现先下降后升高的变化趋势，当玻璃微珠含量为10%时，玻璃化转变温度最低为194℃。

(3)随着玻璃微珠含量的增加，复合材料的最大速率热分解温度和95%保持率的热分解温度呈现出先下降后升高的变化趋势，当玻璃微珠含量为15%时，95%保持率的热分解温度最低为285℃，最大速率热分解温度最低为400℃。

参考文献

[1] 张智峰，张雪英，张文根. 纳米碳化硅改性氰酸酯树脂研究[J]. 热固性树脂，2009，24(2)：36-38.

[2] 白战争，赵秀丽，罗雪芳，等. 空心玻璃微珠/环氧复合材料的制备及性能研究[J]. 热固性树脂，2009，24(2)：32-35.

[3] 张响. 空心玻璃微珠/环氧树脂基复合泡沫材料研究进展[J]. 广东化工，2016，43(1)：87-88.

[4] 余为，李慧剑. 空心玻璃微珠填充环氧树脂复合材料力学性能[J]. 复合材料学报，2010，27(4)：190-194.

[5] 黄丽，王琛，洪旭辉. 环氧树脂/氰酸酯共固化体系热性能的研究[J]. 北京化工大学学报，2007，34(2)：164-168.

[6] 陈平，程子霞. 环氧树脂与氰酸酯共固化产物性能的研究[J]. 高分子学报，2001(2)：238-240.

[7] 刘刚，张代军. 纳米粒子改性环氧树脂玻璃化转变温度的研究[J]. 热固性树脂，2009，24(2)：6-9.

[8] 杨青海，王钧，段华军. 空心玻璃微珠填充环氧树脂的性能与结构研究[J]. 云南大学学报，2007，29(S1)：194-199.

聚羧酸减水剂与脂肪族减水剂复配性能的研究

李俊燕[1],田 涛[2]

1.渭南师范学院 化学与环境学院 军民两用材料重点实验室 陕西 渭南 714099;

2.西安铁一院工程咨询监理有限责任公司 陕西 西安 710000

摘 要:探讨聚羧酸减水剂与脂肪族减水剂复配的可行性,并将该复配减水剂分别应用于秦岭、海螺和锦荣 3 个不同厂家的水泥制成混凝土。结果表明,聚羧酸减水剂与脂肪族减水剂溶液可以互溶。单独使用聚羧酸减水剂时,锦荣水泥拌合物的凝结时间最短,坍落度最大,而海螺水泥的凝结时间最长,坍落度最小。此外,复配减水剂对 3 种水泥的凝结时间影响不大,但坍落度及其保持性显著降低。抗压强度结果显示,锦荣水泥制成的混凝土抗压强度较好,并且使用复配减水剂时,秦岭和海螺水泥制成的混凝土抗压强度变化不大。

关键词:混凝土;聚羧酸减水剂;净浆流动度;坍落度;抗压强度

基金项目:渭南师范学院横向项目(2015SYH002)。

自 20 世纪 90 年代以来,聚羧酸减水剂作为一种新发展起来的高效减水剂,具有掺量低、减水率、坍落度随时间变化损失小,能提高混凝土稳定性和耐久性,不会有明显的泌水现象,并且没有毒害性大的甲醛作为生产原料,不会对环境造成危害等优点,越来越广泛地被应用在高性能混凝土[1~5],但聚羧酸减水剂存在着成本较高的问题[6~9]。而脂肪族减水剂是一种阴离子高分子表面活性剂,具有掺量低、硫酸钠含量少(<1%)、冬天无结晶、对钢筋无锈蚀等特点,属于早强非引气型减水剂。因而为适应不同的要求,工程上通常将这两种减水剂进行复配,以降低产品成本、扩充品种、形成系列化产品。

因此,本实验通过水泥净浆流动度的测试研究聚羧酸减水剂与脂肪族减水剂复合的可行性,并将得到的复配减水剂分别应用于秦岭、海螺和锦荣 3 家不同产地的水泥,配制成不同的混凝土,通过对比水泥净浆流动率以及混凝土的坍落度及抗压强度等性能,探讨聚羧酸减水剂对水泥的适应性问题,希望供广大技术人员在商品混凝土实际生产中参考。

1 实验部分

1.1 原材料

(1)水泥:陕西秦岭 P·O 42.5 级、礼泉海螺 P·O 42.5 级、河南锦荣 P·O 42.5 级;

(2)细集料:西安临潼区鸿运砂场,表观密度2620,细度模数2.7;

(3)粗集料:5～20 mm连续级配碎石,紧密空隙率39%,表观密度2720;

(4)掺和料:Ⅰ级F类粉煤灰,河南平顶山姚孟电力粉煤灰开发有限公司;

(5)减水剂:KDSP-1聚羧酸高效减水剂,山西凯迪建材有限公司;CL-1A型脂肪族减水剂,滨州市诚力建材有限公司。

配制混凝土时,水泥、砂子、碎石、粉煤灰、减水剂、自来水的质量比为100∶241∶394∶31∶4∶55,水胶比0.42。

1.2 试验过程

(1)水泥净浆试验。参考GB/T 8077—2000《混凝土外加剂匀质性试验方法》,用300 g水泥、105 g水及2 g减水剂在水泥胶砂流动度测定仪上进行。

(2)混凝土稠度和凝结时间试验。参考GB/T 50080—2002《普通混凝土拌合物性能试验方法标准》,稠度试验在混凝土坍落度仪(上海世超自动化仪器仪表有限公司)上进行。凝结时间在混凝土贯入阻力仪(河北北方建筑仪器制造有限公司)上进行。

(3)混凝土抗压强度试验。参考GB/T 50081—2002《普通混凝土力学性能试验方法标准》,使用北京三宇伟业试验机有限公司生产的压力试验机,测试样尺寸$150\times150\times150\ mm^3$。

2 结果与讨论

2.1 聚羧酸减水剂与脂肪族减水剂的相溶性

将20%聚羧酸减水剂和30%脂肪族减水剂按照不同的比例在烧杯中混合,搅拌均匀,密封,室温静置24 h后,观察混合溶液是否有沉淀或者分层现象产生,以此来判断这两种减水剂的相溶性。试验结果表明,聚羧酸减水剂与脂肪族减水剂溶液的相溶性良好,没有沉淀或分层,这表明实际工程中这两种减水剂有复配使用的可行性。

2.2 复配减水剂对水泥净浆流动度的影响

聚羧酸与脂肪族减水剂不同比例复配试验数据见表1。由表1可见,单独使用聚羧酸减水剂时,秦岭、海螺、锦荣3种水泥的净浆流动度分别是310 mm、305 mm、305 mm,十分接近,这表明聚羧酸减水剂与这3种水泥的相容性都十分好。随着脂肪族减水剂掺入量的增加,秦岭、海螺、锦荣3种水泥的净浆流动性均有下降的趋势,同时在30 min净浆流动度的变化曲线上也观察到类似的趋势,但其下降得更加明显。

以秦岭水泥为例,单独使用聚羧酸减水剂时,初始净浆流动度是310 mm,当脂肪族减水剂掺入量为10%时,净浆流动度降为285 mm,而30 min净浆流动度也由原来的305 mm降为270 mm。但当脂肪族减水剂掺量超过30%后,复合作用效果又趋于平缓,掺入量在30%～60%之间时,初始净浆流动度和30 min流动度仍基本保持在270 mm和210 mm。此时海螺和锦荣水泥的初始净浆流动度和30 min流动度也分别有250 mm和190 mm,能够满足工程施工的基本要求。

表 1 聚羧酸减水剂与脂肪族减水剂的复配试验结果

编号	减水剂		秦岭水泥流动度/mm		海螺水泥流动度/mm		锦荣水泥流动度/mm	
	聚羧酸/%	脂肪族/%	初始	30 min	初始	30 min	初始	30 min
1	100	0	310	305	305	305	305	305
2	90	10	285	270	285	260	280	265
3	80	20	280	250	280	245	260	240
4	70	30	275	235	275	220	265	225
5	60	40	270	230	260	205	250	200
6	50	50	260	210	265	205	240	195
7	40	60	270	205	250	190	245	180
8	30	70	250	180	245	175	240	165
9	20	80	245	165	235	160	235	130
10	10	90	230	140	230	135	230	100
11	0	100	230	120	220	115	225	90

2.3 复配减水剂对混凝土拌合物性能的影响

为比较复配减水剂的性能效果，对不同混凝土拌合物及抗压强度进行测试，结果见表 2。由表 2 可见，单独使用聚羧酸减水剂时，3 种水泥的凝结时间相比，锦荣水泥拌合物的初凝和终凝时间最短，分别为 455 min 和 535 min，而海螺水泥的初凝和终凝时间最长，分别为 510 min和 720 min。当使用聚羧酸和脂肪族复配减水剂时，与单独使用聚羧酸减水剂相比，3 种水泥的初始和终凝时间变化不大。

表 2 复配减水剂对混凝土拌合物性能的影响

水泥品种	聚羧酸/%	脂肪族/%	凝结时间/min		坍落度/mm			扩展度/mm			抗压强度/MPa		
			初凝	终凝	初始	30 min	60 min	初始	30 min	60 min	3d	7d	28d
秦岭	100	0	485	715	200	190	180	520	510	495	25.3	26.8	59.8
	70	30	480	710	180	150	125	490	455	425	24.8	27.1	60.2
	50	50	480	710	165	135	110	460	425	380	25.1	26.5	59.9
海螺	100	0	510	720	180	175	170	480	475	460	28.1	30.5	57.8
	70	30	505	720	170	145	110	455	430	405	27.9	31	57.8
	50	50	505	725	150	120	95	420	395	360	27.6	30.6	57.6
锦荣	100	0	455	535	200	195	195	500	495	485	53.1	59.9	73.8
	70	30	450	535	185	160	135	465	430	400	50.8	56.2	71.3
	50	50	460	540	160	130	100	440	410	365	49.5	55.8	69.4

单独使用聚羧酸减水剂时,3 种水泥的坍落度和扩展度相比,海螺水泥拌合物的坍落度和扩展度较低,初始值分别为 180 mm 和 480 mm,而秦岭和锦荣水泥拌合物的坍落度和扩展度较长,初始值分别为 200 mm 和 500 mm。当使用聚羧酸和脂肪族复配减水剂时,与单独使用聚羧酸减水剂相比,3 种水泥的坍落度和扩展度明显降低,并且坍落度和扩展度的保持性也显著下降。这可能是因为聚羧酸高性能减水剂的分子结构中支链较多,空间位阻效应较大,对坍落度的保持作用较稳定,当这种结构部分被脂肪族减水剂替代时,混凝土拌合物的坍落度和扩展度势必减弱。

单独使用聚羧酸减水剂时,锦荣水泥制成的混凝土的抗压强度比较高,而秦岭和海螺水泥制成的混凝土的抗压强度相对较低。当使用复配减水剂时,随着脂肪族减水剂的增加,秦岭和海螺水泥制成的混凝土的抗压强度变化不大,而锦荣水泥制成的混凝土的抗压强度略有降低,28d 的抗压强度降了 6%。

3 结 论

通过上述实验得出以下结论:

(1)不同比例的聚羧酸系与脂肪族减水剂溶液都有较好的相溶性,在实际工程中有复配使用的可行性。随着复配减水剂中脂肪族系比例的增加,3 种水泥的净浆流动度均呈下降的趋势,但掺入量在 30%~60%之间时,下降变缓,此时仍保持着较好的净浆流动性,因此,考虑性价比的情况下,聚羧酸和脂肪族减水剂能一起复合使用。

(2)3 种水泥相比,锦荣的凝结时间最短,坍落度最长,而海螺水泥的凝结时间最长,坍落度最短。当使用复配减水剂时,随着脂肪族减水剂的掺入,水泥拌合物的凝结时间变化不大,但坍落度和扩展度及其它们的保持性显著降低,这可能是因为聚羧酸减水剂空间效应的减少。

(3)由混凝土的抗压强度结果可知,锦荣水泥制成的混凝土的抗压强度要比秦岭和海螺水泥制成的高。复配减水剂对这三种水泥都有很好的适应性,仅锦荣水泥制成的混凝土抗压强度略有降低。

参考文献

[1] 郭延辉,郭京育.聚羧酸系高性能减水剂研究与工程应用[M].北京:中国铁道出版社,2007.

[2] 张明,段彬,贾吉堂,等.新型聚羧酸系高性能减水剂的合成研究[J].新型建筑材料,2010(3):84-87.

[3] 邱诚,陈泽兰,单东.聚羧酸系高性能减水剂的复配技术及其在高强混凝土中的应用技术初探[J].工业建筑,2010,40(S1):864-868.

[4] 蔡丽朋.减水剂对水泥的适应性及混杂使用减水效果研究[J].建筑技术,2010,41(1):47-49.

[5] 史才军,何富强,刘慧,等.聚羧酸系高效减水剂的近期研究进展[J].商品混凝土,2010

(2):25-28.

[6] 孙振平,蒋正武,王建东,等.聚羧酸减水剂与其他减水剂复配性能的研究[J].建筑材料学报,2008,11(5):585-590.

[7] 腾英跃.新型混凝土减水剂复配工艺研究与应用[J].广东化工,2011,38(1):29-31.

[8] 刘才林,任先艳.脂肪族减水剂的合成及其与聚羧酸减水剂复配研究[J].化学建材,2009,25(1):40-42.

[9] 张建峰,李晓.BFJ 聚羧酸高效减水剂与其他减水剂复配研究[J].混凝土,2011(5):91-93.

光敏材料的研究

卢国锋[1,2]

1.渭南师范学院 化学与环境学院 陕西 渭南 714099;

2.渭南师范学院 军民两用材料重点实验室 陕西 渭南 714099

摘 要:光敏材料由于其特有的对特定光辐射敏感的特性,而在太阳能电池、光学数据存储、光波导管的制造等方面都具有很好的应用前景,是目前功能材料领域的热点之一。为此,本文对无机光敏材料和包括有机—无机杂化光敏材料、光敏高分子材料及光敏化聚合物材料在内的有机光敏材料进行了综述。

关键词:有机;无机;聚合物;光敏材料

光敏材料,就是对光辐射敏感,就是吸收光子能量后可以发生光化学的反应,或者可以在电磁场的作用力之下改变它的结构和性质,从而导致物理性质以及化学特性都改变的一种材料。从光学意义上来说,折射率、消光系数和厚度的变化[1]是光敏材料的主要特性。

光敏材料因为其特性,在当今社会运用非常广泛,如光敏材料在3D打印中的运用;红外线半导体光敏材料在航天中的运用等等;还有光敏涂料、光敏印章、光刻胶等等,所以光敏材料的进一步发展,将对很多的行业带来巨大的变革和机遇,本文通过从无机光敏材料、有机光敏材料、高分子光敏材料、聚合物光敏材料等几大类来具体分析光敏材料的研究现状。

1 无机光敏材料

最常用的无机光敏材料是掺锗玻璃(SiO_2:Ge),其中最主要的光敏感性的元素就是其中的锗。但是锗玻璃的光致折射率只有10^{-4}级次,一般变化都很小,但是对于激光修正以及其它的应用常常会需要$1.0\times10^{-3}\sim2.0\times10^{-3}$的变化,而且在制作某些复杂的结构时不能满足其要求。所以通常都会进行一些特殊的后处理,来提高光敏性。实验证明SiO_2:SnO_2光纤具有很高的光致折射率变化性能,如果放在同一紫外光照射下,产生的折射率的变化相同,Sn的含量只有Ge的二分之一。只是掺杂Sn的同时一方面会产生结晶,会增加光学损耗,另外一方面是在制作材料的过程中如果温度过高,Sn的含量不会太高,因为Sn会表现出很大的挥发性,。

Brambilla等,制作了Bragg光栅[2]。在紫外光照射下Bragg光栅的折射率最大变化是6.2×10^{-4},并且它在很高的温度下还具有很好的稳定性,在600℃以下,其光致折射率不会发生改变。

Milanese 等采用 SGBN(SiO_2、GeO_2、BO_2、Na_2O)玻璃，曾经用 244 nm 激光照射值写来制造波导时，如果随 GeO_2 含量提高它的光致折射率也会相应提高[3]。在 150 mW 下，测得 GeO_2 含量 6.0 时的折射率变化 4.8×10^{-4}，含量 20% 的 GeO_2 材料在 50mW 下，其变化量就达到 1.2×10^{-3}。和现有的成品化的相比，可以承受 300 mW 的激光，它具有更大的光折变效果，同时也有更大损伤阈值。

2 有机光敏材料

光敏高分子材料又称感光高分子，就是吸收光子能量后可以发生光化学反应，对光辐照表现出特殊的敏感性。按其功能光敏高分子材料包括光电转换材料、光致变色材料、光能储存材料、光记录材料、光导电材料和光致抗蚀材料等。其中应用比较广泛其工艺也比较成熟的感光性高分子材料主要有光稳定剂、光致抗蚀材料、光油墨，产品包括光刻胶、光敏印章、感光涂料等。本文主要介绍偶氮苯类高分子、肉桂酸类功能高分子以及光敏弹性体光敏材料。

2.1 偶氮苯类高分子

偶氮及其相似体在偏振光辐照下在光异构化活性基团中，可以诱导产生光学的各向异性取向，在此同时能够发生 E/Z 的异构化；所以偶氮高分子将会在光存储技术、光信息处理技术、液晶取向技术及光全息技术等很多的方面都有应用。当今社会，已研制了各种光敏体系，其中包括共价偶氮聚合物[4]、偶氮超分等等。这些偶氮材料应用中因为其具很强的光诱导、热放大、取向稳定性。Kawatuk[5]用非偏振 366 nm 光辐照射偶氮链聚合物膜，再由行热放大的处理，在由 653 nm 的线性偏振光进行辐照，最终得到的取向度为 0.8。在偶氮聚合物光异构化的过程中，其表面会周期性的产生微结构。一般来说，可以有两种办法来产生表面的有序微结构：其中的一种是构建表面微结构方法则是通过连续紫外激光辐照或者单束脉冲激光辐照，另外的一种用两束脉冲激光辐照，在通过双光干涉的方法制备，从而产生的表面微结构可以称起伏光栅；产生表面周期性的微结构。

2.2 肉桂酸类功能高分子

聚乙烯肉桂酸酯及其衍生物是交联型光敏材料中很有代表性的材料之一，聚乙烯肉桂酸酯在线性偏振光的辐照下，会发生定向环加成链的聚合反应，也可用作负性光刻胶，在聚合物的表面薄膜会出现各向异性的分布，能用在诱导改变液晶中的一些小分子的取向。因此，新型的肉桂酸高分子的特殊的光学性能研究和它的合成，受到很大的关注。聚乙烯肉桂酸酯类主要是环加成反应，在反应的同时也将会有少量碳—碳双键会发生 E/Z 异构的转化。说明聚乙烯肉桂酸酯功能材料在线性偏振光的辐照下，形成了交联网络也发生各向异性光取向，而且该材料取向稳定性也很好，在液晶显示领域的应用有很大的潜力。Kawatsuki[6]等使聚乙烯肉桂酸酯呈现出来液晶的某些特性。如果通过热退火和线性紫外光辐照交联处理，它的取向度绝对值将会增大至 0.6。

2.3 光敏弹性体

光敏高分子聚合物如果进行胶联，会具有光致响应性能、良好的热弹性性能，叫做光敏液晶弹性体，呈现液晶相。所以现在人们研究液晶的新热点是光致形变弹性体，因为光是一种取之不尽用之不竭的可再生快速的清洁能源。Finkelman 等[7]发现了光弹性体在紫外光照射下会引发其光致收缩行为。因为液晶分子是三维的、聚合物网络结构并通过共价胶联的形式存在，偶氮苯的交联网络与顺反异构的偶合，会导致了液晶弹性体的单轴收缩。Keller 等[8]在实验室合成了含偶氮苯向列相液晶弹性体薄膜。在紫外光下会快速的收缩，收缩率达到18.0%，加热之后薄膜就可以快速恢复原状。

俞燕蕾等和 Ikeda[9]首先报道了紫外光照射后向列相液晶弹性体薄膜的弯曲和恢复行为，用可见光照射薄膜就可以复原到最初的状态。含有偶氮苯的液晶弹性体薄膜，其三维运动会产生光致弯曲。利用其性质，俞燕蕾等和 Ikeda 等进一步实现了液晶光敏弹性体薄膜方向可以控制其光致弯曲的方向和大小。最近，Ikeda 和俞燕蕾报道了构筑偶氮交联网络的液晶聚合物膜可以利用氢键的作用来完成，偶氮单元的取向可以通过剪切来控制，最后利用紫外光线进行辐照，也可以实现光致弯曲[10]。

3 结 语

光敏材料是目前功能材料的研究热点之一，目前已经广泛应用于光数据储存、光稳定剂、光敏印章等等。而且在很多新兴行业中都有很好的应用前景，如 3D 打印、光电材料、太阳能电池以及液晶显示器等，随着这些行业的进一步发展，将为光敏材料带来新的发展机遇。

参考文献

[1] 许明. 基于光敏材料的多通道滤光片研究[J]. 浙江大学，2012，(1)：3 - 6.

[2] Brambilla G，Prumeri V. Bragg gratings in ternary SiO_2：SnO_2：Na_2O optical glass fibers [J]. Optics letters，2005，25(16)：1153 - 1159.

[3] Milanese D，Fu A，Contardi C，et al. Photosensitivity and directly IJV written wave guides in an ion exchangeable bulk oxide glass[J]. Optical Materials，2001，18：295 - 312.

[4] Wu Y，Demachi Y，Tsutsumi O，et al. Photoinducedalignment of polymer liquid crystals containing azobenzene moieties in the side chain 1. Effect of light intensity on alignment behavior[J]. Macromolecules，1998，(31)：349 - 354.

[5] Uchida E，Shiraku T，Ono H，Kawatsuki N. Control of thermally enhanced photoinduced reorientation of polymethacrylate films with 4-methoxyazobenzene side groups by irradiating with 365 and 633 nm light and annealing[J]. Macromolecules. 2004，(37)：5282 - 5291.

[6] Uchida E，Kawatsuki N. Photoinduced orientation in photoreactivedrogen-bonding liquid crystalline polymers and liquid crystal alignment on the resultant films[J]. Macromolecules，2006，39：9357 - 9364.

[7] Finkelmann H，Nishikawa E，Pereira G G，et al. A new opto-mechanical effect in solids [J]. Phys. ，Rev. ，Lett. ，2001，87 (3)：1 - 4.

[8] Li M H, Keller P, Li B, et al. Light-driven side-on nematic elastomer actuators[J]. Adv. Mater, 2003, 15: 569 - 572.

[9] Ikeda T, Nakano M, Yu Y L, et al. Anisotropic bending and unbending behavior of azobenzene liquid-crystalline gels by light exposure[J]. Adv. Mater, 2013, 25: 201 - 205.

[10] Mamiya J, Yoshitake A, Kondo M, et al. Chemical crosslinking necessary for the photoinduced bending of polymer films[J]. J. Mater. Chem, 2012, 18: 63 - 65.

新型碳纳米材料在生物传感器中的应用

王冬华[1,2]

1.渭南师范学院　化学与环境学院　陕西 渭南　714099；

2.渭南师范学院　军民两用材料重点实验室　陕西 渭南　714099

摘　要：碳纳米材料凭借其优良的物理和化学性能而被普遍研究，其中，碳纳米管、碳纳米纤维和石墨烯更是由于其比表面积大、电导率高，以及生物相容性良好，而成为研究的焦点。这些新型的碳纳米材料具有许多优异的物理和化学性质，在诸多领域得到了应用，特别是在电化学应用领域中显现出其特殊的优点。本文主要对碳纳米材料在生物传感器中的应用进行了阐述。

关键词：碳纳米管；生物传感器；碳纳米纤维

碳纳米材料由于其比表面积大、生物相容性良好[1,2]，在催化反应中，能显著提高酶的直接电子传递速率等优异的性能，在生物电催化反应中起着至关重要的作用，所以，以碳纳米材料为基底材料制备而成的碳纳米材料传感器，其高精度、高敏捷度、小体积等众多物理性能，更是优于由传统材料制得的传统传感器，弥补了由于传统传感器在物理和化学性能上的多种缺陷造成的不足。把高灵敏的信号转换器件与不同种类的生物识别单元相结合，就能够构成多种多样的生物传感器。本文将主要采用列举说明的方法，从不同角度，不同层次，深度剖析并介绍碳纳米材料在生物传感器中的应用与研究成果。

1　碳纳米管及其复合材料在生物传感器中的应用

基于碳纳米管强大的催化性能，优异的增敏效应，以其为基底材料所制得的生物传感器，在电化学生物传感器领域发挥了其巨大的作用，拥有探索、实践的科学价值[3,4]。随着传感器制作技术的不断革新，在碳纳米管传感器的开发中，将碳纳米管阵列型有序的固定在电极的表面上，已渐渐取代了无序的将碳纳米管固定在电极的表面上，成为新一轮研究的热点。通过实验探究，成功的得到具有超微电极性质的电极。单臂碳纳米管管端的羧基用二氯乙烷和N-羟基琥珀酰亚胺活化，通过形成酰胺键偶联结合葡萄糖氧化酶，传感器的响应时间为20～30 s，检出限为8×10^{-5} mol/L。结合以上实验结论，还成功的合成了有序排列极，不需要加任何酶，单纯利用碳纳米管的电催化效应就可以对葡萄糖直接进行测定，所得结果与一般的玻璃碳电极相比较，产生了400 mV的电位降。

在生物电化学方面，科学家们结合核酸识别知识，以碳纳米管为基底材料，研制出了新一代的电化学 DNA 生物传感器，其作用效果更为高效，使得碳纳米管得到了更为有效的应用。Wang 等[5]通过实践研究，得到一种碳纳米管增强的 DNA 探针，并借助专门的实验仪器，将 CdS 成功的标记在探针上，经过多方面的实验探索，最终研究制得了一种高效、准确的 DNA 传感器，检出限能达到 pg 级。另外，还采用酶标记物的方法，将 DNA、抗原蛋白等的信号放大，充分的表现了碳纳米管的超灵敏性。此外，在个体生物 DNA 检测方面，有一种多壁碳纳米管糊电极，具有很好的生物相容性，可以很好地研究鸟嘌呤上的碱基对电极的吸附固定作用，以及电化学氧化现象。针对多壁碳纳米管糊电极这样特异的性能，科学家们采用各种实验手段，制备出了与其性质相符合的无标记 DNA 的杂交传感器，这种传感器检验效果准确，用于检测通过短时间富集的痕量(μg/L)核酸。除此之外，在其他生物传感器的研究中，例如：多巴胺[6]和 NADH 生物传感器的构置中，碳纳米管也取得了高水平的技术成果。

2 碳纳米纤维在生物传感器中的应用

碳纳米纤维与碳纳米管的性质十分相似(高导电性、高机械强度、大比表面积、热稳定性)，不管是将碳纳米纤维作为纳米金属颗粒催化剂载体，还是将碳纳米管作为纳米金属颗粒催化剂载体，两者能够综合自身的优点，充分的发挥其优良的性能，有助于反应的进行，有巨大的发展前景[7]。Vamvakaki 等[8]以碳纳米纤维为基底可以制成葡萄糖生物传感器。将酶固定在碳纳米纤维表面，能够制得具有可逆性，且稳定性和灵敏度都很好的电化学生物传感器。此外，当碳纳米纤维被酸氧化后，浸润性和水溶性将被优化，此时，在它的表面上就会出现大量的活性位点，可以有效地固定抗原 CA 125 以及作为电子媒介体的硫基，并且不会改变 CA 125 良好的生物活性和稳定性，由此可以得到，水溶性的碳纳米纤维是制备检测糖类抗原 125(CA 125)的免疫传感器的理想材料。

3 石墨烯在生物传感器中的应用

石墨烯具备碳纳米管的一系列优良性质，具有场效应、超高比表面、高强度等[9]，因此在生物传感器领域受到极大的重视。石墨烯更是由于比表面积大、电导率高，以及生物相容性良好，而成为研究的焦点。石墨烯凭借其优良的物理和化学性能，制成了以石墨烯修饰电极为基础的各种生物传感器，得到了广泛的研究与应用，并取得了众多优秀的研究成果，被大范围的应用在对生物物质的检测中[9]。

以石墨烯纳米材料为基底材料，是由 Shan 等[10]第一次提出的，经过多次实验并取得成果，研制得到了电化学葡萄糖生物传感器，将用乙烯吡咯烷酮(pvp)修饰过的石墨烯置于水中，会发现其在水中表现出良好的分散性，对 O_2 的还原反应表现出很高的电化学催化作用，对 H_2O_2 的还原反应也表现出很高的电化学催化作用。而离子液体经过聚乙烯亚胺(Polyethylenimine)的功能化表现出良好的溶解能力、成膜稳定性和离子电导性。该小组又将石墨烯功能化，然后将其均匀的分散在功能化的离子液体中，得到石墨烯/离子液体修饰电极，此电极能够满足电极上电子转移的条件，既能固定GOD(葡萄糖氧化酶)，也不会破坏酶的活性。又因为材料对O_2和H_2O_2具有良好的还原催化的作用，基于此特性，可研究得到了葡萄糖电化学生物传感器检测，线性范围在2～14 mmol/L以内。为了更深层次的研究，使电化学响应信号能够得到明显的增强，小组又将纳米金颗粒与石墨烯通过原位还原氯金酸的方法结合，研发出一种新型的石墨烯-纳米金复合材料，基于这种复合材料的性质，制备的传感器选择性和灵敏度都很高，在对H_2O_2的线性检测中，其检测范围能够达到0.2～4.2 mmol/L。利用同样的理论方法，将铂纳米颗粒通过电沉积的方法与石墨烯表面相结合，也可研制出一种新型的复合材料，经加工可得电化学传感器，将葡萄糖的检出限提高到了0.6 μmol/L。

4 展 望

随着经济全球化的不断发展，资源共享化的时代已经到来，科学技术的发展将会以前所未有的速度进行。而新型碳纳米材料，凭借其自身优良的物理性质和独特的电化学性质，在电化学生物传感器中依然独树一帜，发挥着其不可替代的作用。作为新时期最热门的研究课题，新型碳纳米材料在生物传感器中的应用也必将日新月异。

参考文献

[1] Wen L, Li F, Luo H Z, et al. Graphene for flexible lithium-ion batteries: Development and prospects[M]. Nanocar-bons for Advanced Energy Storage, wiley, 2015.

[2] 卓颖. 基于复合纳米材料组装的信号增强的电化学免疫传感器的研究[D]. 重庆：西南大学，2009.

[3] 李娜. 新型纳米材料用于电化学免疫传感界面的构建[D]. 重庆：西南大学，2008.

[4] 方禹之，何品刚. 基于纳米材料的DNA电化学传感器[C]. 2005年第九届中国电分析化学学术会议专题报告.

[5] Joseph Wang, Guodong Liu, Rasul Jan M, et al. Electrochemical detection of DNA hybridization based oncarbon-nanotubesloadedwith CdStags[J]. Electrochemistry Communications, 2003, 5(12): 1000-1004.

[6] 赫春香，赵常志，唐祯安，等. 碳纳米管修饰电极对多巴胺和抗坏血酸的电催化氧化[J]. 分析化学，2003，31(8)：958-960.

[7] 郑静，林莉，何品刚，等. 基于核酸适配体和纳米材料的凝血酶蛋白特异性识别电化学生物传感器[J]. 中国科学，B辑，2006，36(6)：485-492.

[8] Vamvakaki V, Tsagaraki K, Chaniotakis N. Carbon nanofiber-based glucose biosensor [J]. Anal Chem, 2006, 78(15): 5538-5542.

[9] 王传现，韩丽，颜妍，等. 基于纳米金石墨烯壳聚糖复合物修饰电极的免疫传感器检测己烯

雌酚[J]. 中国食品学报,2012,12(12):130-136.

[10] Shan C S, Yang H F, Song J F, Han D X, Ivaska A, Niu L. Direct Electrochemistry of Glucose Oxidase and Biosensing for Glucose Based on Graphene[J]. Anal Chem, 2009, 81(6): 2378-2382.

有机电致发光材料与OLED器件的研究

刘　娟[1,2]

1.渭南师范学院　化学与环境学院　陕西 渭南　714099；

2.渭南师范学院　军民两用材料重点实验室　陕西 渭南　714099

摘　要:探讨了它的发光机制与器件结构,综述了有机电致发光材料在OLED中的应用,指出了有机电致发光材料的研究方向。

关键词:电致发光材料;OLED;发光机制

有机发光二极管(OLED),是借助于能够发生化学反应的有机材料,它是一种直接将电能转化为光能的器件。因为自身具有柔韧性和可塑性好、自身可发光特性、工作驱动电压低、响应时间短、高导电性、优良的成膜性等特征,能够满足显示技术上更高要求,所以电致发光材料已广泛应用于OLED显示上,引领着显示技术领域新的方向[1]。本文探讨电致发光材料发光机制,综述有机电致发光材料在OLED中的应用。

1　OLED发光机制

OLED器件的发光机制是由阳极注入的空穴和阴极注入的电子在发光层相遇并相互作用,然后形成受激的激子,激子在反应状态下由激发态降级到基态,在这过程中激子会把它的能量差以光子形式给释放出来。有机电致发光过程由以下4个步骤完成:①载流子的注入。电子和空穴在各电极的作用下分别注入到所在电极内侧里的有机功能材料的薄膜层上;②载流子的迁移。电子传输层和空穴传输层中的载流子分别向发光层迁移;③激子的产生。阳极注入的空穴和阴极注入的电子在发光层中相遇,进而通过相互作用而形成激子;④光子的发射。激子在激发态能量通过辐射失活而产生光子,并通过光子释放出光能[2]。

2　有机电致发光材料

2.1　有机电致发光材料的特征

应用在OLED器件中的有机电致发光材料应具备以下共同特征:①有较好的成膜性;

②在可见光条件下能具有高的导电率或荧光量子效率，能有效地传递空穴或电子；③具有优良的机械加工性能与稳定性。

2.2 有机电致发光材料的种类

在制备和优化 OLED 器件的结构和性能中，有机电致发光材料的选择显得尤为重要，它本身性质就决定了器件性能。根据有机电致发光材料在 OLED 器件中的不同功能，主要分为发光材料和载流子传输材料。

2.2.1 发光材料

发光材料作为有机电致发光材料中重要的一部分，也是 OLED 器件中最具有优势的材料。发光材料要求具有良好的导电性、良好的热稳定性和高量子效率的荧光发射，发光材料又分为蓝光材料、绿光材料、红光材料 3 种。蓝光材料是最基础的发光材料，除了发出基色蓝光外，还可以与其他发光材料掺杂在一起而发出得到其他颜色，如咔唑衍生物；绿光材料在在亮度、色纯度还是使用寿命方面到现在为止是最成熟的一种，如无机硼无定型分子材料；红色发光材料从色纯度还是亮度及效率则不如前面两种材料，如 8-羟基喹林三铝。而白光的输出可通过红绿蓝三色以一定比例混合实现[3]。

2.2.2 载流子材料

载流子传输层材料对有机电致发光器件的亮度以及性能有着重要的影响，电子和空穴是在电场外力作用下，由两极的电极注入到有机电致发光材料的分子中，载流子在其中的传递和注入起着关键的作用。而载流子传输材料分为电子传输材料、空穴注入材料、空穴传输材料以及空穴阻挡材料 4 种[4]。

3 有机电致发光材料对 OLED 器件的影响与防护

3.1 有机电致发光材料对 OLED 器件的影响

(1)有机材料的热衰变。玻璃化温度 T_g 低的有机电致发光材料，在室温条件下，把它放置空气中暴露几天就会结晶，从而会对器件的不稳定造成一定的影响。可以得出结论，有机电致发光材料的玻璃化温度 T_g 可以作为 OLED 器件热稳定性的一个依据。有机电致发光材料长时间在高温、空气及与金属表面接触等强氧化环境中，就会发生热衰变，导致有机材料重量损失，抗氧化性能和发光率降低。

(2)有机材料光化学衰变。在光照射充足条件下，有些有机电致发光材料由于不稳定而发生了光化学反应。由于光化学过程是由分子的电子激发态来实现，有机材料光化学衰变会加快荧光衰变的速率，降低聚合物薄膜的发光率[5]。

3.2 OLED 器件的防护措施

(1)盖板封装技术。传统的封装技术是在手套箱中完成，手套箱中的氧、水含量低于 1 ppm。制备好器件之后，在装载室里将器件传入手套箱进行封装。封装时，将 OLED 固定于基座上，将涂好封装胶的盖板对准器件，抽真空使基板和盖板粘合在一起，然后在紫外灯下曝光固化即完成封装。该封装工艺的效果非常好，但是该过程涉及到许多工艺参数，尤其要注意封装气中氧和水汽的含量。

(2)多层膜封装技术。薄膜封装技术不需要封装盖板、粘合剂和干燥剂，而且该封装技术可以实现轻量化、薄型化。该封装技术仅需要薄膜封装设备即可，省去传统封装技术的一系列封装工艺。但是该封装技术对所需要的薄膜材料有很高的要求，一般来说应该达到以下几个要求：①透光性高；②质量轻且韧性高；

(3)耐热性能好、抗腐蚀性强。

(4)具有良好的气密性。采用封装技术可以有效减小水汽和氧气对OLED器件性能的影响，使OLED器件的性能稳定性显著提高，寿命显著延长。

4　有机电致发光材料的发展趋势和应用前景

4.1　发展趋势

(1)最大力度的开发和利用有机电致发光材料的性能，争取做到OLED显示能够达到软屏显示、微显示和全彩显示。软屏显示可以实现卷曲型显示器，微显示便以携带，而全彩色堆叠式OLED显示在小尺寸显示器上和高信息容量更具有变革性的意义。

(2)就目前有机电致发光材料的研究进展，它主要研究工作集中在三个方面：开发新型有机电致发光材料；对新加工工艺的探索；研究有机电致发光材料相关发光机理。

4.2　应用前景

有机电致发光材料广泛应有在光通讯及其它光电子、光信息处理、信息显示领域，并在多个领域发挥巨大的产业优势。未来有机电致发光材料在OLED器件中主要有两个应用前景：一是数字显示。主要优势在低端显示方面，比如耳机、MP3与音响设备；二是全彩显示。小尺寸全彩显示主要应用在手机、摄影机与相机等数码产品，大尺寸全彩显示主要应用在TV、笔记本电脑、监视器等产品。可以大胆预测在不久的将来会拥有更大屏幕的壁挂式TV，甚至折叠式TV也会被研制出来。

5　结　语

当今有机电致发光材料与OLED器件的应用研究取得了令人瞩目成绩。但在商业化发展中难免会遇到一些局限，比如新型有机电致发光材料的发现，器件发光机理的探索，器件稳定性的研究等。为了尽快满足有机电致发光器件商业市场，除了完善器件的结构外观和制作工艺技术外，研究出具有合成性能优良的有机电致发光材料显得格外重要。

参考文献

[1] 李向东,杨家德.有机电致发光显示器件的研制及产品开发现状[J].半导体光电,2000,21(3):153-155.

[2] 张晓宏,吴世康,高志强,等.吡唑啉基化合物的光致发光和电致发光的比较研究[J].高等学校化学学报,2000,21(8):1278-1282.

[3] 张德强,邱勇,董桂芳,等.ZnOEP:Alq_3 掺杂体系的电致发光[J].发光学报,2000,21(3):253-256.

[4] 吴哲夫,章献民,孙润光,等.有机电致发光中能量传递的研究[J].半导体光电,2000,21(3):163-165.

[5] 杨开霞,黄劲松,刘式墉,等.有机/聚合物白光电致发光器件[J].发光学报,2000,21(3):257-260.

纳米 TiO_2 制备技术及光催化性能的研究进展

王 军[1,2]
1. 渭南师范学院 化学与环境学院 陕西 渭南 714099；
2. 渭南师范学院 军民两用材料重点实验室 陕西 渭南 714099

摘 要：本文综述了纳米 TiO_2 制备及光催化技术的研究进展；分析了晶体结构对 TiO_2 光催化性能的影响；展望了纳米 TiO_2 制备技术及光催化性能研究的发展方向。

关键词：纳米 TiO_2；晶体结构；制备；光催化性能

TiO_2 具有化学性质稳定、催化活性高、催化简单有机物彻底、不引起二次污染等优点，在污水处理、空气净化等领域被广泛研究。它利用半导体氧化物材料在光照时表面能受激活化的特性，利用光能可有效地氧化分解有机物、还原重金属离子、杀灭细菌和消除异味，无二次污染，不仅经济，而且自身无毒、无害及无腐蚀性，可反复使用，并可望用太阳光为反应光源等特点而被广泛地应用到光催化降解有机污染物，是一种具有广阔应用前景的光催化氧化剂。

1 纳米 TiO_2 制备技术的研究进展

由于纳米 TiO_2 具有许多优异性能，其用途相当广泛，因而其制备受到国内外的极大关注。目前制备纳米 TiO_2 粉体的方法主要有物理法和化学法。制备纳米 TiO_2 的物理法主要有溅射、热蒸发法及激光蒸发法。物理法制备纳米粒子是最早的方法，它的优点是设备相对来说比较简单，易于操作和易于对粒子进行分析，能制备高纯粒子，还可制备薄膜和涂层，它的产量较大，但成本较高。制备纳米 TiO_2 的化学方法主要有液相法和气相法。气相法主要包括气体冷凝法、溅射法、活性氢-熔融金属反应法、流动液面上真空蒸发法、混合等离子法和通电加热蒸发法等[1]。由于气相法制备纳米 TiO_2 能耗大、成本高、设备复杂，使其研究受到了一定的影响，在此不作详述。液相法可分为沉淀法、溶胶-凝胶法、微乳液法、水热合成法等[2]。与气相法相比，液相法生产的原料成本低了一个数量级，而且具有原料无毒、无危险性、常温液相反应、工艺过程简单易控制、易扩大到工业规模生产、三废污染少、产品质量稳定等优点，因而引起了广泛的兴趣和关注，在此作简要介绍。

1.1 沉淀法制备纳米 TiO_2

沉淀法是制备纳米较为简单的方法，根据沉淀产生的方式不同，可将沉淀法分为两类：直接沉淀法和均匀沉淀法。由于所得沉淀物一般为胶状物，洗剂、过滤比较困难；且产品易引入杂质，所以现在已很少使用。下面仅简单介绍均匀沉淀法。均匀沉淀法制备纳米 TiO_2 是利用 $CO(NH_2)_2$ 在溶液中缓慢地、均匀地析出 TiO_2。

在均匀沉淀法中，由于沉淀剂是通过化学反应缓慢生成的，因此只要控制好生成沉淀剂的速度，就可避免浓度不均匀现象，使过饱和度控制在适当范围内，从而控制粒子的生长速度，获得粒度均匀、致密、便于洗涤、纯度高的纳米粒子。该法生产成本低，生产工艺简单，便于工业化生产。

1.2 溶胶-凝胶法制备纳米 TiO_2

溶胶—凝胶法是制备纳米粉体的一种重要方法。采用溶胶-凝胶法制备纳米 TiO_2 粉体，是以钛醇盐为原料，先通过水解和缩聚反应使其形成透明溶胶，然后加入适量的去离子水后转变成凝胶结构，将凝胶陈放一段时间后放入烘箱中干燥，待完全变成干凝胶后再进行研磨、煅烧即可得到均匀的纳米 TiO_2 粉体。其反应中各组分的混合在分子间进行，因而产物的粒径小、均匀性高；反应过程易于控制，可得到一些用其他方法难以得到的产物，另外反应在低温下进行，避免了高温杂相的出现，使产物的纯度高。但缺点是由于溶胶-凝胶法是采用金属醇盐作原料，其成本较高，工艺流程较长，而且粉体的后处理过程中易产生硬团聚。

1.3 微乳液法制备纳米 TiO_2

微乳液法是制备纳米 TiO_2 的新型方法。微乳液由表面活性剂、助表面活性剂、有机溶剂和水溶液 4 组分组成。当两种含有不同反应物的微乳液混合后，胶团颗粒的碰撞使水核内物质发生相互交换和传递，钛盐在水中的水解反应就在水核内进行，当核内粒子长到一定尺寸时，表面活性剂分子就附在粒子表面，使粒子稳定并防止其进一步长大，分离粒子与微乳液，用有机溶剂洗去粒子表面的油和活性剂，最后在一定温度下干燥，煅烧可以得到纳米 TiO_2[4]。由于生成的粒子表面包覆有一层表面活性剂，从而不易聚集，可达到控制合成产物的粒度。该法的缺点是最终很难从产物粒子表面除去在制备过程中使用的表面活性剂。

1.4 水热法制备纳米 TiO_2

近年来，将微波技术和电极埋弧等新技术引入水热法，合成了一系列纳米级陶瓷粉末，使水热法成为最有前景的纳米二氧化钛合成技术之一[5]。水热法制备纳米 TiO_2 与其他液相法相比具有独特的优势：①反应在高温高压下进行能实现常规条件下无法进行的反应；②通过温度、酸碱度、原料配比等条件的改变能得到各种晶型结构、组成、形貌以及颗粒尺寸的产物；③可直接得到结晶良好的粉体，无须高温焙烧晶化；④制备过程污染小。其基本操作是：在内衬耐腐蚀材料的密闭高压釜中加入纳米 TiO_2 的前驱体（充填度为 60%～80%），按一定的升温速度加热，待高压釜达所需的温度值，恒温一段时间，卸压后经洗涤、干燥即可得到纳米级的 TiO_2[6]。

2　纳米 TiO_2 的光催化性能及应用研究进展

2.1　光催化机理

当 TiO_2 被 385 nm 的光照射时，能够被激发产生光生电子一空穴对，激发态的导带电子和价带空穴又能重新复合，但当存在合适的俘获剂或表面缺陷态时，电子和空穴的复合得到抑制，在它们复合之前，就会在催化剂表面发生氧化一还原反应。空穴是良好的氧化剂，电子是良好的还原剂。大多数光催化氧化反应是直接或间接利用空穴的氧化能。在半导体光催化剂中，空穴与表面吸附的 H_2O 或 OH^- 反应形成具有强氧化性的羟基自由基，羟基自由基将有机物直接降解成二氧化碳和水。

2.2　晶体结构对 TiO_2 光催化性能的影响

纳米微粒尺寸小，因而具有庞大的比表面积，使得纳米 TiO_2 表面能增大，部分钛原子处于严重欠氧状态，易形成束缚激子；同时，表面价态严重失配，在能隙中形成缺陷能级，使纳米 TiO_2 表面出现许多活性中心，具有很高的活性；另外，当 TiO_2 粒径小于 10 nm 时，其导带和价带能级变成分裂能级，半导体的能隙增宽，从而使空穴电子对具有较强的氧化还原能力，光催化效应的驱动力增大，导致光催化活性的提高[7]。

2.2　催化剂的改进

纳米 TiO_2 是当前最受重视和具有广阔应用前景的光催化氧化剂。为了提高 TiO_2 的光催化活性，我们可以通过以下方法对其进行改进：①对 TiO_2 进行修饰改性，如表面贵金属沉积、非金属离子掺杂、与其他半导体材料的复合以及表面光敏化，这样既可以拓展 TiO_2 对光的利用率，又能减少电子空穴对的复合，大大提高了光催化活性；②对于难分离现象主要运用负载技术，负载应具有良好的透光性，在不影响光催化活性的前提下与 TiO_2 具有较强的结合力，应具有较大的比表面积，对降解物有较强的吸附性和易于分离的特性[8]。

2.3　TiO_2 光催化的主要应用

2.3.1　在抗菌方面的应用

TiO_2 在光照下对环境中的微生物具有抑制或杀灭作用，从而达到抗菌效果。在人们的居住环境中存在着各种有害微生物，对人类生活产生不良影响。家居环境中的一些潮湿的场合如厨房、卫生间等，微生物容易繁殖，导致空气菌浓度和物品表面菌浓度增大，对人的健康产生威胁。利用纳米 TiO_2 的光催化性可充分抑制或杀灭环境中的有害微生物，降低环境微生物对人的危害。

2.3.2 在污水处理方面的应用

纳米 TiO_2 复合材料对有机废水的处理，效果十分理想。以 TiO_2 为光催化剂，在光照的条件下，可使水中的烃类、卤代物、羧酸等发生氧化-还原反应，并逐步降解，最终完全氧化为环境友好的 CO_2 和 H_2O 等无害物质，纳米 TiO_2 还可有效地用于含 CN^- 的工业废水的光催化降解。除有机物外，许多无机物在 TiO_2 表面也具有光学活性，例如无机污水中的 Cr^{6+} 接触到 TiO_2 催化剂表面时，能够捕获表面的光生电子而发生还原反应，使高价有毒的 Cr^{6+} 降解为毒性较低或无毒的 Cr^{3+}，从而起到净化污水的作用[9]；一些重金属离子如 Pb^{2+}，Hg^{2+}，Cd^{2+} 等，在催化剂表面也能够捕获电子而发生还原沉淀反应，可回收污水的无机重金属离子。

3 结 语

对于纳米 TiO_2 制备技术，其今后的发展方向如下：①光催化材料正在从零维纳米材料向一维纤维、二维薄膜，以及以各种材料为载体的方向发展；②材料成分由单一的二氧化钛向多组分的复合化材料方向发展；③从利用紫外灯等人工光源，向利用太阳光自然光源方向发展。

参考文献

[1] 李志军，王红英.纳米二氧化钛的性质及应用进展[J].广州化工，2006，34(1)：23－25.

[2] 胡娟，邓建刚，何水样，等.纳米级二氧化钛制备方法的比较研究 [J].材料科学与工程，2001，30 (4)：48－51.

[3] 孟庆磊.高比表面积纳米二氧化钛制备研究新进展[J].无机盐工业，2009，41(8)：1－5.

[4] 孟朝辉.水热法制备二氧化钛纳米晶体[J].精细与专用化学品，2006，14(14)：20－25.

[5] 方晓明，瞿金清，陈焕饮.液相法合成纳米 TiO_2 的进展[J].硅酸盐通报，2001，20(6)：30－32.

[6] 李燕，陈祖耀.纳米级超细粉的水热合成及结构相变的研究[J].安徽建筑工业学院学报，1997，5(1)：39－41.

[7] James Ovens tone. kazumichi yanagisaw a Effect of hydrotheemal treatment of amorphous titania on the phase change form anatase to rutile during calcination [J]. Chem. Mater，1999，11(10)：2770－2774.

[8] 朱新峰，杨家宽，肖波，等.负载型纳米二氧化钛光催化剂制备及其光催化性能研究[J].材料科学与工程学报，2004，22(6)：863－866.

[9] 徐敏，谭家欣，徐家慧，等. TiO_2/沸石负载型催化剂的催化性能研究[J].广州化工，2004，32(4)：28－30.

在离子液体中制备无机材料的研究

刘楠楠[1,2]
1.渭南师范学院 化学与环境学院 陕西 渭南 714099；
2.渭南师范学院 军民两用材料重点实验室 陕西 渭南 714099

摘 要：离子液体作为绿色溶剂，在化工作业中得到广大化学工作人员的关注，在无机材料的生产制备中，离子液体主要被当做电解液，溶剂或者表面活性剂。文章综述了它在无机材料制备中的应用以及对其在未来生产应用中的设想。

关键词：离子液体；无机材料；电解液；活性剂；离子热合成

离子液体是指全部由离子组成的液体。在25℃附近且由离子组成的的呈液态的化合物，研究者们也把它叫做室温离子液体或者熔融盐。相对于传统溶剂，离子液体有很多不同的性质，例如热稳定性和化学稳定性很高；蒸汽压低，不易挥发，无味，不可燃，不助燃，减少了环境污染问题；对很多有机无机物都有很好的溶解性能，并且在许多化学反应中还可作为溶剂与催化剂的两重作用，等。因此在许多化学反应，化工生产，材料制备，实验分析，环境科学技术等许多方面都有着重要的作用。

在无机材料的制备中，离子液体拥有着自己独特的优点[1-4]：①表面张力比较低；②界面能很低；③热稳定性很高；④反应物在离子液体中较容易制造无机材料，从而减少氢氧化物和一些无定型物的生成；⑤在液态的情况下，离子液体中存在大量的氢键，有很好的结构体系；⑥可溶解许多有机无机物等。由于以上的种种优点，离子液体在制备无机材料方面有广泛前景。

为此，在近代无机材料的生产过程中，离子液体主要有以下几个功能：①在电化学反应中做电解液；②在传统反应中作为溶剂或者表面活性剂；③离子热合成；④具有多种功能于一身的离子液体反应。本文着重介绍了离子液体在无机材料制备方面的应用。

1 离子液体作为电解液

当离子液体作为电解液时，它的电导率很高，电化学窗口较大，通过阴阳离子的调节可改变反应环境的酸碱度，而且对于金属盐有很高的溶解度。它还能在反应中起溶剂的作用，因此离子液体在电化学反应中有很重要的作用。

离子液体中包含了阴阳两种离子，这两种离子在电化学工程中产生的作用是不同的。通过阳离子的结构和大小对黏度和电导率的影响，从而影响到金属离子传递到电极表面的能量，并使生成物的结构发生变化；阴离子也对电导率和黏度有一定的影响，并且影响了它在金属离子旁边的形状，因此改变了还原电势、电流和成核速度。如今，许多重要的金属单质合金和半导体（如 Co、Ag、Au、Pt）都已经从离子液体中成功的制备出来了，而一些不能通过水溶液制备的金属单质（如 K、Al、Na）也可以通过离子液体制备出来。安茂忠等[5]使用多孔阳极氧化铝为表面活性剂，在物质的量的比为 3∶1∶20 的离子液体 $Cl/CoCl_2$/乙二醇电解液中，通过直流电沉积的方法制备了钴纳米线阵列。通过这种方法制备的钴纳米线明显优于水溶液中制备的纳米线，使用多孔阳极氧化铝为表面活性剂制备的纳米线粗细匀称、轮廓光滑，并且样子更加美观。

在离子液体中制备无机材料使用最早的方法就是电化学方法，不过离子液体虽然在这方面有很大的优点，但还存在许多问题，因此还需要做更多系统的研究。

2 离子液体作为表面活性剂

和普通溶剂不同，离子液体为化学反应制造了一个不一样的环境，在反应的过程中起到了关键的作用。在材料合成制备过程中，离子液体不但拥有作为溶剂的作用，而且还起到了模板的作用。

如今使用表面活性剂合成介孔材料（孔径介于 2～50 nm）的研究比较多，而对于孔径小于 2 nm 的多孔材料的研究相对较少。因为介孔材料的孔径位于沸石和多孔材料之间，所以在反应中对孔径超过沸石的分子具有尺寸和形状的选择性。并且因为其他催化物的尺寸要比介孔小，而孔径在 1～2 nm 的材料尺寸则是刚好满足这种要求，所以介孔材料相对较少的应用于尺寸选择性的催化反应中。李尚禹等[6]用[C_{16}mim][Br]为表面活性剂，在酸性的条件下合成了具有超微孔结构的 SiO_2。合成的 SiO_2 材料有着很高的比表面积和二维六方有序的孔结构，材料的孔径尺寸约为 1.7 nm，孔间距约为 3.9 nm，比表面积为 1160 m^2/g 孔的体积为0.72 cm^3/g。此外，通过改变[C_{16}mim][Br]上的烷基链的多少，也可以制备出 SiO_2 的其它超微孔结构材料，并且其孔径处在 1.1～1.5 nm 之间。

如今使用离子液体合成的无机材料，几乎都是它作为表面活性剂和溶剂发挥作用的，并且它还能和水热、溶剂热、溶胶凝胶（SG）等很多方法联合应用，操作方便，简单易行。这种方式虽然拥有很多的优点，但是有的简化了反应条件，或者反应中发生了变化，产生了新的构造，使得反应的结果不能提早预知，最终必须对产物进行结构表征才可以得到正确的结果。

3 离子热合成

离子热合成指的就是以离子液体为溶剂在高温的情况下发生的反应。与分子溶剂不同，离子液体在较高的温度下依然能没有蒸汽压的产生，因此，不同于水热法和溶剂热法，不用在压力容器中进行，而可以使用一些简单的器皿，从而避免了高压产生的安全隐患。在离子热合成这个反应中，可以制造出新结构的化合物。

李标模等[7]以[bmim]Cl为介质,使用溶剂热法,以Cu(CH_3COOH)和NaOH为原料制备出了CuO纳米棒。通过XRD谱图得到产物是纯的CuO晶体,而且具有单斜结构,晶粒较小。而FESEM形貌得到它是直径约为12 nm,长度约为70 nm,两段为半球形的纳米棒,且纳米棒的形状比较规则。离子液体在这个反应中起到了表面活性剂的作用,使其在(010)晶面的吸附作用较小,从而使晶体在[010]方面生长。此外,由于离子液体表面修饰的作用,生成的CuO纳米棒没有发生聚集。通过UV-Vis(紫外-可见吸收光谱)测试表明了CuO的带隙能量为2.64 eV。离子液体[bmim]Cl发挥了助溶剂,表面活性剂和修饰剂的多重作用。

离子热合成是一种安全,效率高的合成新方法,其在化学生产中显示出了强大的优势。选择合适的反应条件与反应物,就可以在离子液体中制备出更多的新的无机材料。

5　结论及展望

如今离子液体已经在无机材料的制备应用方面中体现出了优良的性能。离子液体作为一类新出现的化学品,它的研究和一些理论还不是很齐全。不过随着研究者的不断深入研究,相信在不久后,离子液体就会完全进入化学工作者的试验中去,替代一些传统的实验溶剂,电解质,表面活性剂,甚至改变传统的试验方法,完善试验中不可避免的误差等。并且通过应用一些新开发出来的离子液体以及它的特性,也可以得到更多种类的无机材料。

参考文献

[1] 莫似浩. 钨冶金的原理和工艺[M]. 北京:轻工业出版社,1984.

[2] 苏家鹏,李坤兰,王少君,等. 离子热合成磷酸铝分子筛的研究[J]. 化学世界,2007,48(1):5-9.

[3] 马英冲,宋宇,王少君,等. 离子热合成微球方钠石[J]. 无机化学学报,2010,26(11):1923-1926.

[4] Li Z H, Rabu P, St rauch P, et al. Uniform metal oxide particles from water/ionic liquid prec-ursor mixtures[J]. Chemistry, 2008, 39(51): 8409-8417.

[5]杨培霞,安茂忠,苏彩娜,等. 离子液体中电沉积制备钴纳米线阵列[J]. 无机化学学报,2007,23(9):1051-1054.

[6]李尚禹,王瑞伟,万利丰,等. 以离子液体为结构导向剂合成有序超微孔二氧化硅[J]. 高等学校化学学报,2008,29(3):465-467.

[7]李标模,喻宁亚,王军,等. 硫醚功能化离子液体固定纳米金粒子的制备及其催化性能[J]. 催化学报,2007,28(10):875-879.

气敏材料的机理模型

许 艳

渭南师范学院 军民两用材料重点实验室 陕西 渭南 714099

摘 要： 为提高原料气敏机能、开拓新型气敏材料，需要深度研究气敏材料的敏感机理，以获得理论依据。本文从气体与敏感材料的物理、化学等方面性质的互相作用出发，联系气敏材料在电学性质方面的变化，对其敏感机理及模型做了详尽的阐述，论证了气敏机理研究可以有效解决气敏材料的选择性、稳定性差以及工作温度高等现阶段所存在的问题。

关键词： 气敏材料；气敏机理；模型

气敏材料指的是当某一种材料吸附某种气体后，该材料的电阻率发生变化的一种功能材料。也或着我们把对于某种环境中某种气体十分敏感的材料定义为气敏材料，这些材料通常是金属氧化物，并且具有半导化性质，主要是通过添加其他化学元素等方法，使其呈现半导化性质，随着环境的改变其阻值也随之变化。由气敏材料制成的气敏电阻能够把气体成分，浓度等属性转换成电阻变量，再进一步转化为电流，电压信号，达到检测目标气体的目的。气敏材料分为不同的类型，一般表现出对某一种或几种气体都具有敏感性，其电阻随该种气体的浓度（分压）变化，其变化表现出一定的规律性，检测灵敏度量级是百万分之一，有些还可达十亿分之一，大大超出动物的嗅觉灵敏度，因此有“电子鼻”之称[1—3]。

目前，很多研究者都表现出了对气敏材料的研究的强烈关注，然而，对气敏材料机理的认识却还远远不足。本文主要着手于气体与敏感材料的互相作用，并且联系气敏材料电学性质的变化，对气敏材料的敏感机理做了较为详尽的论述。

1 物理吸、脱附模型

通过待测气体与气敏材料的物理吸、脱附反应进行检测的模型，我们称为物理吸、脱附模型。如水蒸气（湿敏）传感器的原理就是物理吸附法，对水分子产生的材料外表的电阻变化进行检测，还可通过水分子使材料电容发生变化来检测。物理吸附，无论气体或固体的种类如何，吸附作用一般不伴随电子的移动。严白平等[4]对 $MgCr_2O_4-TiO_2$ 湿敏陶瓷的机理经过探究之后，早前就已经发现，材料表面分子有电子电导现象，因此不是化学吸附，水的化学吸附在温度条件较低时只能正向进行，其化学反应式是：

$$H_2O+O^- \longrightarrow 2OH + e \tag{1}$$

反应中产生的OH在较低温度条件下不能还原成 H_2O。很明显，湿敏原料表面电子电导是由于物理吸附水。物理吸附水在湿敏材料外表吸附于表面OH上，并且以弱氢键形式存在。这种变化使表面能产生变化，外表与材料内部有电子转移现象。

2 化学吸、脱附模型

化学吸、脱附模型在目前受到了广泛应用，成为气敏机理模型中应运最为广泛的一种，所用到的原理是气体在气敏原料上的化学吸、脱附性质。化学吸附，由于气体和固体的种类不同，需要在较物理吸附高的温度下进行它的反应速度与温度有关。由于半导体和吸附气体分子间的电子能量差使半导体表面和吸附气体的分子间产生电荷重新分配，因此化学吸附必然伴随着电子的移动，使半导体的电导率受到影响，其电阻发生变化，而且电阻变化的大小与气体浓度有关。对于 SnO_2、ZnO、Fe_2O_3 等还原性N型半导体，若吸附气体是氧、氯等吸收电子的氧化性气体时，由于电子从半导体移向被吸附气体，使半导体空间电荷层的电子密度减小，因而半导体的电导率减小，电阻值增大。黄世震等[5]在 WO_3－ZnS系 H_2S 气敏材料的探究中提出，WO_3 与 O_2 反应生成吸附氧：$Oads^-$，$Oads^{2-}$，电阻值会有一定改变，通过输出信号的变化检测待测气体。Barret等[1]早在1967年报道，由 $(NH_4)_{10}W_{12}O_{41}\cdot 5H_2O$ 分解制备的 WO_3 对 H_2S 在469 K时灵敏性很高。LinHong Ming等报道的非晶 WO_3 薄膜经Au，Pd，Pt掺杂，90%响应时间缩短到1 s以内[6]。WO_3 基气敏材料被认为是最有前景的新型气敏材料之一。一定温度下，空气中的氧在 WO_3 表面会发生化学吸附，当环境温度高于177℃时，吸附氧占优势。在遇到氧化性气体时，发生吸附会夺取电子，这些电子来自于半导体导带，形成束缚电子，使 WO_3 基体电导率迅速降低，从而实现对待测气体的灵敏检验。添加贵金属会在 WO_3 半导体表面形成复杂的活性中心，增强待测气体吸附的选择性，从而增加气敏响应的选择性，降低反应激活能而降低操作温度，提高响应温度[7]。WO_3 材料的气敏特性从一开始便致力于环境保护及治理、清洁能源的开发，它始终没有离开人类所关注的重大问题，其强大的生命力和发展潜力不容置疑。然而，较高的气敏测试温度、太阳能利用率和纳米级材料的团聚性等，都是在应用过程中等待解决的问题。当这种气敏材料触及 H_2S 时，发生如下反应：

$$H_2S + Oads^{2-} \longrightarrow H_2O + S + 2e \tag{2}$$

$$H_2S + Oads^{-} \longrightarrow H_2O + S + e \tag{3}$$

3 半导体能级模型

半导体能级模型是利用半导体的施主或受主能级来研究材料的气敏机理的。生活中最广泛的半导体气敏材料是半导体 SnO_2，这种材料很受欢迎，被应用于很多领域。

我们已经知道，对于 SnO_2、ZnO、Fe_2O_3 等还原型N型半导体，若吸附气体是氧、氯等吸收电子的氧化性气体时，则由于电子从半导体移向被吸附气体，使半导体空间电荷层的电子密度减小，因而半导体的电导率减小，电阻值增大。遇到还原性气体时，SnO_2 的电导率会发生明显变化，比之前增加很多。通过半导体理论我们可以得知，添加替位杂质能够改变 SnO_2 的电导率，比如 O^{2-} 被低价 F^- 所替代、Sn^{4+} 被高价 Sb^{5+} 取代等有可以起到浅施主的作用，电导将随施主浓度的增加而增加；SnO_2 材料表面吸附了大量的氧离子，高温时这些阳离子与还原性气体分子反应，其生成物可向 SnO_2 中放出电子，增加了 SnO_2 材料的导电电子，从而提高了电导率[8]。如果半导体吸附的气体是能够提供电子的还原性气体，如 CO、H_2、烷和烃等，将发生电子由吸附气体分子向半导体转移，使 N 型半导体电荷层的电子密度增大，因而半导体的电导率增大，随着气体浓度的增加，材料的电阻减小，而且这种反应是可逆的。

4 结 语

综合来看单一的气敏材料模型研究还存在很多缺点，比如稳定性差，选择性也有待提高。因此，以后更多的需要转向复合型气敏材料的研究。其未来的发展以高稳定性、高灵敏性、高选择性为目标，首先要求提高活性材料的气敏性能，实现气敏材料的设计、制备和性能调控日益受到重视。因此，在研究气敏材料的机理模型时，应综合考虑这些因素，通过对其机理模型的深入研究，更好的实现对气敏材料性能的开发和利用。

参考文献

[1] YANG Hua-ming. Synthesis of tin oxide nanoparticles by mechano chemical reaction[J]. Journal of All oxygen and Compounds, 2004, 363: 271 - 274.

[2] KERSEN K. The gas-sensing potential of nanocry stalline SnO_2 produced by a mechano chemical milling via centrifugal action [J]. Appl PhysA, 2002, 75: 559 - 563.

[3] 杨志华，余萍，肖定全. 半导体陶瓷型薄膜气敏传感器的研究进展[J]. 功能材料，2004, 35(1): 4 - 10.

[4] 严白平，朱秉升. 湿敏电导的机理[J]. 西安交通大学学报，1997, 31 (8): 39 - 43.

[5] 黄世震，林伟，陈伟，等. 纳米 WO_3 - ZnS 系 H_2S 气敏元件的研究[J]. 传感器技术，2001, 20(1): 21 - 22.

[6] 吴兴惠，李艳峰，周桢来，等. $MSnO_3$ 系气敏材料的研究：$CdSnO_3$ 气敏材料的制备及特性研究[J]. 云南大学学报（自然科学版），1997, 19(1): 48 - 50.

[7] 王杰，耿欣，张超. 氧化钨基半导体气体传感器的研究进展[J]. 材料导报，2016, 30(1): 61 - 66.

[8] 邓霄，程鹏，张琳. Pd 掺杂 ZnO 表面的气敏机理[J]. 微纳电子技术，2014, 51(5): 297 - 339.

» 第三篇

药物中间体协同创新中心研究论文

芍药叶的黄酮提取工艺研究

袁云香[1,2],伍席军[1]

1.渭南师范学院 化学与环境学院 陕西 渭南 714099;

2.渭南师范学院 药物中间体协同创新中心 陕西 渭南 714099

摘 要:为了研究芍药叶黄酮的可利用性,以芍药叶片为原料,采用有机溶剂水浴法来提取芍药叶中的黄酮。采用单因素实验法和正交实验法,对芍药叶中的黄酮的提取率进行了研究。研究结果显示,芍药叶黄酮的最适提取条件为:固液比是 1∶25、乙醇的体积分数是 70%、提取温度是 70℃、提取时间是 1.5 h。提取率达 4.687%。

关键词:芍药叶;黄酮;提取工艺研究

芍药(Paeonia lactiflora Pall)为名贵观赏花卉,多年生草本,主要分布于我国东北、华北及甘肃南部等地[1]。芍药根药用,称"白芍",有阵痛、祛瘀等作用,所以芍药具有较高的实际意义和药用价值[2,3]。乙醇提取法经常用于中草药有效成分的提取中,研究发现,乙醇作为提取剂其提取效果不错[4]。用乙醇作为提取剂来提取芍药叶中的黄酮成分的工艺还未见报道,故该试验有一定的创新性,为此,本试验以乙醇为溶剂对芍药叶片中黄酮类成分的提取工艺进行研究,以期为芍药叶的开发利用提供据。

1 材料与方法

1.1 材料

芍药叶,采摘于渭南师范学院。

1.2 实验方法

1.2.1 原料处理

将采摘的芍药叶置于烘干箱中将温度调至 50℃烘干两天,再将烘干的材料取出置于研钵中研磨 1.0 h 将其研碎,过 80 目筛,将所得芍药叶粉放入棕色磨口瓶并做避光处理保存备用。

1.2.2 芍药叶的黄酮提取

称取一定量的芍药叶干粉末并将其倒入离心管中,加入一定浓度的乙醇水溶液作为浸提剂,恒温水浴一段时间后速冷却,离心分离得上清液,测得黄酮类物质的吸光值。

1.2.3 标准曲线的绘制

标准曲线绘制使用的方法是 $NaNO_2$-$Al(NO)_3$-NaOH 显色法[5]。以吸光值 A 为 y 轴，浓度 C(mg/mL)为 x 轴，完成其标准曲线测定。

1.2.4 芍药叶总黄酮提取率的计算

将 1 mL 提取液稀释一定的倍数，吸取 1.0 mL 稀释后的溶液，与芦丁标准溶液同法显色，测吸光度值，查标准曲线得黄酮浓度，即可计算芍药叶总黄酮的提取率[6]。

1.2.5 单因素试验

固液比的确定分别以 1∶20、1∶25、1∶30、1∶35、1∶40 的固液比，乙醇为溶剂，其浓度的确定分别以 40%、50%、60%、70%、80% 为梯度，水浴温度确定为 40℃、50℃、60℃、70℃、80℃，水浴时间的确定分别以 0.5 h、1.0 h、1.5 h、2.0 h、2.5 h 不同的恒温水浴时间，根据比较吸光值确定合适的时间。

1.2.6 正交试验设计

正交实验方案设计的确定是以单因素实验结果为基础[7]，设计了 $L_9(3^4)$ 的正交设计因素水平。其中 4 个因素为乙醇浓度(50、60、70)、温度(50、60、70)、固液比(1∶25、1∶30、1∶35)和时间(0.5、1.0、1.5)[8]。

2 结果与分析

2.1 标准曲线

计算得标准曲线回归方程为：$y=11.769x-0.0356$，相关系数 $R^2=0.9980$，吸光度数值 A 为 y 轴，芦丁浓度(mg/mL)为 x 轴[9]。

2.2 单因素实验

2.2.1 固液比对提取率的影响

在做单因素不同固液比对黄酮类物质成分提取率的影响时，暂定条件为温度 60℃，时间 1 h，乙醇浓度 60%。所得结果如图 1 显示，当固液比为 1∶30 时提取率达到最大值，浸提效果最好。

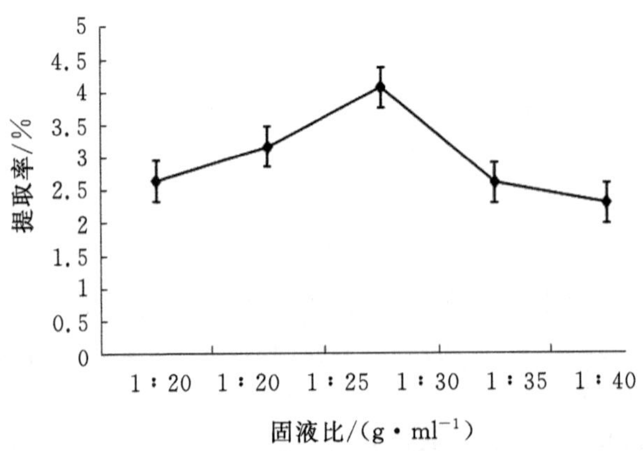

图 1 固液比对提取率的影响

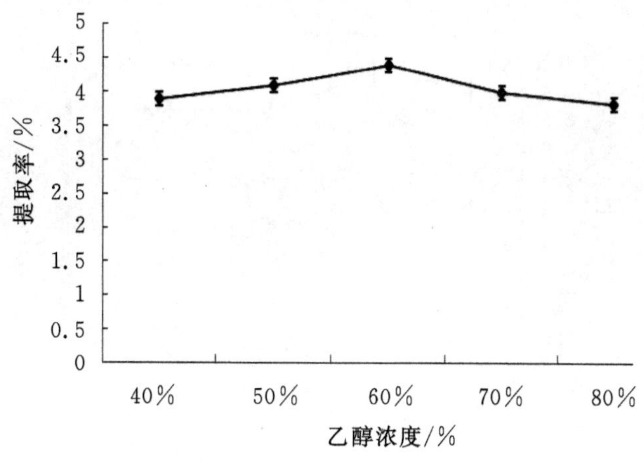

图 2　乙醇浓度对提取率的影响

2.2.2　乙醇浓度对提取率的影响

分别以如图 2 所示的 5 个不同浓度来提取芍药叶中的黄酮。由上一个实验确定了最佳的固液比为 1∶30，恒温水浴温度 60℃的条件下提取 1 h。所得结果，当乙醇浓度在 40%到 60%之间时，曲线成上升趋势的含义是黄酮的提取率与乙醇浓度呈正相关，而当大于 60%时黄酮提取率与乙醇浓度呈负相关，当乙醇浓度在 60%时达到最适浓度，所得提取率最大。

2.2.3　温度对提取率的影响

如图 3，条件分别以 40、50、60、70、80℃梯度来提取，时间 1 h，固液比 1∶30，乙醇浓度为 60%的情况下，当温度在 40℃到 60℃之间时温度和黄酮提取率的关系为正相关，而当大于 60℃时温度与黄酮提取率的关系为负相关。

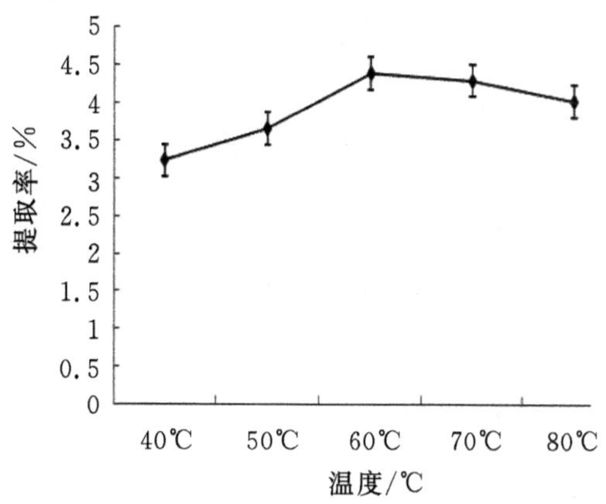

图 3　温度对提取率的影响

2.2.4　提取时间对提取率的影响

实验条件以之前条件为基础，如图 4 显示，在水浴时间为 1.0 h 时提取率达到最大，之后又下降但是数值基本上保持稳定，所以最佳时间确定为 1.0 h。

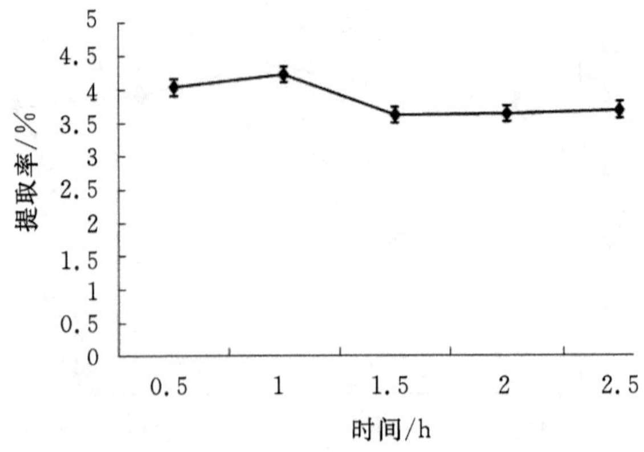

图 4 提取时间对提取率的影响

2.3 正交设计试验

芍药总黄酮提取正交试验设计如下表 1。在按照正交设计的 $L_9(3^4)$ 芍药叶黄酮提取方案，芍药叶黄酮各方案达到不同程度的提取率(表 2)。

表 1 芍药叶黄酮提取工艺正交设计

编号	固液比	乙醇/%	温度/℃	时间/h	提取率/%
1	1:25	50	50	0.5	3.99864
2	1:25	50	60	1.0	4.03262
3	1:25	50	70	1.5	4.68688
4	1:30	60	60	1.5	3.02999
5	1:30	60	70	0.5	3.63327
6	1:30	60	50	1.0	3.90517
7	1:35	70	70	1.0	2.80057
8	1:35	70	50	1.5	2.86005
9	1:35	70	60	0.5	3.28490
$\overline{x_1}$	12.7182	9.8292	10.7639	10.9168	
$\overline{x_1}$	10.5684	10.5260	10.3475	10.7384	
$\overline{x_1}$	8.9455	11.8770	11.1207	10.5769	
R	2.3875	0.7227	0.0998	0.0193	

从表 1 直观分析得出，适宜提取黄酮的组为 $A1B3C3D3$。最明显的是固液比的影响因素，其次为乙醇浓度，通过方差分析可以看出固液比和乙醇浓度在各水平间的差异有统计学意义，而且固液比差异达到极显著，而乙醇浓度的差异达到了显著，而各水平间的差异不显著的是温度和时间。并且从表中可以确定芍药叶黄酮提取效果最好的条件是：固液比 1:25、乙醇浓度 70%、温度 70℃、时间 1.5 h。所得黄酮提取率为 4.687%。

从表 2 的方差分析中可知，因素的固液比其 F 值小于 0.05，同时也小于 0.01，因此其影响达到极显著；而乙醇浓度的 F 值符合 $0.01<F<0.05$ 值，因此其影响也达到显著。在芍药叶黄酮提取过程中，提取温度和提取时间对黄酮提取率影响不大。

表 2　芍药叶的正交试验结果方差分析

方差来源	自由度	平方和	均方	F 值	P 值
A 固液比	2	2.3875	1.1938	123.9076	0.008005919
B 乙醇浓度	2	0.7227	0.3613	37.8046	0.025970937
C 温度	2	0.0998	0.0499	5.1815	0.161772629
D 时间	2	0.0193	0.0096	1.0000	0.5
误差	2	0.6667	0.0048	1.0000	0.5
总和	10	3.2293			

表 3 的方差分析结果表明，固料比和乙醇浓度对芍药叶中黄酮提取的影响达到了显著水平，而提取时间和温度对芍药叶中黄酮提取的影响不显著。

3　结　论

本试验采用有机溶剂水浴法对芍药叶黄酮的提取工艺进行了研究，确定芍药叶黄酮提取的因素的最佳提取工艺条件为：固液比 1∶25、乙醇浓度 70%、提取温度 70℃、提取时间 1.5 h、提取率为 4.687%。本实验所得结果可为今后芍药叶片的黄酮的工业化提取工艺提供借鉴。

参考文献

[1] 候宽昭. 中国植物种子科属辞典[M]. 北京：科学出版社，1982：351.
[2] 中国植物志编委. 中国植物志[M]. 北京：科学出版社，1979，27：41 - 56.
[3] 赵子龙，薛培凤，倪佩东，等. 天然药物中总黄酮的提取工艺研究进展[J]. 内蒙古医学院学报，2012，34(6)：512 - 514.
[4] 薛志彬，承伟. 银杏叶黄酮提取工艺的优化[J]. 安徽农业科学，2011，39(10)：5751 - 5752.
[5] 谢远红. 芹菜总黄酮提取工艺研究[J]. 江苏农业科学，2012，40(9)：256 - 258.
[6] 张宝善，陈锦屏，吴丽花. 红枣芦丁提取工艺的研究[J]. 陕西师范大学学报(自然科学版)，2003，31(1)：89 - 93.
[7] 李晓芳. 紫外分光光度法测定银杏叶提取物中芦丁含量[J]. 时珍国医国药，2001，12(3)：204 - 206.
[8] 张杰，焦淑清，滕杨，等. 樱桃叶中总黄酮的提取工艺研究[J]. 黑龙江医药科学，2010，33(2)：13 - 15.
[9] 高晗，孙俊良，孔瑾，等. 银杏叶中黄酮类化合物的最佳提取工艺研究[J]. 食品研究与开发，2005，2(1)：82 - 84.

β-胸苷合成的工艺研究进展

李亚琳[1,2] 白杏[1]

1.渭南师范学院 化学与环境学院 陕西 渭南 714099;

2.渭南师范学院 药物中间体协同创新中心 陕西 渭南 714099

摘 要:文章综述了β-胸苷合成方法的分类,原理和发展以及各种方法的优缺点。胸苷合成方法有DNA酶解法,化学合成法,发酵法和酶法等,分析和了解这些方法的原理和发展及其在工业化生产中的优缺点,有助于确立适合于工业上低成本高效率地生产胸苷的途径。通过对胸苷合成方法的综述和分析,对于推进胸苷的高效生产具有重要的意义。

关键词:胸苷;酶法;化学-酶法;化学合成法

基金项目:陕西省教育厅项目16JS032;渭南师范学院校级项目15YKS004。

近年来,由于艾滋病在全球的迅速蔓延,对全球人类的健康已经构成严重的威胁,人们对叠氮胸苷等抗艾滋病药物的需求量急速增加,而胸苷是抗艾滋病药物的重要医药中间体,因此对胸苷的需求量也随之增加,但是由于胸苷无天然产物存在,所以需要能够大规模低成本高效率生产胸苷的方法。目前人工制取的方法有生物合成方法和化学合成方法。生物合成方法包括(DNA酶解法、酶法、发酵法)生产胸苷具有方法简便,成本低的优点[1],但也存在不足。化学合成法制备β-胸苷由于过程繁杂反应时间过长导致成本昂贵,近年来化学合成法逐渐被淘汰,而酶法等方法则一跃成为更加便利地生产胸苷的方法。通过对β-胸苷合成方法的研究,对于建立能够大规模低成本高效率地生产胸苷具有推进意义,同时也有助于治疗艾滋病药物的生产,对于合成和研发抗病毒和抗HIV药物具有重大的研究意义。

1 β-胸苷的合成方法

β-胸苷的合成方法有DNA酶解法、发酵法、化学合成法,酶法生物合成法和化学-酶法[2]。近年来出现的化学-酶法逐渐成为一种新的高效合成β-胸苷的方法。各种方法生产胸苷的原料以及途径等各不相同,同时也存在优缺点。下面主要对酶法生物合成法,化学-酶法和化学合成法做一介绍。

1.1 酶法生物合成法

酶法合成核苷所需的酶主要有2大类:核苷磷酸化酶和N-(脱氧)核糖转移酶。

1.1.1 反应机理

酶法合成 2′-脱氧胸苷或 5-甲基尿苷的反应机理如下：

$$2'\text{-脱氧核苷(或核苷)}+\text{磷酸}\xrightleftharpoons{\text{PNPase(或 UPase, PyNPase)}}$$

$$2\text{-脱氧核糖-1-磷酸(或核糖-1-磷酸)}+\text{嘌呤碱基、嘧啶碱基}$$

$$2\text{-脱氧核糖-1-磷酸(或核糖-1-磷酸)}+\text{Thy}\xrightleftharpoons{\text{TPase(或 PyNPase)}}\text{胸苷(或 5-MU)}+\text{磷酸}$$

其中，催化反应过程中所需的酶 PNPase 表示嘌呤核苷磷酸化酶，UPase 表示尿苷磷酸化酶，PyNPase 表示嘧啶核苷磷酸化酶，TPase 表示胸苷磷酸化酶。

1.1.2 合成方法

酶法生物合成法是将 2′-脱氧核苷和经过化学法合成的胸腺嘧啶通过微生物菌体或其酶制剂发生碱基交换，从而生成胸苷。也可通过以核苷作为原料合成 5-甲基尿苷(5-MU)后，然后用化学法还原经此酶法合成的 5-甲基尿苷中的 2′-羟基，从而得到胸苷[3]。

1.1.3 合成路线

酶法合成胸苷包括两条路线，一条是以核苷例如 I、A、G、C、U 等作为底物，在酶的作用下和胸腺嘧啶反应得到 5-MU，然后再通过化学法使核糖脱氧即可得到胸苷，此路线合成胸苷具有核苷易制且价格低廉的优点。另一条路线是通过以脱氧核苷为底物和胸腺嘧啶经酶法转化成胸苷[4]，目前在工业上都是通过 DNA 酶解法生产脱氧核苷，但是具有成本高的缺点，dA、dG、dC、dU 的实际价格并不低于胸苷，所以以单一脱氧核苷作为原料制得胸苷的方法并不适合。

1.2 化学合成法

化学合成法合成胸苷是一种比较传统的方法，具有多种多样的合成途径。例如通过 2′-脱氧尿苷(dU)与甲醛和吡咯烷回流可得到一个 Mannich 碱，再与 4-甲基苯硫酚进行缩合，最后通过 Raney 镍还原脱硫即可制得胸苷。

戴晓楠通过以 5-甲基尿苷为起始原料，将其溶于极性溶剂中，然后在催化剂作用下与碳酸二酯$(RO)_2CO$反应脱水，经脱水处理得到中间体化合物，再与卤代试剂产生卤代反应得到中间体卤代物，最后由还原性金属催化氢化还原制备出 β-胸苷。

1.3 化学-酶法

利用化学合成法和酶法生物合成法合成胸苷各自都存在一些不足[5]，相对于化学合成法而言，生物酶法具有专一性强，反应条件温和，对环境友好等优点，但存在周期长，产物不易分离的缺点。为了解决这两种方法在合成胸苷过程中存在的问题和不足，通过化学一酶法组合方法能够扬长避短，克服化学法和酶法各自的不足，因此越来越多的研究者应用化学-酶组合技术来促进核苷的高效绿色生产。

2 各种合成方法的评价分析

2.1 酶法生物合成法的优缺点

酶法生物合成法具有原料易得、操作简便、步骤简单、产物易分离、专一性强、反应时间短、反应条件温和、污染小、低成本，高产率等众多优点，通过酶法复杂的反应变得简单易行，但也存在酶活性难以调控等不足[6]。

2.2 化学-酶法的优缺点

β-胸苷首先通过以化学方法合成的中间体 2-脱氧-α-D-核糖-1-磷酸己胺二环盐作为底物，有效地解决了以核苷为原料成本高、来源少等问题，同时也降低了过去因为以核苷为底物，产物核苷与底物核苷极性相似所造成的分离难度。然后结合生物酶催化的方法，促使简便、高效及高选择性地合成了单一构型的胸苷，弥补了化学法的缺乏立体专一性的缺点，同时减少了有毒试剂的使用。

2.3 化学合成法的优缺点

化学合成法在合成糖苷键时缺少立体专一性，而且在其合成过程中要多次对核糖基或碱基上的基团保护和脱保护以及糖基的活化，步骤过于复杂，消耗大量的试剂，所用原料相对比较昂贵而且具有一定毒性，工艺过程十分冗长[7]。此外还具有原料不容易得到、生产成本较高、产物难以分离，产率低等缺点[8]。

3 展 望

综上所述，β-胸苷有多种合成方法，因此也各自存在不同的优缺点。传统的化学合成法存在许多缺点，相对于化学合成法而言，生物酶法具有绿色无毒、反应条件温和等优点[9]，但酶活性难以掌控，产物不易分离。而两者结合形成的化学-酶法可以扬长避短，克服化学法和酶法各自的不足，便于高效简便地合成胸苷。化学-酶法组合技术已经被不少研究者用于促进核苷的高效绿色生产，这种方法具有良好的发展前景。

β-胸苷在抗病毒和抗 HIV 方面占据着重要位置，其在医药学方面起着重大作用[10]。通过对胸苷合成方法的分析和研究，确立了能够低成本高效率生产胸苷的合成路线和合成方法，为以后大规模生产胸苷提供理论基础和合成方向，对于合成抗病毒和抗艾滋病等药物具有重要的研究意义。

参考文献

[1] 徐渊. 酶法生物合成胸苷和胞苷的工艺研究[D]. 杭州：浙江工业大学，2009.

[2] 徐渊，王鸿，易喻，等. 核苷合成技术的研究进展[J]. 化工生产与技术，2009，16(2)：32-34.

[3] 邱蔚然，沈荣坤. 酶法合成胸苷[J]. 中国医药业杂志，1995，26(9)：424-427.

[4] 张绍谭，倪孟祥，阮期平. 核苷类药物的酶法合成[J]. 药学进展，2005，29(2)：56-62.

[5] 梅建风，罗丽琴，应国清，等. 化学-酶法合成胸苷的研究[J]. 浙江工业大学学报，2014，42(2)：173-177.

[6] 樊华伟，傅绍军，邵志宇，等. 核苷类药物酶法合成研究进展[J]. 生物技术通讯，2005，16(6)：690-692.

[7] 夏然. 基于绿色化学策略的核苷类化合物的设计合成[D]. 新乡：河南师范大学，2014.

[8] 彭美红，钱捷，王鸿，等. β-核苷立体选择性合成研究进展[J]. 化学与生物工程，2011，28(6)：12-15.

[9] 酶法合成脱氧核苷酸及其类似物[D]. 上海：华东理工大学，2014.

[10] 吴嘉圣，董金锋. 有机胺催化剂在β-胸苷合成中的应用[J]. 浙江化工，2013，44(1)：16-18.

气相色谱法测定食用植物油中溶剂残留的方法研究

王　迁
渭南师范学院　化学与环境学院　陕西 渭南　714000

摘　要:建立了用气相色谱法测定食用植物油中残留溶剂含量的新方法,即在供试品油样中加入已知残溶量的6[#]溶剂油,用气相色谱仪进行分析,比较峰面积,测算出供试品油样中的残留溶剂含量,并与标准方法作比较,测定结果基本相同,找到了一条在没有新鲜压榨油的情况下检测残留溶剂含量的好方法,探讨了影响食用油中残留溶剂测定的影响因素。所建立的测定方法,简单,方便,对油脂质量的监控具有一定得实用价值。

关键词:食用植物油;6[#]溶剂油;残留溶剂;气相色谱法

在溶剂浸出法生产的食用油中,虽经脱溶处理,但往往仍有少量溶剂残留其中,尤其是在处理抽提液时,方法不当,会使浸出油中含有较多溶剂。我国目前多使用以6[#]溶剂油为主的溶剂作为抽提剂,该类溶剂对人体的中枢神经造成较强的刺激和麻痹作用,导致人呼吸中枢麻痹,对人体健康影响十分大,尤其是其中的一些成分(如甲苯等)甚至对白血病有促发作用,另外,在生产上,也会增加溶剂的消耗量,给企业造成不必要的损失。因此,测定食用油中残留溶剂的含量非常重要。当前,我国食用浸出植物油的卫生指标为:植物原油的溶剂残留量不得大于100 $mg \cdot mL^{-1}$,浸出食用油的溶剂残留量不得大于50 $mg \cdot mL^{-1}$。

由于在实际测定中,要选用新鲜的机榨油作为溶剂,以6[#]轻汽油为标准物质配制标准溶液,用顶空气相色谱法测定食用植物油中的溶剂残留量,但是一般的浸出油厂并不生产压榨油,更难与寻找新鲜的压榨油,即使取得了,也很难长期保存,以备后用,因而操作并不便利,同时,用这种方法测食用油残留溶剂含量的时效性不高,不利于高强度,流水线的化验工作。所以本文主要研究标准方法即在新鲜压榨油中加入已知溶剂残留量的标准样品,应用气相色谱法测定食用植物油中残留溶剂含量的方法与改进后的方法即在没有新鲜压榨油的情况下检测残留溶剂含量的方法做比较,测定结果与标准方法基本相同,但明显简化了实验步骤,起到了事半功倍的效果,现介绍如下。

1　原　理

6[#]溶剂油为无色液体,不溶于水,能溶于乙醚、乙醇,容易挥发,根据其易挥发的特点,我们采用顶空气法测食用油脂残留溶剂的含量,即取一定量的植物油样置于密闭平衡瓶中,在一定温度和一定时间内，使残留溶剂气化达到平衡时，取液上气体注入气相色谱仪中，经检测器检测，取得色谱峰后，查看溶剂峰的面积，然后与标准曲线比较，得出残留溶剂的准确含量。

2　操作材料、条件及方法

2.1　仪器与试剂

GC－14C 系列气相色谱仪（日本岛津）、伍豪 V 4.0 气相色谱工作站、电子恒温水浴锅、微量注射器、顶空瓶（100 mL 小输液瓶，橡胶塞）；6# 溶剂油（AR，沸程：60～90℃）、新鲜机榨油、待测油样

2.2　气相色谱参考条件

经过反复多次的实践摸索，测定在如下色谱条件下，测定效果最佳，柱效最高。

不锈钢柱（直径 3 mm，长 2 m），内装涂有 5%DEGS 的白色担体（60～80 目），FID 检测器，柱温 60℃，汽化室温度 140℃，N_2 流量为 30 mL/min，H_2 流量为 30 mL/min，空气流量为 500 mL/min。

2.3　操作方法

连接好色谱柱，打开载气（氮气）钢瓶，调节减压阀至 0.5～0.6 MPa，打开氢气及空气发生器电源，调节载气压力至上述分析条件。打开色谱主机电源，参照实验条件进行设置，按 System 键，仪器开始升温，待温度达到设定后，调节氢气流量，空气流量，然后进行点火，待仪器稳定，基线走稳后，进行样品分析及数据后处理[1]。

3　样品测定方法

取 25.00 g 油样，置 100 mL 汽化瓶中，密封，放人 50℃恒温箱中 30 min，轻轻的震摇，使残留溶剂气化达到平衡时，用微量注射器吸取液上气体 100 μl 注入色谱仪，记录与标准液 6# 溶剂油组分保留时间相同的（±0.05 min）峰面积。每份样品平行测定 3 次，根据平均峰面积查标准曲线，计算出溶剂残留量。

公式：

$$W=\frac{m_i}{m}\times 1000$$

式中：W 为溶剂残留量（$mg\cdot kg^{-1}$）；

m_i 为 6# 溶剂油含量（mg）；

m 为取样量（g）。

3.1　溶剂油标准溶液的配制

将具塞干燥的 100 ml 汽化瓶准确称重为（a），加入约 99 ml 新鲜机榨油，称重为（b），用

1 ml注射器加入约 0.1 ml 分析纯 6# 轻汽油(针头不要触及液体)充分混匀后,称重为(c)。

计算 6# 溶剂油的浓度[2]:

$$\rho(B)/(\mathrm{mg\cdot mL^{-1}}) = \frac{c-b}{(b-a)/d} \times 1000$$

式中,$\rho(B)$为 6# 溶剂油的浓度(mg · mL^{-1});d 为机榨油 20℃的密度(g/ml);a 为空瓶和塞的质量(g);b 为空瓶、塞和机榨油的质量(g);c 为空瓶、塞、机榨油和 6# 轻汽油的质量(g)。

3.2 标准曲线的绘制

取 6 只汽化瓶(汽化瓶为标度 100 mL 的玻璃瓶,并具配套的橡胶反口塞及封口金属盖),吸取 25.00,24.50,24.00,23.00,22.00,20.00 mL 的新鲜机榨油,置于汽化瓶中盖上橡胶反口塞,然后通过塞子注入“3.3.1”标准溶液 0.00,0.50,1.00,2.00,3.00,5.00 mL 用透明胶布封住针眼,确保密封处无气泡外漏。放入 50℃恒温箱中 30 min,趁热用微量注射器分别取液上气体 100 μl 注入色谱仪,用记录仪记录峰面积及保留时间[3](见图 1 及表 1)。

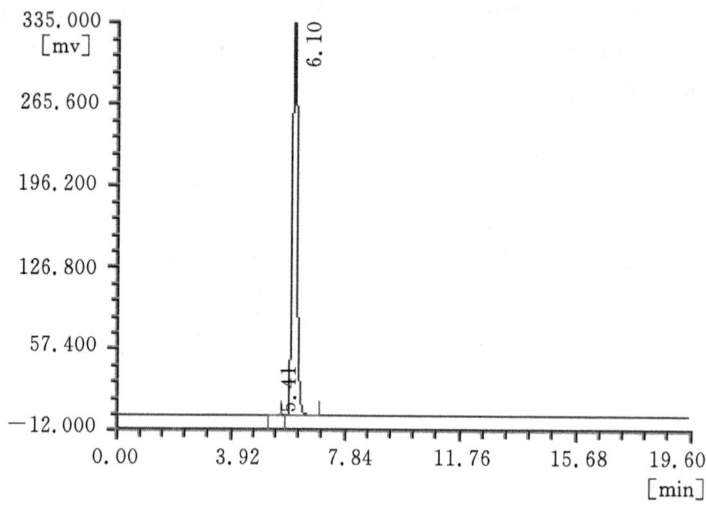

图 1 样 3 的气相色谱图样

表 1 标准样品的数据

样品编号	X(残留溶剂含量 mg)	Y(峰面积)
1	0	420.34
2	0.5	2219.53
3	1	4004.75
4	2	7689.08
5	3	11096.45
6	5	18352.19

以 6# 溶剂油含量 X 为横坐标,以峰面积 Y 为纵坐标绘制标准曲线(见图 2)。建立回归方

程[4]。$Y=3581.22X+433.05$（线性相关系数 $R=0.99996$）

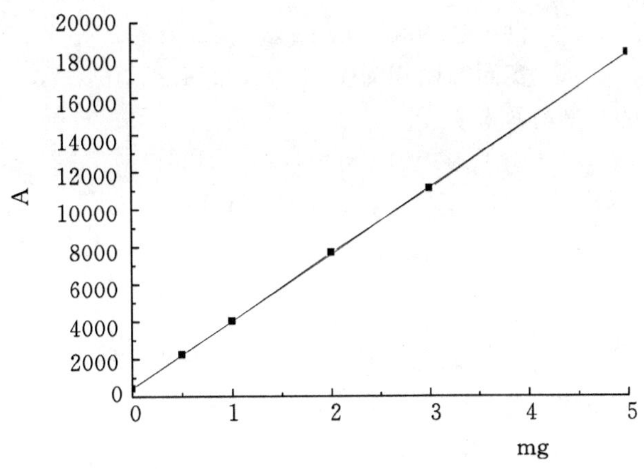

图 2　6# 轻汽油残溶标准曲线图

4　标准方法与改进方法的比较

4.1　标准方法

以精炼棉油为例，对同一份已知残留溶剂为 32.53 mg·kg^{-1}的供试品做了三份平行样，即共进了三针，峰面积分别是 $Y_1=3215.3$，$Y_2=3286.3$，$Y_3=3193.4$ 平均值为 $Y_{平均}=3231.7$，对照标准曲线，待人回归方程，算出 6# 溶剂油含量，再根据公式算出样品的 w。（溶剂残留量）

$$Y=3584.37x+420.34$$

将 $Y_{平均1}=3231.7$ 带入得 $x=0.78$

$$w/=\frac{m_i}{m}\times 1000$$

$$w=31.2$$

回收率$=\dfrac{31.20}{32.53}\times 100\%=95.9\%$

绝对误差$=31.20-32.53=-1.3$ mg·kg^{-1}

相对误差$=\dfrac{-1.3}{32.53}\times 100\%=-4.1\%$

4.2　改进方法测定

直接在已知残留溶剂为 32.53 mg·kg^{-1}的供试样品中加入相当于 100 mg·kg^{-1}的 6# 溶剂油 13.6 μl，即称取供试样品 25 g 于 100 ml 汽化瓶中，在供试样品中加入 13.6 μl 的 6# 溶剂油，密封，震摇后，低温放置数小时，直接上机分析检测。

共进三针，根据色谱图谱可知，峰面积分别是 $Y_1 = 13495.91$，$Y_2 = 13440.72$，$Y_3 = 13487.8$，平均值为 $Y_{平均} = 13474.81$，

供试品的峰面积 $Y_{平均1} = 3231.7$

实测峰面积为 $Y_{平均2} = 13474.81$，

则可知 100 mg·kg^{-1}的溶剂峰面积为

$$Y_{平均2} - Y_{平均1} = 10243.106$$

则 $C_1 = 100$ mg· mL^{-1}，$Y_{平均1} = 3231.7$，$Y_{平均2} = 13474.81$。

代入公式：

$$C_2 = \frac{C_1 \times Y_1}{Y_2 - Y_1} = \frac{100 \times 3231.7}{13474.81 - 3231.7} = 31.55 \text{ mg} \cdot \text{kg}^{-1}$$

即：用改进法测得的残留溶剂量为 31.55 mg·kg^{-1}。

$$回收率 = \frac{31.55}{32.53} \times 100\% = 97.0\%$$

$$绝对误差 = 31.55 - 32.53 = -1.0 \text{ mg} \cdot \text{kg}^{-1}$$

$$相对误差 = \frac{-1.0}{32.53} \times 100\% = -3.1\%$$

5 结果与讨论

对照上述两种方法，用新鲜机榨油配制溶剂油绘制标准曲线法和改进方法测出的结果比较接近，进验证证实，采用改进方法测得的结果比标准结果略高些，因此，对于食用油测残溶，可以用改进方法来检测，但如果所测得供试品的结果基本接近国家油脂残容最高标准含量 50 mg·kg^{-1}时，仍要用标准方法重新测量，以标准方法为准。

经过查找资料及进行相关实验，根据对可能出现实验影响因素分析，优化的试验测定方法为：

(1)选择毛细管色谱柱，毛细管柱比填充柱的色谱分辨率高；且残留溶剂的最低检出限比填充柱要低 1 倍多，使用毛细管色谱柱能更精确反映残留溶剂的真实含量[8]。

(2)溶剂进样时的操作对测峰面积有明显影响，要尽量采取一个样品由一个人做，每次的操作规范化。而且进样的速度不易过慢，否则极易导致峰形变化。

(3)取样前应用少量蒸馏水润湿注射器内壁使内壁与芯杆密合，抽取时应缓慢匀速提升芯杆，减少进样体积误差；每次取样前，反复抽吸空气清洗进样针可以有效地消除记忆效应，可用空进样器抽吸空气进样的方法检验进样器是否干净。

(4)水浴的时间保持在 50℃左右，时间的限制一般采用 30 min，以刚取得的热检品为准，即时进行试验，以防残留溶剂在空气中挥发，造成试验误差过大[5]。

参考文献

[1] 符展明，任建华，吴瑞波. 顶空 GC 法测定水中微量氰化物[J]. 中国卫生检验杂志，1993，

3(4):223－225.
[2] 周良模,操时杰.气相色谱新技术[M].北京:科学出版社,1998:362－406.
[3] 钱小妹.食用植物油残留溶剂测定方法探讨[J].江苏大学学报(医学版),2003,13(2):166－167.
[4] 顾蕙祥,阎宝石.气相色谱实用手册[M].2版.北京:化学工业出版社,1996.
[5] 陈尊庆.气相色谱法与气液平衡研究[M].天津:天津大学出版社,1991.

氢化物发生—原子荧光光谱法测定莲藕中的汞

陈 昕[1,2]

1. 陕西省产品质量监督检验研究院 陕西 西安 710048；
2. 渭南师范学院 药物中间体协同创新中心 陕西 渭南 714099

摘 要：本文研究了用氢化物发生—原子荧光法莲藕中痕量汞。在优化的分析条件下，被测元素的浓度与其发射的荧光强度成正比，线性相关系数为 0.9991，RSD 为 2.1%。该法灵敏、准确、快捷等优点，有实用推广意义。

关键词：莲藕；汞；原子荧光光谱法

汞对人体有强烈的毒害作用，是食品检测中的必检项目[1,2]。因此探索准确、快捷的汞检测定方法对食品安全、环境监管等方面有重要意义。近年来，用原子荧光光谱法测定茶叶、大米、灵芝等食品中的汞或铅已有较多报道[3,4,5]，但对莲藕中痕量汞的测定尚未见报道。而莲藕生长于低洼水溏中，受到重金属污染的可能性较大，其中重金属的测定事关百姓食品究全大计。因此，本文选择莲藕为测定对象，研究了用原子荧光法测定莲藕中的汞并优化了分析条件，试验表明，氢化物发生—原子荧光法测定莲藕中汞，操作简便，结果准确可靠，能满足日常检测工作的需要。

1 实验部分

1.1 主要仪器与试剂

AFS－820 双道原子荧光光度计(北京吉天仪器有限公司)；电子天平(北京赛多利斯仪器厂)；微波消解器(北京莱伯泰克公司)；Ar 气(纯度≥99.99%，四川梅塞尔气体产品有限公司西安分公司)。汞标准溶液：精确称取 0.1364g 干燥过的分析纯 $HgCl_2$，加硫酸＋硝酸＋水混合溶液(1＋1＋8)溶解后转入 100 ml 容量瓶中，并稀释至刻度，混匀；再逐级稀释为浓度为 100 ng/ ml 的使用溶液。

$NaBH_4$ 溶液：称取 2.5g $NaBH_4$ 溶于 500 mL 5.0 g/L 的 NaOH 溶液中，混匀，临用现配。

硝酸、高氯酸、盐酸为优级纯，其它为分析纯；水为重蒸馏二次去离子水。

1.2 仪器工作条件

优化后的仪器工作条件如表 1 所示。

表 1　仪器工作条件

元素	负高压	灯电流	炉高	载气 /ml·min^{-1}	屏蔽气 /ml·min^{-1}	读数时间 /s	延迟时间 /s	进样体积 /ml
Hg	240	8	8	500	1000	10	1	1

测量方式为标准曲线法，读数方式为峰面积法。

1.3　样品溶液的制备

将莲藕用去离子水洗净、晾干，切成 3～5 mm 薄片，放入 60℃烘箱中干燥 8 h，粉碎至 100 目以下。称取 1.0～1.5 g(准确至 0.0002 g)粉碎后的莲藕样品于消解罐中，加硝酸 12 ml、高氯酸 3 ml 放置过夜冷消化；再加入 3 ml H_2O_2，设定程序放入微波消解仪中，消解完成后，冷却取出，转移到 100 ml 的容量瓶中定容至刻度。同步制备空白溶液。

1.4　标准系列溶液的配制

分别吸取 100 ng/ml 汞的标准溶液 2.5、5.0、7.5、10.0、15.0、20.0 于 50 ml 的容量瓶中，用盐酸稀释到刻度，混匀。各自相当于汞的浓度为 5.0、10.0、15.0、20.0、30.0、40.0 ng/ml。

2　结果与讨论

2.1　仪器工作条件的选择

2.1.1　原子化器高度的选择

原子化器高度与试样的原子化率有关，高度过低会带来干扰，高度过高会导致灵敏度和测量精度下降。该实验选择原子化器的高度都是 8 mm。

2.1.2　光电倍增管负高压与空心阴极灯灯电流的选择

负高压增大，仪器的灵敏度明显增大，但同时也会产生较大的噪声，使精度降低，线性关系变差。负高压过低，灵敏度降低。实验证明：测汞时负高压为 280 V 效果最好。

灯电流的大小与检出信号强度有关。灯电流过低，灵敏度明显下降，灯电流的增大，灵敏度也提高，但灯电流过高会影响灯的寿命。试验表明，测汞时灯电流为 8 mA。

2.1.3　载气与屏蔽气流量的影响

试验不同载气流量对测定的影响。载气流量过小，氢一氩焰不稳定；载气流量过大，相当于稀释测定溶液的浓度，使荧光强度减小。试验表明，测汞时选择 500 mL/min 效果最佳。屏蔽气流量对结果影响较小，实验控制为 1000 ml/min。

2.1.4　进样体积的选择

在 1～1.5 ml 范围试验进样体积对测定的影响，发现当进样体积为 1.0 ml 时灵敏度最高且线性关系较好。这是因为进样体积太大，样品中的待测成分没有充分被还原，使信号相对减弱.样品体积太小,低于仪器的检出限,信号同样太小,所以本试验选用 1.0 ml 的进样体积。

2.1.5 还原剂的选择

作为体系中气态物发生的还原剂,对方法的灵敏度、准确度和稳定性有很大影响。浓度过高,产生过多的氢气,灵敏度会降低,并产生干扰;而过低又难以形成汞的气态氢化物。经多次实验证明,测汞时硼氢化钠浓度选择 5 g/L。

2.1.6 反应介质与酸的选择

据报道,测定汞用硫酸空白值高且灵敏度低[6]。所以实验时,我们分别采用盐酸、硝酸作为反应介质,观察其对测定结果的影响。试验证明在盐酸溶液 10%介质中测定灵敏度最高,荧光值稳定、空白值小,线性关系好。

2.2 线性范围

在上述确定的最佳分析条件下测定标准系列溶液的荧光强度。实验表明,汞含量在 0～40 ng/ml 范围内与荧光强度呈线性关系,线性方程为:$I_f=16.082C-7.8393$(C 为汞溶液的浓度,I_f为荧光强度),相关系数为 0.9991,相对标准偏差 RSD 为 2.1%。

2.3 样品分析及加标回收实验

对购自市场三个不同产地的莲藕样品按实验方法测定汞的含量;再在样品中加一定量的汞标准物质,按样品测定方法进行加标回收试验,结果见表 2。

表 2 样品的分析及加标回收试验结果($n=6$)

样品	测定值 /mg · kg^{-1}	RSD /%	加入量 /mg · kg^{-1}	测得总值 /mg · kg^{-1}	回收率 /%
1	0.31	2.4	0.20	0.52	105.0
2	0.26	3.1	0.30	0.55	95.1
3	0.33	1.9	0.40	0.74	101.6

3 结　论

通过微波消解、氢化物发生—原子荧光光谱法测定莲藕中的汞,具有试剂用量少、危险性低、污染小、结果准确可靠、操作便捷省时、线性范围宽等优点,为莲藕产品中汞含量的测定提供了一种简便、快捷的分析方法。

参考文献

[1] 孙新涛,段敏,李亚兰,等.微波消解——氢化物发生原子荧光法测定鲜肉中汞的研究[J].

中国农学通报,2005,21(9):105－108.

[2] 王丽荣.低温消解——氢化物原子荧光法测定食品中的汞[J].中国卫生检验杂志,2006,16(6):752－756.

[3] 胡广林,王博慧,梁振益,等.氢化物发生-原子荧光光谱法测定茶叶中汞和砷[J].理化检验(化学分册),2008,44(2):159－161.

[4] 蒋永贵,司晚令,朱伯仲,等.原子荧光光谱法测定灵芝中汞[J].光谱实验室,2006,12(02):15－19.

[5] 钟平,黄承玲.氢化物发生-原子荧光法测定莲藕中的铅[J].分析科学学报,2006,22(2):241－242.

[6] 韩超,刘平,詹秀明.微波消解——氢化物发生-原子荧光法测定羊栖菜中汞[J].光谱实验室,2007,24(4):621－624.

市售不同品牌矿泉水的水质比较分析

邱小香[1,2]

1. 渭南师范学院　化学与环境学院　陕西 渭南　714099；
2. 渭南师范学院　药物中间体协同创新中心　陕西 渭南　714099

摘　要：文章对市售的几种矿泉水的电导率和 pH 值等指标进行测量，并着重探讨样品中的氟离子含量的测定方法。用氟离子选择电极法测量娃哈哈、怡宝等样品中氟含量。pH 从小到大依次为娃哈哈、怡宝、百岁山、农夫山泉。电导率从小到大依次为怡宝、娃哈哈、农夫山泉、百岁山。氟含量从小到大依次为怡宝、农夫山泉、百岁山、娃哈哈。

关键词：矿泉水；水质；电导率；pH；氟离子选择电极法；氟

随着人们生活质量的提升，自来水的水质已经满足不了人们生活需求，更多的人选择饮用矿泉水。矿泉水是在地层深部循环而产生的，可分为天然和非天然，天然矿泉水指从地下深处自然涌出或经人工采集，含有矿物质、微量元素等组分，在一定区域内未受污染并采取预防措施避免污染的水[1]。天然饮用矿泉水是一种有限的天然矿产资源，其中含有多种微量元素，适宜的微量元素可以更好地促进人们的健康，文章对市售几种矿泉水的电导率，pH 值进行测量，并采用氟离子选择电极法对其中的氟离子含量进行测量。因为氟是参与人体生理代谢的一种微量元素，是牙齿、骨骼等器官组成的重要元素。人体吸收微量的氟，能够促进骨骼发育、预防蛀牙。但若长期摄入过量氟，则对骨骼、肾脏、甲状腺和神经系统造成损害，严重者可形成氟骨症，导致关节疼痛、韧带钙化，甚至瘫痪等病症。所以我们需要建立快速、高效测量样品中氟含量的方法。近年来，有很多方法测定氟含量，如光学分析法[2—3]、离子色谱法[4—5]以及氟离子选择电极法[6]，氟离子选择电极法具有良好的准确度、运行简便、选择性高等优点。

1　实验部分

1.1　仪器与试剂

雷磁 PHS－3CpH 计（上海仪电科学仪器股份有限公司），雷磁 DDSJ－308A 电导率仪（上

作者简介：邱小香（1974—），女，陕西渭南人，渭南师范学院化学与环境学院副教授，理学硕士，主要从事环境分析和现代仪器分析方法研究。

海仪电科学仪器股份有限公司)，雷磁 PXSJ-266 离子计(上海仪电科学仪器股份有限公司)，电磁搅拌器，氟离子选择电极，饱和甘汞电极，氟离子标准溶液，柠檬酸钠缓冲溶液，百岁山、娃哈哈、怡宝、农夫山泉(购买自华润万家西四路店)

氟贮备液：0.10 mol/L 氟标准液；TISAB：取 2.9 g 的 $NaNO_3$ 和 0.2 g 柠檬酸钠，溶于 50 mL 1∶1(v/v)的醋酸与 50 mL 5 mol/L 的 NaOH 混合溶液，若 pH 值不在 5.0～5.5 的范围内，可用 5 mol/L NaOH 和 6 mol/L HCl 调节至所需 pH 范围内。

1.2　标准溶液的配制及测定

在 50 mL 容量瓶中准确加入 5.00 mL 0.10 mol/L 的氟离子标准溶液，再加 0.5 mol/L 柠檬酸盐缓冲液 5.00 mL，用去离子水稀释至刻度，摇匀。用逐级稀释法配成浓度为 1.0×10^{-2} mol/L、1.0×10^{-3} mol/L、1.0×10^{-4} mol/L、1.0×10^{-5} mol/L、1.0×10^{-6} mol/L 的一组标准溶液。逐级稀释时，柠檬酸盐缓冲溶液只添加 4.5 mL。

取浓度为 1.0×10^{-6} mol/L 的氟离子标准溶液 100.0 mL 于烧杯中，放入搅拌磁子，插入清洗过的电极，搅拌 1 min 后停止搅拌，待读数稳定后读取电位值(或一直搅拌，待读数稳定后，读取电位值)，再将浓度高一级数(1.0×10^{-5} mol/L)的标准溶液按同样的方法进行测量。以此类推，测出每个浓度级数的标准溶液的电动势值。记录测量结果。

2　结果与讨论

2.1　标准曲线的绘制

在溶液温度均为 20℃，以氟离子浓度负对数(pF)为横坐标，以电动势 E(mv)为纵坐标，得到浓度范围为 1.0×10^{-6}～1.0×10^{-2} mol/L 的氟离子的标准曲线，结果如图 1 所示。由图 1 可知，当线性范围在 1.0×10^{-6}～1.0×10^{-2} mol/L 时，曲线呈良好的线性关系，$E=51.23pF-2.16$，电极斜率为 51.23，相关系数为 $r=0.9914$，完全符合测定要求。

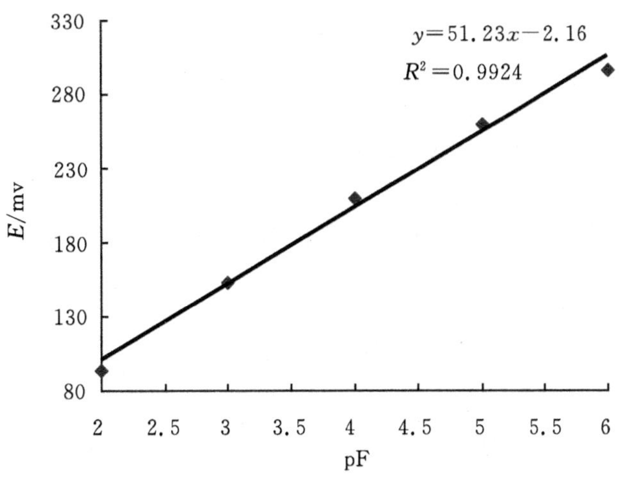

图 1　氟离子标准曲线

2.2 样品测定

用去离子水清洗烧杯，然后用样品润洗，再将同种样品的部分置于润洗好的烧杯中，用调试好的台式电导率仪和实验室 pH 计对其电导率和 pH 值进行测量，读取电导率和 pH 值。用同样的方法测量其他样品。（注意：测试前用去离子水清洗，再用待测样品润洗，测试后用去离子水清洗并用滤纸吸干。）

在 50 mL 容量瓶中加入 25.0 mL 娃哈哈，再加入 0.5 mol/L 柠檬酸钠缓冲溶液 5.0 mL，用去离子水定容并摇匀。倒出部分于烧杯中，放入搅拌磁子，插入干净的电极进行测定按操作(1.2)方法读取稳定电动势。按同样的方法测量其它样品。再根据能斯特方程算出 pF。

表 1　样品测量结果

样品	电导率/$\mu s \cdot cm^{-1}$	pH 值	pF	氟含量/$mol \cdot L^{-1}$
娃哈哈	1.691	6.00	4.61	2.45×10^{-5}
农夫山泉	113.7	7.18	5.52	3.02×10^{-6}
怡宝	1.600	6.17	5.74	1.82×10^{-6}
百岁山	134.6	6.23	5.48	3.31×10^{-6}

3　结　论

采用电导法测电导率，用 pH 电极法测 pH 值，用氟离子选择电极法测量氟含量，结果是娃哈哈、农夫山泉、怡宝以及百岁山电导率分别为 1.691 μs/cm、113.7 μs/cm、1.60 μs/cm、134.6 μs/cm，pH 分别为 6.80、7.18、6.17、6.23，氟含量分别为 2.45×10^{-5} mol/L、3.02×10^{-6} mol/L、1.82×10^{-6} mol/L、3.31×10^{-6} mol/L，pH 从小到大依次为娃哈哈、怡宝、百岁山、农夫山泉。电导率从小到大依次为怡宝、娃哈哈、农夫山泉、百岁山。氟含量从小到大依次为怡宝、农夫山泉、百岁山、娃哈哈。

参考文献

[1] GB 8537—2008 饮用天然矿泉水，2008.

[2] 王汝成，翟建平，陈培荣，等. 地球科学现代测试技术[M]. 南京：南京大学出版社，1999，79 - 123.

[3] 刘楚明. 光学的发展史，应用与展望[J]. 科技创业家，2014，43(9)：700 - 721.

[4] 赵海霞. 离子色谱法测定饮用水中 9 种常见阴离子[J]. 现代仪器与医疗，2013，19(5)：66 - 68.

[5] 窦艳艳，杨丽莉，徐荣，等. 离子色谱法测定地表水和饮用水中亚氯酸盐、溴酸盐和氯酸盐[J]. 环境监测管理与技术，2013，6：28 - 30.

[6] 郭莹莹，尚德荣. 离子选择电极法测定高氟样品中氟的方法改进[C]. 食品工业科技，2013，34(9)：285 - 289.

枸杞多糖提取方式的研究进展

郝　转[1,2]

1. 渭南师范学院　化学与环境学院　陕西 渭南　714099；

2. 渭南师范学院　药物中间体协同创新中心　陕西 渭南　714099

摘　要：枸杞多糖作为枸杞中一类重要的活性成分，具有一定的抗氧化特性，是近年来国内外研究枸杞药用及保健价值的热点与焦点，其开发利用前景广阔。目前，关于枸杞多糖的处理方式多种多样，本文对现有的提取方式进行总结，以期为枸杞多糖的进一步开发利用提供有价值的参考。

关键词：枸杞多糖；提取；抗氧化

基金项目：陕西省高校科协2015年青年人才托举计划项目(20150203)；渭南师范学院2016年人才基金(16ZRRC01)；渭南师范学院特色学科建设项目(14TSXK04)；渭南师范学院重大学科项目(14TSXK05)；陕西省河流与湿地生态环境重点实验室开放基金(SXSD1405)。

1　前　言

枸杞(Lyciumbarbarum L.)属茄科(Solanaceae)落叶灌木，是非典型盐生植物，具有抗旱、耐盐碱，耐瘠薄的特点。其果实为卵圆形红浆果，是一种“药食同源”的功能保健性食品，滋肝补肾，生精益气。现代医学研究证实其含有多糖、亚油酸、粗蛋白、维生素、甜菜碱、矿物质(钙、磷、铁、锌、锰)等营养成。枸杞多糖(LyciumBarbarum Polysaccharides，LBP)作为枸杞中重要的一类活性成分，具有良好的抗氧化活性[1]，总含量大约占枸杞重量的3.36%[2]，是近年来研究枸杞药理和保健作用的焦点[3,4]。

LBP的抗氧化功能已经在大量的动物实验中被证实。纯化的枸杞多糖LBP具有强力清除DPPH自由基的活性，此外，老年动物口服30d LBP，结果清楚地表明，LBP具有抗氧化活性和对皮肤氧化损伤的保护作用[5-6]。邵鸿娥等[7]用高(400 mg/kg d)、中(200 mg/kg d)、低(100 mg/kg d)3个剂量的枸杞粗多糖生理盐水溶液对D-半乳糖(100 mg/kg d)致衰老模型小鼠和正常小鼠灌胃，连续灌胃30d，测定结果表明，枸杞粗多糖能较显著($P<0.01$)提高小鼠血清、肝脏及脑组织中SOD活性，降低MDA含量，对小鼠具有显著的抗氧化、抗衰老作用。邵鸿娥等[7]在枸杞多糖对小鼠体内抗氧化酶活性及耐力的影响的实验中也发现，LBP可使小鼠血中SOD活性明显升高、MDA含量明显降低，认为LBP具有良好的休内抗氧化作用，可

以延缓衰老。随着枸杞产业的发展，枸杞功能性食品的研究和开发急需加强，特别是枸杞作为抗氧化食品基本材料的应用，有广阔的发展前景。

目前，关于枸杞多糖的处理方式多种多样，本文对现有的提取方式进行总结，以期为枸杞多糖的进一步开发利用提供有价值的参考。

2 提取方法

枸杞多糖是一种易溶于热水或稀酸、稀碱溶液，能被乙醇、丙酮等有机溶剂析出的蛋白多糖，其提取过程大致可以分为：枸杞→粉碎→加水→微波提取→过滤→减压浓缩→醇沉→抽滤→干燥→枸杞多糖→脱蛋白→干燥，干燥后为白色纤维状疏松固体[8]。枸杞多糖提取的方法有很多，较为传统的有水提醇沉法、碱液提取法和酶提取法，近年来常用的方法有微波提取法、超声波提取法以及超声波—微波联合萃取。

2.1 水提醇沉法

水提醇沉法提取多糖的原理是是由于多糖可溶于水而不易溶于乙醇的性质，首先用热水溶解多糖，然后放入乙醇中将其沉淀出来。这是是一种比较传统的提取方法。王兆谦[9]利用L9(34)正交设计实验检测优化提取枸杞多糖的最佳工艺为：提取温度 50℃，料水质量比为 1∶30，提取时间 2 h。在最佳提取工艺条件下，枸杞多糖提取率为 4.88%。平均回收率为 97.97%，相对标准偏差 RSD=0.74%(n=5)。刘军海等[10]根据中心组合(Box-Benhnken)实验设计原理采用 3 因素水平的响应面分析法，依据回归分析确定各工艺条件的影响因子，以多糖提取率为响应值做响应面和等高线。结果在分析各个因素的显著性和交互作用后，得出枸杞多糖水浸提的最佳工艺条件为：料液比 1∶32；浸提温度 84℃；浸提时间 2.3 h；浸提 1 次。结论在最佳工艺条件下，枸杞多糖的实际提取率可达 11.10%。

2.2 碱液提取法

碱液提取法的原理是碱溶液可对植物细胞起到破壁作用，还可以通过破坏细胞膜的完整性而提高细胞膜的通透性，促进细胞内物质的溶出。枸杞多糖为水溶性多糖，所以更易溶解于略显碱性的水溶液，且碱性溶液渗透压大。胡仲秋等[11]研究表明，影响碱液提取枸杞多糖得率的因素依次为：浸提温度＞浸提液 pH 值＞液料比＞浸提时间，液料比、提取温度、浸提液 pH 值和提取时间均对枸杞多糖的提取得率有显著影响。枸杞多糖碱液提取的最佳工艺条件是：液料比为 70∶1，浸提液 pH 值=10，于 65℃下浸提 3.5 h，枸杞多糖得率最高，得率可达 7.46%。碱液提法能够大幅度地提高多糖的提取率，但在碱液作用下枸杞还原糖易发生美拉德反应，从而使提取液的色泽加深，且随着碱液浓度的增加而加深[12]。

2.3 酶提取法

酶法提取主要利用酶作为一种生物催化剂来破坏细胞壁结构，具有反应条件温和、快速、高效、反应过程明确及易于控制等诸多优点，而酶的专一性可避免对底物外物质的破坏。实验中多采用纤维素酶、果胶酶和木瓜蛋白酶等酶制剂来提取枸杞多糖。邹东恢等[13]采用纤维素酶与木瓜蛋白酶提取枸杞多糖，通过单因素实验及正交实验确定最佳脱色条件为：活性炭用量2%脱色温度30℃，溶液pH值为5，脱色时间1.5 h，多糖损失率及脱色率分别为8.6%和72.4%。吴素平等[14]通过实验确定纤维素酶酶解工艺的最佳条件为：加水量50 mL，pH值＝5.0，酶解温度50℃，酶解时间60 min，加酶量0.5%，此时枸杞多糖得率为11.2%。

2.4 微波提取法

微波提取是利用微波强化溶剂萃取效率，即利用微波加热来加速溶剂对固体样品中目标萃取物(主要是有机化合物)的萃取过程。微波具有波动性、高频特性以及热特性或非热特性(生物效应)等特点[15]。邱志敏等[16]利用响应面法优化枸杞多糖的微波辅助水提取工艺得到最佳提取工艺为：微波功率300 W，微波时间1.8 min，液料比26∶1，枸杞粗多糖得率可以达到9.57%(w/w)。在此工艺条件下微波提取枸杞多糖的DPPH清除率比BHA低5%左右(0.1 mg/mL浓度除外)，但ORAC值及抗油脂酸败能力略高于BHA，总体来说抗氧化活性与水提多糖相近。可见，微波法提取枸杞多糖在缩短提取时间、提高提取率、降低成本等各方面具有显著作用。

2.5 超声波提取法

超声波提取利用超声波辐射压强产生的强烈空化效应、扰动效应、高加速度、击碎和搅拌作用等多级效应，增大物质分子运动频率和速度，增加溶剂穿透力，从而加速目标成分进入溶剂，促进提取的进行。超声波提取法主要优点有：成穴作用增强了系统的极性，提高了萃取效率，允许添加共萃取剂，以进一步增大液相的极性；适合不耐热的目标成分的萃取；操作时间短、仪器设备简单；在某些情况下，比微波辅助萃取速度快；酸消解过程中，超声波萃取比常规微波辅助萃取安全；多数情况下，超声波萃取操作步骤少，萃取过程简单，不易对萃取物造成污染[17]。孙汉文等[18]研究发现，超声水提取初始温度以室温为宜，每次超声提取20 min，料液比选为1∶3，采取4次提取。枸杞多糖的收率为10%，类胡萝卜素的收率为17.2%。采用超声波辅助从枸杞中提取枸杞多糖，具有时间短、室温操作、提取率高等特点，该工艺可有效地分离出类胡萝卜素，从而得到较纯的枸杞多糖。李文谦等[19]采用响应优化器对所得的回归拟和方程进行响应优化，得到最佳的枸杞多糖提取条件为：超声波功率249.5 W，超声提取时间16.5 min、料液比1∶25.4，此时理论枸杞多糖最大得率为5.318%。

2.6 超声波—微波联合萃取法

超声波—微波协同萃取将超声振动和开放式微波两种作用方式相结合，充分利用超声振动的空化作用以及微波的高能作用，使样品介质内各点受到的作用一致，降低目标物与样品基体的结合力，加速目标物从固相进入溶剂的过程，克服了常规超声波和微波萃取的不足，实现了低温常压环境下对固体样品进行快速、高效、可靠的预处理[20]。周丹红等[21]用微波—超声波辅助提取枸杞中的多糖得出最佳提取工艺条件为：微波提取温度为100℃，功率300 W，料液比1∶10(g/mL)，微波提取时间6 min，超声波处理温度70℃，功率80 W，处理时间20 min。

3 展望

在大量科学研究人员多年的努力实践下，枸杞多糖的提取技术日渐成熟。在应用过程中，可根据实验目的的不同来选用相应的提取方法，确保将更多的枸杞多糖应用于药品、食品、保健品等成品及临床医学等多种领域，进而更好的服务于人民。但是由于科学研究的不断发展，科学技术的不断进步，枸杞多糖的提取方式可能会更加高效、精确和便捷，为枸杞多糖的进一步开发利用提供更为广阔的平台，为其应用领域开拓更为广阔的空间。

参考文献

[1] 李贵荣. LBP 的提取及其对活性氧自由基的清除作用[J]. 中国现代应用药学杂志，2002，19(2)：94－96.

[2] 张民. 枸杞多糖的特性、结构及生物活性评价[D]. 武汉：华中农业大学，2003.

[3] Sun G J，Zuo P G. A research of Lycium barbarism polysaccharides in efficacy and application status[J]. J Southeast Univ，Med Sci，2010，29：209－215.

[4] Yan XT，Lu XG. Research progress inbiological activity of LBP[J]. Food Nutri China，2011，17(11)：73－75.

[5] Liang B，Jin M L，Liu H B. Water-solublepolysaccharidefromdriedLyciumbarbarumfruits：Isolation，structuralfeaturesandantioxidantactivity[J]. Carbohydrate Polymers，2011，83：1947－1951.

[6] 龚涛，王晓辉，赵靓，等. 枸杞多糖抗氧化作用的研究[J]. 生物技术，2010，20(1)：84－86.

[7] 邵鸿娥，刘斌钰，邢雁霞，等. 枸杞多糖对小鼠体内抗氧化酶活性及耐力的影响[J]. 中国自然医学杂志，2010，12(2)：133－134.

[8] 王月囡，辛广，翁霞. 两种不同方法提取枸杞多糖的比较研究[J]. 鞍山师范学院学报，2010，12(4)：39－43。

[9] 王兆谦. 枸杞多糖提取工艺研究[J]. 山东化工，2010，39(11)：13－15，19.

[10] 刘军海，任惠兰，李凤凤，等. 响应面分析法优化枸杞多糖提取工艺条件[J]. 时珍国医国药，2008，19(4)：935－937.

苹果多酚的提取方法研究

李吉锋[1,2]

1.渭南师范学院　化学与环境学院　陕西 渭南　714099；
2.渭南师范学院　药物中间体协同创新中心　陕西 渭南　714099

摘　要:本文主要介绍苹果多酚的各种提取方法,以期对苹果多酚的进一步开发研究提供一定的帮助。

关键词:苹果多酚;提取;食品

苹果中含有丰富的营养成分,位列我国四大水果之首。近年来,随着我国苹果种植面积的不断扩大,苹果产量逐年增加,苹果加工也越来越受到人们的关注。由于苹果中含有的生物活性物质一苹果多酚,具有很强的抗氧化性、清除体内自由基、抗肿瘤、抗过敏等,因而其广泛应用于医学、食品、制革和日用化工等领域,并发挥着不可替代的作用。同时,随着天然功能性成分研究的兴起,苹果多酚已成为研究热点,国内外学者纷纷从各领域多角度开展研究工作。

苹果多酚是苹果中具有苯环并结合有多个羟基化学结构物质的总称。苹果中的多酚物质主要包括黄烷-3-醇类、黄酮醇类化合物、羟基苯甲酸类、二氢查耳酮、花色苷类等五大类。苹果多酚纯品为淡黄褐色粉末,略带苹果风味,稍有苦味,易溶于水和乙醇。苹果中多酚物质的组成及含量常因品种、成熟度、种植条件和贮藏条件及时间、组织内不同部位而存在较大差异。未成熟苹果和成熟苹果相比,虽然其成分组成相似,但成分含量上却有很大差别。成熟苹果中多酚主要为绿原酸、儿茶素以及原花青素等,而未成熟苹果中则多为二氢查耳酮、槲皮酮等化合物。

由于苹果多酚具有抗氧化作用、消臭作用、保鲜、保香、护色、防止维生素损失等作用,可以防止食品品质劣变,因此,可用于水产加工、肉制品加工、面包、糕点、油脂,含油食品及清凉饮料等的加工制造,可显著提高其产品质量及保质期。由于苹果多酚具有多种保健功能,如预防龋齿、预防高血压、预防过敏反应、抗肿瘤;抗突变、阻碍紫外线吸收等生理功能,因此可用于保健食品的制造。苹果多酚作为保健性食品添加剂,其使用量仅需 50～500 ppm,即可有充分的功效。

1　苹果多酚的提取技术

目前,苹果多酚的提取主要采用有机溶剂浸提,大致可分为两大类。

1.1 有机溶剂直提法

由于苹果多酚结构中所含羟基具有一定极性，根据相似相溶原则，通常选用水、低碳醇、乙酸乙酯、丙酮等溶剂进行提取[1]。戚向阳等以乙醇—水为溶剂对鲜苹果中的原花青素进行了提取，取得较好的提取效果；Yizhong Cai[2]等分别用水、甲醇为溶剂对 112 种中国传统的中草药中多酚物质进行提取并加以对比，为酚类物质的提取提供了依据；孟晶岩等用不同 pH 值的水作溶剂，研究了物料粒度、料液比、pH 值等不同因素对苹果多酚提取效率的影响；郝少莉同等以乙醇为溶剂考察了不同因素对苹果渣中多酚物质提取率的影响，得到了最佳浸提工艺条件，提取量达 1072.615 mg/kg。

1.2 有机溶剂结合其他技术提取法

1.2.1 超声辅助提取法

超声辅助提取法是利用超声波辐射产生的强烈空化效应、扰动效应、机械振动、较高的加速度、击碎和搅拌等多种作用，增加了物质分子运动的频率和速度以及溶剂的穿透力，从而加速目标成分进入溶剂。应用超声波强化提取植物的有效成分，是一种物理破碎过程[3]。具体工艺流程为：苹果渣→超声波辅助有机溶剂浸提→真空浓缩→干燥。

刘峥利用超声波提取银杏叶中黄酮类物质，探索出一种得率高又快速简便的黄酮类物质的提取方法，为苹果多酚的提取提供了科学依据；葛蕾等以乙醇为溶剂利用超声波提取苹果渣中酚类化合物，并确定了最佳工艺条件；栾晏等比较了有机溶剂浸提法、超声波辅助浸提法提取苹果多酚的异同，发现在相同的提取条件下，超声波辅助浸提得率要高的多；李涛采用 PlackettBurman[4]试验设计筛选到显著影响超声波提取苹果多酚的因子，有温度、乙醇体积分数和提取次数。

超声提取与有机溶剂直提法相比，极大地提高了提取效率，节约了溶剂，避免了高温对提取成分的影响。

1.2.2 微波辅助提取法(Microwave-assisted Extraction，MAE)

微波(microwave)是一种波长介于 1 mm～1 m 的电磁波。MAE 是利用微波能来提高萃取效率的一种新技术[5]。1986 年，Ganzler 等人首先使用微波提取天然产物成分，此项技术目前已被广泛应用到食品、生物样品及环境样品的分析与提取中。微波在传输过程中遇到的不同物料会依物料性质不同而产生反射、穿透和吸收现象。在快速振动的微波电磁场中，被辐射的极性物质分子吸收电磁能，以每秒约数十亿次的频率高速振动而产生大量热能。在微波提取过程中，微波只对所有的样品和溶剂同时均匀加热，而不会加热提取容器，因此料液会快速升温而沸腾，其中的天然成分在短时间内从物料进入溶剂中，从而缩短了提取时间。

MAE 法具有很多优点：投资少、设备简单、使用范围广、重现性好、选择性好、操作时间短、溶剂用量少、效率高，以及从物料内部开始加热，且物料受热均匀等优点。

艾志录等人采用 MAE 法提取苹果渣中的多酚物质，使用四元二次通用旋转设计，确定了微波辅助提取的最佳工艺条件为：萃取时间 60 s，功率 750 W，乙醇体积分数 60%，料液比 1∶50，此时苹果多酚理论提取率最大，达到 11.93 mg/g，明显高于热回流提取及超声波法的提取率，同时显著缩短了提取时间。王丽等人以苹果皮为原料，使用 MAE 法提取苹果多酚，采用正交试验优化得到最佳提取工艺条件，提取物中原花色素含量为 0.3668 mg/mL，优于常规提取方法[6]。

1.2.3 加压溶剂提取法

加压溶剂提取是近年发展起来的一种新的样品提取技术。在温度为50～200℃和压力为1013～2016 MPa的条件下，采用常规溶剂对固体或半固体样品进行萃取的样品前处理技术。最初，此项技术主要应用于环境分析中的样品制备，然后才用于食品样品的前处理。国外学者Rosa Alon-so-Salces[7]等采用固液萃取、加压溶剂两种提取方法提取苹果果皮和果肉中的多酚物质，研究结果表明两者具有相近的萃取效果；Zulema Pineiro等以加压溶剂提取法提取葡萄籽和茶叶中的儿茶素类多酚，结果表明该法优于单纯的溶剂萃取法和超临界流体萃取法；Valeria FloresPores等研究认为在植物活性成分的提取方面，加压溶剂提取法较溶剂萃取法和超声辅助提取法更为简单且效率更高。

加压溶剂提取法与其他溶剂萃取技术相比，具有自动化程度高、萃取时间短、萃取溶剂用量少、萃取过程密闭、对人体危害小、环境污染少等优点。

1.2.4 超临界流体萃取法

超临界流体萃取是一种新型的萃取技术，具有传统的溶剂萃取无可比拟的优点。其原理是在高于临界温度和临界压力下，用一种超临界流体（通常为二氧化碳）将有效成分从目标物中萃取出来，然后在常压常温下，超临界流体变为气态，溶解在流体中的有效成分快速析出，达到分离的目的。其工艺流程为：苹果→粉碎→超临界流体萃取→喷雾干燥→样品[8]。

超临界流体萃取新工艺始于20世纪70年代，德国的Zosel博士将超临界二氧化碳萃取工艺成功应用于咖啡豆脱咖啡因的工业化生产，结果表明超临界二氧化碳脱咖啡因工艺明显优于传统的有机溶剂萃取工艺；国内学者冯耀声首次尝试超临界二氧化碳萃取茶多酚，得到了相对纯度为95.45%的茶多酚和相对纯度为86.54%的咖啡因，为多酚的提取开创了新思路；魏福祥用超临界二氧化碳萃取苹果渣中苹果多酚，得出了最佳萃取实验工艺条件，得率可达0.1%；杨继红等用超临界萃取苹果籽油，张恒涛等用超临界二氧化碳从苹果皮渣中萃取二十八烷醇[9]都取得了较好的效果。

目前普遍采用的有机溶剂浸提苹果多酚工艺，生产周期长，环境污染严重。用超临界二氧化碳萃取苹果多酚，工艺条件简单，萃取温度低，能有效避免对活性成分的破坏，而且二氧化碳安全无毒。

2 苹果多酚的分离富集

苹果多酚的分离富集，常见的方法有传统的液—液萃取法，此法在一定程度上可实现苹果多酚的初步分离纯化，但有机溶剂残留大，操作繁琐，产品纯度很低。近年来，随着保健食品需求的迅速增加，市场需要更高纯度的苹果多酚，传统的液—液萃取方法已不能满足要求，因此苹果多酚分离富集中引入了目前天然产物分离主要采用的技术　　层析技术。

任静，彭雪萍等人运用薄层层析技术对提取的苹果多酚物质进行纯化。Anna Picinelli等人采用Extra-SepC18柱[10]，通过调节样品pH值，将苹果多酚分为中性成分和酸性成分。与传统萃取法相比，该法有较高的提取率，可使原花青素、绿原酸和黄烷醇类的得率均成倍提高，特别是使提取根皮素木糖苷的得率提高了 3 倍多。Wieslaw Oleszek 等人也选择 C18 柱结合 HPLC,从苹果皮中分离出 5 种槲皮苷配糖体和 2 种二氢查耳酮配糖体。Yinrong Lu 以苹果渣为原料,选择 Sephadex LH-20 柱梯度洗脱分离苹果多酚,效果良好。姜慧同样采用 Sephadex LH-20,以乙醇与丙酮的水溶液为洗脱液,考察了 AP 分离提纯过程中柱的长径比和流速对解吸率、表儿茶素和绿原酸得率 3 个指标的影响。刘杰超采用树脂吸附法,从苹果汁中分离纯化苹果多酚物质。此外,孙建霞、王宏、张泽生和郭娟分别利用大孔树脂分离富集苹果多酚类物质,做了大量积极的研究与探索,得到较高纯度的苹果多酚,为苹果多酚的工业化生产提供了较好的理论支持。

参考文献

[1] 孙建霞,孙爱东,白卫滨,等.采用微量量热法研究苹果多酚对大肠杆菌的抑菌作用[J].食品与发酵工业,2010,31(6):57-58.

[2] 田边正行,神田智正,柳田显郎.水果多酚及其生产方法以及用途:中国专利局 CN1121924A[P].北京,1996-01-18.

[3] 凌关庭.食品添加剂手册[M].北京:化学工业出版社,1997:748-749.

[4] 汪茂山,谢培山,王忠东,等.天然有机化合物提取分离与结构鉴定[M].北京:化学工业出版社,2004:55-58.

[5] 戚向阳,黄红霞,巴文广.苹果中原花青素提取工艺的研究[J].食品工业科技,2010,24(3):63-65.

[6] 任静.苹果多酚类物质的提取分离及活性研究[D].西安:西北工业大学,2009.

[7] 李明.提取技术与实例[M].北京:化学工业出版社,2006:128.

[8] 葛蕾.苹果渣多酚浸提物及其抗氧化性研究[D].杨陵:西北农林科技大学,2005.

[9] 李涛,岳田利,袁亚宏.苹果多酚提取的响应曲面法优化研究[J].食品科技,2007(8):118-121.

[10] 王贤萍,段泽敏,孟晶岩,等.超声波提取苹果多酚类物质的优化研究[J].山西农业科学,2007,35(5):34-38.

升麻葛根汤复方前后金属元素变化分析

姚焕英[1,2]

1. 渭南师范学院 化学与环境学院 陕西 渭南 714099；
2. 渭南师范学院 药物中间体协同创新中心 陕西 渭南 714099

摘 要：使用 4∶1 的硝酸和高氯酸的混合液对样品进行消解，采用火焰原子吸收法对升麻葛根汤复方前后提取液中人体必需的金属元素 Fe、Mn、Zn、Cu、Ca、Mg 的含量进行测定。经过测定，发现升麻葛根汤合煎液中 Cu、Mn 的含量高于分煎液，而分煎液中 Fe、Zn、Ca、Mg 的含量高于合煎液。

关键词：升麻葛根汤复方；原子吸收；微量元素

基金项目：渭南师范学院化学校级特色学科：秦东化工、材料技术调研（14TSXK04）。

升麻葛根汤源于《阎氏小儿方论》，又名平血饮，由升麻 10 g、葛根 15 g、芍药 10 g、甘草 10 g 四味药材组成。该方辛凉解肌，透疹解毒。主治麻疹初起，疹发不出，身热头痛，咳嗽等[1]。该复方的服用方法是四种草药组合后合煎，得到提取物服用。但是目前一些医药生产厂家和医院为了病人携带和服用方便，将处方中的各种草药单独煎制，然后制成颗粒，即常见的冲剂给病人服用。而传统中医药认为药物在合煎的过程中会发生协同和拮抗作用，包括对微量元素的溶出率都存在影响，现代医学已经证明，微量元素与人体健康、疾病的治疗以及中草药的药效关系十分密切[2]。微量元素虽然在人体内含量很低，但它在人体内发挥着及其重要和特殊的生物活性，因此研究微量元素对人体健康和现代医学有着重要意义。本文以升麻葛根汤为例，实验使用 4∶1 的硝酸和高氯酸的混合液对样品进行消解，采用火焰原子吸收法对复方前后六种元素的含量进行分析，结果表明复方前后元素含量存在差异。

1 实验部分

1.1 仪器与试剂

1.1.1 仪器及工作条件

WFX－120 原子吸收分光光度计（北京瑞利），六种元素 Fe、Mn、Zn、Cu、Ca、Mg 的空心阴

作者简介：作者简介：姚焕英（1962—），女，陕西渭南人，副教授职称，主要从事环境污染监测研究。

极灯，全自动电子分析天平(上海精科)，SZ－93 自动双重纯水蒸馏器(上海亚荣生化仪器厂)，仪器工作条件(见表 1)。

表 1　仪器工作条件

元素	波长/nm	灯电流/mA	狭缝/nm	空气与乙炔流量比/L·min^{-1}
Fe	248.3	3.0	0.4	4:1
Mn	279.5	4.0	0.4	4:1
Zn	213.9	10.0	0.4	4:1
Cu	328.4	2.0	0.2	4:1
Ca	422.7	2.0	0.2	4:1
Mg	285.4	2.0	0.2	4:1

1.1.2　试剂及药材

HNO_3、$HClO_4$、$Fe(NO_3)_3\cdot 9H_2O$、$MnSO_4\cdot H_2O$、ZnO、$CuCl_2\cdot 2H_2O$、$CaCO_3$、$Mg(NO_3)_2\cdot 6H_2O$均为分析纯试剂。水为二次蒸馏水。升麻(黑龙江/河北)、葛根(黑龙江)、芍药(广西)、甘草(安徽)(均购自渭南市老百姓大药房)。

1.2　溶液的配制及标准曲线的绘制

准确称取各种元素的分析纯试剂，先配制成浓度为 1.00 g/L 的储备液，然后用各种元素的储备液稀释成梯度浓度的标准溶液(见表 2)，然后用原子吸收分光光度计在表 1 条件下测得各元素的吸光度，得到标准曲线回归方程和相关系数(见表 3)。

表 2　各种元素测定时的标准浓度　　单位：mg/L

元素	空白溶液	1	2	3	4	5
Fe	0.00	10.00	20.00	30.00	40.00	50.00
Mn	0.00	5.00	10.00	15.00	20.00	25.00
Zn	0.00	2.00	4.00	6.00	8.00	10.00
Cu	0.00	2.00	4.00	6.00	8.00	10.00
Ca	0.00	10.00	20.00	30.00	40.00	50.00
Mg	0.00	5.00	10.00	15.00	20.00	25.00

表 3　线性回归方程和相关系数

元素	线性回归方程	相关系数 r
Fe	$Y=0.0054X-0.0016$	0.9996
Mn	$Y=0.0186X+0.0046$	0.9814
Zn	$Y=0.0115X+0.0584$	0.9995
Cu	$Y=0.376X-0.0028$	0.9999
Ca	$Y=0.011X-0.0063$	0.9986
Mg	$Y=0.0371X+0.2344$	0.9998

在表 2 的浓度范围内，各种元素的线性关系良好。

1.3　样品的测定

1.3.1　煎液提取

按照升麻葛根汤复方组成准确称取各种中草药于 500 mL 烧杯中，加入中草药 8.5[3] 倍质量的二次水，浸泡大约 10 min，用电炉子大火烧开，小火煎煮 20 min。冷却后，倾出上层清液。然后于中草药中再加入 4.5[4] 倍质量的二次蒸馏水，大火烧开后小火煎煮 15 min，冷却后，倾出上层清液并与第 1 次的清液合并到 100 mL 的烧杯中，浓缩到 5～8 mL，用于下一步的消解。

按照升麻葛根汤复方组成准确称取四种中草药于 4 个 100 mL 的烧杯中，加入中草药 8.5[3] 倍质量的二次水，浸泡大约 10 min，用电炉子大火烧开，小火煎煮 20 min，冷却后，倾出上层清液，混合于同一烧杯中。然后分别在 4 种中草药中各加入 4.5[4] 倍质量的二次蒸馏水，大火烧开后小火煎煮 15 min，冷却后分别倾出上层清液，混合到同一个烧杯中，然后与第 1 次的合并到 100 mL 的烧杯中，浓缩到 5～8 mL，用于下一步消解。

1.3.2　合煎液和单煎液的消解

将合煎液和单煎液的试液分别加入 10 mL 浓硝酸，第 2 天补加浓硝酸 10 mL，用电炉低温消解至溶液体积为 1～2 mL。冷却后，加入高氯酸 5 mL，置于电炉上低温加热(可根据情况补加混酸)，至溶液颜色接近无色、澄清，体积较小。用二次蒸馏水定容至 50.00 mL 容量瓶中，然后用原子吸收分光光度计测定各元素的吸光度[5]。

2　结果与讨论

2.1　复方前后微量元素含量

复方前后煎液中各元素测定结果见表 4。

表 4　对合、单煎液中各种金属元素的测定结果　　单位:mg/方剂

煎液种类	Fe	Mn	Zn	Cu	Ca	Mg
合液	0.7870	0.1320	0.1696	0.0294	13.5477	1.3969
单液	1.0954	0.0836	0.1983	0.0206	16.5772	1.4729

2.2　加标回收实验

按照升麻葛根汤复方，用上述同样的方法浸泡、煮沸、浓缩获得合煎液、分煎液 5～8 mL，各加入浓硝酸 10 mL，静置过夜，在电炉上低温加热进行消解处理，至溶液体积为 1～2 mL，冷却。加入高氯酸 5 mL，置于电炉上低温加热，最后溶液颜色接近无色、澄清，体积较小。然后，在合煎液中加入 4.00 mL 的 Fe^{3+}(200 mg/L)，3.00 mL 的 Mn^{2+}(50 mg/L)，4.00 mL 的 Zn^{2+}(50 mg/L)，1.5 mL 的 Cu^{2+}(20 mg/L)，7.5 mL 的 Ca^{2+}(2.0 g/L)，3.0 mL 的 Mg^{2+}

(500 mg/L);在单煎液中加入 5.00 mL 的 Fe^{3+}(200 mg/L),2.00 mL 的 Mn^{2+}(50 mg/L),4.00 mL的 Zn^{2+}(50 mg/L),1.0 mL 的 Cu^{2+}(20 mg/L),8.0 mL 的 Ca^{2+}(2.0 g/L),3.0 mL 的 Mg^{2+}(500 mg/L)。用二次蒸馏水溶解后各自定容至 50.00 mL 容量瓶中。用原子吸光光度计测定各元素的吸光度,计算加标回收率(结果见表 5)。

表 5 加标回收率测定结果

溶液	元素	每方剂含量/mg	加标量/mg	测得量/mg	加标回收率/%
合煎液	Fe	0.7870	0.8000	1.6263	104.91%
	Mn	0.1320	0.1500	0.2993	111.53%
	Zn	0.1696	0.2000	0.3875	108.97%
	Cu	0.0294	0.0300	0.0636	104.01%
	Ca	13.5477	15.0000	29.9262	109.19%
	Mg	1.3969	1.5000	2.9154	101.23%
单煎液	Fe	1.0954	1.0000	2.1578	106.24%
	Mn	0.0836	0.1000	0.1999	116.30%
	Zn	0.1983	0.2000	0.4093	105.50%
	Cu	0.0206	0.0200	0.0434	114.00%
	Ca	16.5772	16.0000	33.8204	107.77%
	Mg	1.4729	1.5000	3.1093	109.10%

2.3 精密度

对合、单煎液中各元素进行多次测定($n=3$),相对标准偏差<5%。

3 结 论

实验发现,中药方剂合煎和单煎样品中微量元素的含量明显不同,其中,单煎样品中 Mn、Cu 含量低于合煎样品中的含量;而单煎样品 Fe、Zn、Ca、Mg 含量高于合煎样品中的含量。实验结果表明,复方后合煎过程中使得某些元素的协同或者拮抗作用明显,从而影响到微量元素的溶出率。从以上角度考虑,建议在临床使用该方剂时注意到以上情况,尽量采用合煎服用的方式。

参考文献

[1] 肖培根,姜艳,李萍. 中药贝母的基元植物和药用亲缘学研究[J]. 植物分类学根,2007,45(4):473-474.

[2] 孔祥瑞. 必需微量元素的营养、生理及临床意义[M]. 合肥:安徽科学技术出版社,1982,15-18.

[3] 容蓉,袁久荣,王学智. HPLC 测定四物汤及其方剂中阿魏酸的煎出量[J]. 中国药学杂志,2000,35(11):767-768.

[4] 单安山. 生命元素——锌的研究进展[J]. 东北农学院学报,1987,18(3): 265-269.

[5] 李吉锋. 6 种活血化淤中药中金属元素的原子吸收测定[J]. 微量元素与健康研究,2007,24(6): 27-28.

薄荷挥发油功能性研究进展

权美平[1,2]

1.渭南师范学院 化学与环境学院 陕西 渭南 714099；

2.渭南师范学院 药物中间体协同创新中心 陕西 渭南 714099

摘　要:针对薄荷挥发油在医药卫生及生态农业等领域具备潜在的活性功能,本文就薄荷挥发油的增效作用,作为生态农药在农业方面作用,其它领域中的抗菌抗病毒作用,及其它功效进行综述,以期为今后薄荷挥发油的开发和更深层次的研究作综合性的参考。

关键词:薄荷;挥发油;功能;应用

薄荷为唇形科、薄荷属(Mentha)植物薄荷(Mentha haplocalyx Briq)的干燥地上部分,系多年生草本植物,是中国传统的药食同源物品。研究表明,薄荷富含挥发油,亦称为薄荷精油,薄荷醇(脑)、薄荷酮和薄荷酯类是薄荷挥发油的主要成分。薄荷挥发油具有提神解郁、消除疲劳、防腐去腥、健胃消胀、散热解毒、消炎止痒、抗真菌、抗病毒等多种药理功效[1];但有关薄荷油功效的研究彼此之间相对孤立,对于薄荷油功效与其开发利用的总结性报道相对较少。因此本文就薄荷挥发油作用功效进行综述,以期为今后更深层次的研究作综合性的参考。

1　薄荷挥发油的功效

薄荷挥发油作为一类天然植物性添加剂,能够矫正食品的异味,赋予香气;且其具有抗菌、消炎、防腐、抗氧化、抗肿瘤等作用。因此,薄荷挥发油常被开发成天然防腐剂、杀菌剂或医药助剂,广泛应用于食品、农业、医药及化妆品等领域[2-5]。近来,对许多种植物精油的多功能属性的研究和探索成了研究热点。下面关于薄荷挥发油的作用功效分述如下。

1.1　作为增效剂在医药领域中的作用

增效剂本身无生物活性,对受试生物无药效或药效很低但与某种药剂混合使用时,能使该药剂功效增强。研究报道:薄荷挥发油可增强达克罗宁等药物对皮肤的渗透作用和戊巴比妥钠的中枢抑制作用等。达克罗宁为一种表面麻醉剂,被广泛用于皮肤外科以及喉镜、气管镜、食道镜等内窥镜检查,有止痛、止痒和抑菌作用。王雨人等[3]采用离体小白鼠腹皮作透皮材料,考察薄荷油对达克罗宁的透皮促进作用,结果发现2%薄荷油作为透皮助渗剂比常用皮肤渗透促进剂氮酮(Azone)效果更强,其加入到达克罗宁中,为达克罗宁药物强效、速效提供了有力支持。薄荷油除了可以促进达克罗宁的透皮吸收，对于水杨酸，扑热息痛等多种药物均具有促透作用。另有多名学者以薄荷油中的主要成分薄荷醇为增效剂进行了广泛的研究。吴宋夏等[6]以离体裸鼠、兔子及人体皮肤研究薄荷醇促皮渗透作用中发现：薄荷醇在离体裸鼠皮肤可以明显增加水杨酸和氟脲嘧啶的透皮吸收率；对于正常人前臂内侧皮肤可增加氟轻松和氯氟舒松的吸收；在整体兔，使水杨酸经皮肤吸收入血明显增加，其最大吸收率在给药 0.5～12 h 通过测定血浆水杨酸浓度与对照组相比分别提高 151%和 87.2%。徐伟等[7]以离体小鼠皮肤研究薄荷醇对水杨酸透皮吸收过程也发现水杨酸乙醇液加入薄荷醇可明显增加水杨酸的透皮累积量。另谭健华等[8]研究薄荷醇促进抗生素、抗菌药的透皮作用研究中也发现薄荷醇对于促进灰黄霉素，二氮苯咪唑利福平，四环素等也存在着明显的剂量效应关系。薄荷油或其主要成分薄荷醇不仅对常见的外用临床药物可通过透皮给药系统有增进药效的作用，对于中枢神经系统的增效作用也有学者进行了跟踪研究。用于催眠，麻醉前给药和治疗癫痫，破伤风的痉挛的药物一般使用的是戊巴比妥钠，为使药效好，作用快，而在不大剂量使用戊巴比妥钠剂量的情况下，需要一种新型药物来增强其作用。研究表明[9]：以 0.1～0.9 g/kg 的薄荷醇对小鼠进行灌胃，可缩短戊巴比妥钠诱导的小鼠入睡的潜伏期，薄荷醇能加强戊巴比妥钠的中枢抑制作用，并且具有一定的量剂效应。

综上研究可知，薄荷挥发油对各类药物有不同的增效作用，而且其增效的物质基础可能与其主要成分薄荷醇密切相关。

1.2 作为抑菌和杀虫剂在农业及皮肤护理中的应用

我国储粮，森林树木受害虫的危害最为严重，其中化学农药在保证作物稳产，高产等方面发挥了巨大的作用，但由于害虫的抗药性、农药残留等问题很难攻克，而且由于自身的毒性，对环境产生污染等负面影响，为此人们希望从植物中寻找具有生物活性，对环境污染少，开发低毒、高效且品质优良的植物源绿色农药具有重要意义。近年研究发现[10—11]，精油成分具有强烈的抑制或杀死微生物的特性。研究证实，薄荷挥发油不仅具有不影响粮食品质、对人畜安全、不污染环境、不易产生抗药性的优点；而且具有良好的驱虫、杀虫作用，对昆虫有一定的引诱、拒食、驱避、抑制生长发育等优良作用；因此可为防治储粮害虫开辟一条新途径。杨杉等[4]学者采用三角瓶密闭熏蒸法研究了薄荷油、留兰香油对小麦中玉米象的熏蒸效果及熏蒸毒力。结果表明：薄荷精油和留兰香精油在添加如粮食后对玉米象成虫均具有较好熏蒸效果，且薄荷油的 LC50 值(231.50 μL/L)比留兰香油 LC50 值(268.71 μL/L)低，证明薄荷油的熏蒸效果优于留兰香油。杨群芳等[12]报道：薄荷精油对云南松纵坑切梢小蠹具有驱避活性，以 75%乙醇 40 倍稀释液用于林间驱避云南松纵坑切梢小蠹成虫，其驱避率达到 83.3%；3 d 后仍有较强的驱避活性，驱避率可保持到 75%，持续期较长。朱爱萍等[13]采用生长速率法测定薄荷油的抑菌试验，发现薄荷精油对 4 种植物病原菌西瓜炭疽病菌、甜瓜枯萎病菌、甜瓜灰霉病菌、和柑橘黑腐病菌的毒力程度不一样，其中薄荷油对柑橘黑腐病菌的毒力最高，其 EC50 达到 169.68 mg/L。张海芝等[14]利用薄荷油防治棉花枯萎病结果证实薄荷油可有效的防治棉花枯萎病的发生，这些研究为我们日后在农业领域防治农作物病害方面提供了一条新途径。

薄荷挥发油除了广泛用在田间杀虫，保护农业方面，对我们人体面部美容、防治蚊虫叮咬及治疗螨虫方面也具有重要作用。丁德生[15]从云南野生薄荷挥发油中分离得到一种含氧单萜化合物即新型驱避药物，此药物配合以适当溶剂涂抹皮肤上，不仅对虻、蚊具有良好的趋避作用，而且毒性低，对皮肤无刺激作用。许玉华等[16]以患者的鼻引沟两侧刮下来的活的蠕形螨并滴加薄荷挥发油的研究表明：薄荷挥发油乳剂在作用时间 3 h，会全部杀灭蠕形螨；对用药治疗 1 个月的 50 例患者中，对于 30 例病轻患者有效。赵亚娥等[17]体外实验结果表明：12.5%薄荷挥发油对于治疗单纯毛囊蠕形螨感染者及混合感染者效果良好。李航等[18]等采用 6.25%薄荷挥发油外用治疗人体蠕形螨的效果的研究表明：外用薄荷油治疗方便，使用 25 d后治愈率达到 85.7%，杀螨效果比 10%硫磺软膏佳，且患者外用治疗期间未发生明显不良反应及不适。

1.3 薄荷油的其他功效

文献报道，薄荷挥发油的主要成分为薄荷醇(脑)、薄荷酮和薄荷酯。所以关于薄荷挥发油在预处理制作植物标本及其挥发油中的主要成分在止痛作用及抗早孕等方面的功效也有报道。张长顺[19]研究发现：复方薄荷油具有聚集分裂细胞中期分裂相的作用，用来预处理制作植物染色体标本，效果良好，得到的图象清晰，染色体分散好，形态正常，而且此方法简便，对科研实验应用价值很高。庄南生等[20]用薄荷油预处理水稻、绿豆根尖制作染色体标本也获得成功。王晖[21]关于薄荷醇对柴胡镇痛作用的影响研究证明：0.25 g/kg 薄荷油的有效成分薄荷醇腹腔注射对大鼠角叉莱胶性足肿胀的抑制率达到 60%～100%；薄荷醇的构型不同，作用效果亦不同；薄荷醇可加强柴胡的镇痛作用。另杨世杰等[22]通过薄荷油对家兔妊娠作用的研究发现：薄荷油肌注时会导致孕卵着床被阻，有一定抗早孕及抗着床作用。同时王成钢等的关于薄荷脑对女工女性机能影响的调查也发现[23]：接触了薄荷脑的女工月经先兆症状和月经异常明显高于对照组(未接触薄荷脑的女工)，接触组女工自然流产率和早产率也高于对照组，这些研究有力的证实了薄荷油中的主要成分薄荷醇具有镇痛和有一定抗早孕及抗着床作用，

2 展　望

薄荷挥发油由于其潜在的植物源精油特性，目前在农业和医药界等领域的应用已经陆续引起了人们的关注。紫苏精油作为一种新型的植物源农药及作为医药界的辅助用药具有潜在的价值和广阔的市场。另外，薄荷挥发油在食品领域内的应用，不仅满足了人们对于食品质量和风味的需求，更是符合现在绿色健康的安全性倡导方向[24]。薄荷挥发油可应用于多行业的多功能特性，使其具有较高的研究价值和开发前景，随着技术更新和进步，薄荷挥发油的利用价值和发展空间可能会进一步拓展。

参考文献

[1] 崔福德. 药剂学[M]. 5 版. 北京：人民卫生出版社，2003：351.

[2] 魏思廷，李宏军. 薄荷风味啤酒的研制[J]. 食品研究与开发，2011，32(9)：128－130.

[3] 王雨人，陆卫，钱海涛. 薄荷油对达克罗宁的透皮促进作用[J]. 天津药学，1994，6(3)：15－16.

[4] 杨杉，苏远萍，华红霞，等. 两种植物精油对粮食中玉米象的熏蒸效果研究[J]. 中国粮油学报，2009，24(6)：110-113.

[5] 许玉华，田晨煦. 薄荷油乳剂治疗蠕形螨[J]. 上海中医药杂志，2004，38(6)：6.

[6] 吴宋夏，王宗锐，湛小红，等. 薄荷醇促皮渗透作用的研究[J]. 中国医杂志，1994，14(8)：366-367.

[7] 徐伟，许卫铭，王宗锐. 薄荷醇与乙醇对水杨酸在完整小鼠皮肤透皮吸收的影响[J]. 中成药，1997，19(1)：5-6.

[8] 谭健华. 薄荷醇促进抗生素、抗菌药的透皮作用研究[J]. 广东医学，1995，16(8)：556-557.

[9] 王晖，许卫铭，王宗锐，等. 薄荷醇对戊巴比妥中枢抑制作用的影响[J]. 现代应用药学，1995，12(3)：1-2.

[10] MURRAY B. Plant essential oils for pest and diseaseman-agement[J]. Crop Protection，2000，19：603-608.

[11] FRIENDMAN M，PHILIP R H，ROBERT E M. Bactericidal activities of plant essential oils and some of their isolated constituents against Campylobacter jejuni ，Escherichia coli ，Listeria monocytogenes，and Salmonella enterica[J]. Journal of Food Protection，2002，65(10)：1545-1560.

[12] 杨群芳，周祖基，李庆. 薄荷油对云南松纵坑切梢小蠹的林间驱避试验[J]. 植物医生，2006，19(2)：33-34.

[13] 朱爱萍，赵杰. 薄荷油对植物病原菌的毒力研究[J]. 上海农业科技，2011，(4)：24-25.

[14] 张海芝，王桂英，马威，等. 薄荷油对棉花枯萎病的抑制作用及防效[J]. 中国棉花，2003，(3)：24.

[15] 丁德生. 野薄荷精油中趋避有效成分的结构鉴定[J]. 植物学报，1983，1(25)：63-65.

[16] 许玉华，田晨煦. 薄荷油乳剂治疗蠕形螨[J]. 上海中医药杂志，2004，38(6)：6.

[17] 赵亚娥，郭娜. 薄荷油体外抗蠕形螨效果及杀螨机制[J]. 昆虫知识，2007，44 (1)：74-77.

[18] 李航，韩文艳，玉波腊，等. 薄荷油外用治疗人体蠕形螨的疗效研究[J]. 昆明医学院学报，2011，(7)：102-103.

[19] 张长顺. 用复方薄荷油预处理制作植物染色体标本的初步研究[J]. 武汉植物研究，1998，16(3)：280-282.

[20] 庄南生，黎京度. 用风油精预处理制备植物染色体标本的新方法[J]. 生物学杂志，1993，(2)：26-27.

[21] 王晖，许卫铭，王宗锐. 薄荷醇对柴胡镇痛作用的影响[J]. 中医药研究，1996，(2)：38-39.

[22] 杨世杰，吕怡芳，刘宏雁，等. 薄荷油终止家兔妊娠作用的实验观察[J]. 白求恩医科大学学报，1989，4(15)：346-348.

[23] 王成钢. 薄荷脑对女工女性机能的影响的调查[J]. 中国工业医学杂志，1994，7(2)：95-96.

[24]魏思廷，李宏军. 薄荷风味啤酒的研制[J]. 食品研究与开发，2011，32(9)：128-130.

热分析技术在药物鉴定中的应用

高锦红
1. 渭南师范学院 化学与环境学院 陕西 渭南 714099;
2. 渭南师范学院 药物中间体协同创新中心 陕西 渭南 714099

摘 要:热分析技术是在机器对温度的管制下测量物品的物理化学性质和温度之间关系的技术,是一种重要的剖析测试方法。本文就热分析技术在药品质量检测、中药鉴定、药物成分分析等鉴定领域中的应用进行了综述,这在中药鉴定分析方面具有一定的理论参考价值。

关键词:热分析技术;中药鉴定;应用

基金项目:陕西省教育厅项目(15JK1239);渭南师范学院一般项目(16YKS002)。

随着科学技术的加速发展,中药鉴定的技术方法愈加成熟,其鉴定方法从以前的以主观形性经验鉴别为主渐渐变成现在使用客观、快速而有效的鉴定方法,其中热分析法也得到很多人的青睐。热分析法[1]是钻研药物的各项特征及其辅料彼此作用中产生的熔化、凝结、晶体的形状变化、分解、化合反应、吸附、脱吸附等物理或化学变化的一门分析技术方法。热分析法已经发展了好长时间,特别是在这些年的发展非常快,成为一个涉及各种主题的一般技术,也成为仪器分析的一个重要部分。目前,美国药典 32 版(2009 年)、欧洲药典与日本药局(第 15 改正版)等已经将这种方法作为控制监测药品质量的主要方法,《中华人民共和国药典 2010 年版》中要求新品药上报申请信息中要含关于该药的热分析数值等检测信息[2]。本文就热分析技术在药品质量检测、中药鉴定、药物成份分析等鉴定领域中的用法进行综述,这对热分析法在中药鉴定分析方面具有一定的理论参考意义。

1 热分析法介绍

热分析技术(TA)指的是机器对温度的管制下测量物品的物理化学性质和温度之间关系的技术(ICTA,International Confederation for thermal Analysis)。因为 TA 它本身具有用到的仪器简单、操作容易、极高的准确度、灵敏度、速度、不需要提前处理和试样微量化等优势,在与其他分析手段一起使用中可以得到许多可靠而广泛的信息,因此也成为一类多学科通用的分析测试技术[3]。

联系人简介:高锦红(1974—),女,副教授,硕士,主要从事化学计量学。

1.1　热重法(TG)

热重法是在加热过程中测量其间样品的重量变化。该方法的发展基础是自动天平,可测得 1 μg 以下的重量变化。主要用于剖析物质质量与温度之间的关系变化,根据这些数据,我们可以描绘出纵坐标是质量(越往上表示质量增加);而曲线的横坐标用温度(T)或时间(t)(越往右表示增加)表示,我们简单地把它叫做 W 曲线。它能用来反映物质热反应过程,根据 W 曲线能获取分解温度和热稳定的温度范围、热分解和生成物、生成物组成这些参考数据。要想知道试样质量的变化率和时间有怎样的联系,需要将热重曲线(也就是 W 曲线)利用数学方法对时间把它的一阶导数求出来,就可以描述出相应的 DTG 曲线,由此可清楚的了解失重期间的特征点,并得出精确的数值。故能利用这方法对不同的生物医药进行区别和鉴定,DTG 曲线比 TG 曲线更精确[4]。

1.2　差热分析法(DTA)

差热分析指程序控温时,对参比物与测量物质温度的差距 (ΔT) 和温度(T) 之间变化的测定方法,根据实验数据可得到 DTA 曲线,即差热分析仪所测定而记录下来的 $\Delta T-T$ 曲线,曲线呈现的是纵坐标代表 ΔT(坐标线以下代表吸热反应,横坐标用 T 或 t 表示(越向右代表增加)。会产生吸热峰的原因有多种,简单地说有以下这些:结晶转变、物质的升华、气化、吸收、脱水、分解、还原等。能让放热峰产生有好多种不同的情况,包括结晶变化、吸附(物理吸附还有化学吸附)、分解、氧化(化学方面) 等。由描绘出来的差热曲线我们可以了解到峰的面积大小、峰的位置、峰的多少和峰的图形等参考数据[5]。

2　热分析在中药鉴定中的应用

2.1　在植物类药材鉴定中的应用

我国的药用乳香产量不足,都是靠从国外买回来使用的,索马里乳香和埃塞俄比亚乳香在质量上的差别很大,可是表现出来的性质非常相似,所以对这两种物品很难进行区分。但 1987 年研究者在以固体乳香为样品的研究中,用 DSC 有效的区别了这两种乳香。对辛夷及混淆品等共 9 个品种采用 TA 与薄层色谱法结合起来用的新方法,这种方法称为热微量转移法(TAS),进行了成功的鉴别,并取得了称心的结果[6]。

马海琴等[7]分辨了人参和西洋参粉末及其浸出物采取方法的不同之处,用 TG 了解到其 TG 图谱和 DTG 图谱,该方法因为操作简单且迅速、灵敏度好等优点,可用于测定中药材的纯度、特性参数及反应参数等数据。此外,利用 TA 可以检查原药和药品的湿度。利用该方法不仅测定速度快、使用的样品量少,还可以用于检测贵重药物。林锦明等[8]对国产 19 个不同来源的商陆药材样品用 DTA 进行了探索,获得特点不一样的热图谱 7 种,有效的对它和它的误用品加以区别,解决了根源相同的植物药材在形态特征上没有多大差距但其它方面极其类似以至于不能鉴别的问题。

2.2 在动物类药材鉴定中的应用

因中药的组成成分大多是天然的，则很难区别它是真的还是假的，用 DSC 就可以快捷的加以区分。文红梅等[9]人采用差热分析法(DTA)探究了白鲍贝壳与皱纹盘鲍进行了研究，研究表明白鲍贝壳与皱纹盘鲍的热图谱差别不大，证明了这两个都可作为石决明药材被使用。王忠壮等[10]采用 DTA 对鳖甲和龟甲商品药材进行了鉴定，利用曲线形状、放热峰峰顶、外推起点及拐点温度的不同可将鳖甲、龟甲与其伪品区分开。杨林莎等[11]区别珍珠粉的真假时用的是 TG 及微熵热重法(DTG)，并且还对质量的有效程度做出评价。赵曦等[12]用 TG 对 30 批商品阿胶分别进行了水分、灰分及挥发分的测定及定量分析，并与药典法进行对比，结果显示 TG 测定挥发分简便、快速、重现性好，用以控制阿胶的腐败臭气，有推广前景。

2.3 在矿物药材鉴定中的应用

矿物药材几乎都为晶体，选择一种相对容易的方法（比如 TG、DTA）对它鉴别分析，因其物理性能极其平稳，其他热图谱更加平稳，所以热分析法更多时候用来测定矿物药材而不是动物药材。

3 结　语

TA 主要用于研究物质物理性质与温度呈现的关系，DTA、TG、DSC 等方法都是在中药材区分鉴别中使用的，其中用使用最多的是 DTA，它可以在植物、动物和矿物药材中使用，在矿物药材里使用效果是最好的。TA 在现实生活中用的时间不长，可是它有好多其它方法没有的好处，比如说：简单、操作容易、速度快且准、用的量也少等比其他方法好的优点。

参考文献

[1] 陈永顺，杜士明. 热分析在药学领域的研究进展[J]. 中国药房，2005，16(20)：1583－1584.

[2] 刘义，董家新，陈静，等. 热分析法在药物研究中应用的新进展[J]. 长沙理工大学报：自然科学版，2008，5(1)：1－6.

[3] 李超英，邱宇，宋丹丹. 热分析技术在药物新型递药系统及产品中的应用[J]. 中国新药杂志，2015，06：654－658.

[4] 唐万军，陈栋华，张健. 热分析技术在药物研究中的应用[J]. 化学研究与应用，2001，13(1)：16－20.

[5] 杨成，胡松，王金南，等. 热分析技术在药物分析中的应用[J]. 广州化工，2012，14：36－37.

[6] 杨青山，周建理. 中药辛夷的生药学研究概况[J]. 安徽中医药大学学报，2010，29(5)：78－80.

[7]马海琴，王志清，杨微. 人参和西洋参的鉴别方法概述[J]. 特产研究，2005，27(3)：567－569.

[8] 林锦明，郑汉臣，张剑春，等. 差热分析鉴别商陆类药材及其误用品[J]. 中药材，1995，18

(12)：611－613.

[9] 文红梅，练鸿振，吴德康，等.皱纹盘鲍与白鲍贝壳的成分研究[J].中国药学杂志，1999，34(2)：85－87.

[10] 王忠壮，林锦明，叶光明.中药龟鳖甲的商品鉴定[J].中国中药杂志，2000，25(5)：259－262.

[11] 杨林莎，朱琰，申小清，等.珍珠的热分解机理及质量分析方法研究[J].中国中药杂志，2000，25(9)：518－520.

[12] 赵曦，翟乙娟，都恒青，等.30种商品阿胶的质量比较[J].中国药学杂志，2000，35(10)：690－692.

羊奶中掺入牛奶的检测方法研究

张小苗[1,2]

1.渭南师范学院　化学与环境学院　陕西 渭南　714099；

2.渭南师范学院　药物中间体协同创新中心　陕西 渭南　714099

摘　要:随着人们生活水平的提高和对羊奶营养价值的了解,羊奶越来越深受大家的喜爱。但是国内外羊奶中掺入牛奶的事件却经常发生,为确保消费者的利益及健康,急需建立羊奶中掺入牛奶的检测方法。本文主要综述了近年来国内外常用的用于检测羊奶中掺入牛奶的方法。

关键词:羊奶,牛奶,掺假

在国际营养学界,羊奶被称为“奶中之王”。营养学研究表明,羊奶中所含的蛋白质以及矿物质,特别是磷和钙的量都要比牛奶的量高,维生素A和维生素B的含量也高于牛奶,有益于保护视力和快速恢复体能。羊奶脂肪颗粒大小仅是牛奶的三分之一,有利于人体的消化吸收,而且长久食用不会产生肥胖,牛奶过敏者食用羊奶的不良反应也比较少[1]。在欧洲,鲜羊奶的市场价格高至鲜牛奶的7倍。随着人们生活水平的逐步改善,鲜奶的消费量在逐步增加,欧洲饮用鲜羊奶已有上千年的历史,具有着极其重要的营养价值和经济价值。羊奶也渐渐被我国大中城市的人们列为日常生活中的营养保健佳品。我国奶羊的养殖基本都是较小规模的农户散养,羊奶受季节波动影响较大,其市场价格比牛奶高。近年来,由于羊奶产业的快速发展和羊奶的需求量增大,使得羊奶中掺入牛奶的现象经常发生[2],因此非常有必要建立羊奶中掺入牛奶的检测方法,来保证羊奶及其制品的质量和安全。

1　羊奶和牛奶组成比较

1.1　蛋白质方面

CEBALLOS LS等[3]研究表明,羊奶和牛奶蛋白质质量分数分别为3.48%和2.82%。羊奶和牛奶中的蛋白组成相似,酪蛋白是主要蛋白,大部分以酪蛋白胶束状态存在。与牛奶酪蛋白胶束相比,羊奶酪蛋白胶束具有较低的沉降速度、很强的β-CN溶解性、酪蛋白胶束较小、更多的磷和钙、小的溶剂化作用和低的热稳定性[4]。在酪蛋白种类上,牛奶中α-CN含量最多,而羊奶

作者简介:张小苗(1986—),女,讲师,硕士,研究方向:乳品和免疫学检测研究。

中 β - CN 含量最多。人奶不含 α_{s1} - CN，羊奶中 α_{s1} - CN 含量较牛奶少，比牛奶更接近人奶[4]。

1.2 脂肪方面

奶中的脂肪以小而均匀的脂肪球的形式存在，羊奶脂肪球直径约为 2 μm，牛奶的脂肪球直径为 3～4 μm 左右。通过比较羊奶和牛奶脂肪的脂肪酸组成，羊奶中的短中链脂肪酸(C4～C10)含量明显高于牛奶的，其中己酸(C6:0)、辛酸(C8:0)和癸酸(C10:0)含量是牛奶的 2 倍，同时这也是形成羊奶膻味最主要的原因[5]。奶中的长链脂肪酸主要包括棕榈酸(C16:0)、硬脂酸(C18:0)、油酸(C18:1)、亚油酸(C18:2)和亚麻酸(C18:3)。羊奶和牛奶长链饱和脂肪酸差别不大，但长链不饱和脂肪酸不同，羊奶中几乎不含亚麻酸(C18:3)。

2 羊乳中掺入牛乳的检测方法

2.1 电泳技术

牛奶中 α_{s1} - CN 的迁移率大于羊奶酪蛋白的迁移率，Aschaffenburg[6] 以此作为检测指标建立方法，该法的检测限为 1%。宋宏新[7] 等人分别依据牛羊奶 α_{s1} - CN 和 α_{s2} - CN 的区别和牛奶较羊奶多两条 β-乳球蛋白采用 SDS - PAGE 和 Native-PAGE 进行分析，检测阈值均为 5%，但 Native-PAGE 效果更明显。

石燕等[8] 采用毛细管区带电泳，选择聚丙烯酰胺涂层毛细管对混合牛羊奶中的蛋白质进行了图谱研究，建立了混合奶的定性定量检测方法。该法以牛奶 α_{s0} - CN、α_{s1} - CN、β - casein A^1、κ - CN 和羊奶的 β - CN、β_1 - casein 作为定性检测的酪蛋白，测得混合奶中不同酪蛋白的峰面积比值和混合比例呈现出良好的线性关系。还有根据测得的不同奶中的 β - LG 的峰值采用毛细管电泳-质谱联用(CE - MS)方法定量地测定羊奶中掺入的牛奶[9]。

2.2 免疫学技术

免疫学技术因操作方便，灵敏性好，准确度高，在食品掺假检测方面应用较多。TERESA GARCiA 等人[10] 自制兔抗牛乳清蛋白多抗，建立间接 ELISA 方法，检测线性范围为 1～50%。Ine's M 等人制备抗牛 β - CN 单抗(AH4)建立间接 ELISA 检测羊奶奶酪中掺入的牛奶成分，检测限为 1%。Hurley, I. P. 等人[12] 用抗牛 IgG 单克隆抗体建立间接竞争 ELISA 方法，最低检测限为 0.1%。后来，Hurley, I. P. 等又以羊抗牛 IgG 多抗作为捕获抗体，将单抗作为检测用的一抗，建立 IgG 夹心 ELISA 法[13]，此法专一性强，最低检测限为 0.01%。韩燕等人[14] 用抗牛 β - CN 多抗建立间接 ELISA 法，脱脂乳的最低检出量为 4%；乳酪蛋白最低检出量为 3.5%。目前，我国已开发出快速检测羊奶中的牛奶成分的试剂盒。

2.3 色谱技术

色谱技术是分离乳蛋白，检测掺入牛乳含量的另一手段。Emilia Bramanti 等学者[15] 将疏水交互作用色谱(HIC)和强变性剂结合起来，分离和分析 α_1 -，α_2 -，κ -，β - CN。以 α_{s1}/κ，α_{s2}/β，β/κ，α_{s2}/α_{s1} 峰面积比值作为检测指标，检测羊奶中掺入的牛奶含量。

羊奶的脂肪中含有大量短链脂肪酸，与牛奶相同的是大多数脂肪酸含偶数碳原子，不同的是羊奶中一些直链脂肪酸的含量都比牛奶高，其中 $C_{10}:0$ 含量尤其高。根据此现象，四十年前陆续出现一些可以用来检测羊奶及其制品中掺入牛奶含量的色谱技术，比如高效液相色谱(HPLC)、气相液相色谱(GLC)等。1967 年，Lotito and Cucurachi [16] 等人根据羊奶和牛奶中 $C_{15}/C_{14}:1$ 以及 C_{12}/C_{10} 的比率关系建立了 GLC 方法。Sadini[17]研究发现，也可以根据 C_4/C_6+C_8 和 C_{12}/C_{10} 的关系来定量检测羊奶及其制品中掺入的牛奶成分。

李宝宝[18]等根据牛奶中β-胡萝卜素含量远高于羊奶，建立了以β-胡萝卜素含量作为特征指标用 HPLC 定量检测牛羊混合奶的方法，该方法对β-胡萝卜素的检测限为 0.31×10^{-2} μg/mL，定量限为 1×10^{-2} μg/mL，样品加标回收率在 89.46%～98.19%之间，相对标准偏差在 1.50%～2.79%之间。

2.4 聚合酶链式反应(PCR)技术

由于 DNA 耐高温性能好，早在 19 世纪末 20 世纪初，就已经建立了基于 DNA 的检测方法。PCR 技术被广泛地应用于食源性掺假检测。反刍动物的乳中含有许多体细胞，这是 DNA 的直接来源。近些年，基于 12S rRNA 基因的检测手段不断出现，这是因为 12S rRNA 基因具有种内高度保守性，抗腐蚀，耐高温等特点。根据羊、牛线粒体 DNA 的保守序列设计相应的引物，建立了快速检测牛羊源性成分的 PCR 方法。

I. Lo′pez-Calleja 等学者[19]以牛特异性基因——线粒体 12S rRNA 中的 223bp 片段为靶基因建立方法检测原料乳、巴氏杀菌和灭菌后的混合牛羊奶，检测限为 0.1%。Ine′s M 等人[20]以同样的方法测定羊奶奶酪制品里掺入的牛奶成分，牛奶的检测限为 1%。

3 结束语

国际乳品行业一致认为，羊奶中掺入牛奶是一种掺假的行为。羊奶中掺入牛奶的检测方法有电泳技术，色谱技术，免疫学技术和 PCR 技术等，这些方法各有优劣，对于我国乳品行业的健康发展具有重大意义。

参考文献

[1] HAENLEIN G F W. Goat milk in human nutrition[J]. Small Ru minant Research，2004，511：55－163.

[2] 王坤，叶兴乾，关荣发. 羊乳及其奶酪中掺入牛乳检测的研究[J]. 食品与发酵工业，2005，31(10)：136－138.

[3] CEBALLOS L S，MORALES E R，ADARVE G T，et al. Composition of goat and cow milk produced under similar conditions and analyzed by identical methodology[J]. J Food Compos Anal，2009，22(4)：322－329.

[4] CLARK S，SHERBON J W. Genetic variants of alpha (s1)-CN in goat milk：breed distri-

bution and associations with milk composition and coagulation properties[J]. Small Ru min Res,2000,38(2):135 - 143.

[5] 罗军,单翠燕,刘拉平,等.不同胎次西农萨能羊鲜乳中链和短链脂肪酸组成的初步研究[J].西北农林科技大学学报(自然科学版),2005,33(3) :24 - 27.

[6] Aschaffenburg,R. ,and J. E. Dance. Detection of cow's milk in goat's milk by gel electrophoresis[J]. J. Dairy Res. 1968,35:383.

[7] 宋宏新,刘静,张歌,等.变性与非变性电泳对牛羊乳蛋白质差异比较研究[J].陕西科技大学学报,2013,3(6):109 - 113。

[8] 石燕,姜金斗,刘宁.利用毛细管电泳测定牛乳和山羊乳混合乳的蛋白质[J].东北农业大学学报,2010,41(11):119 - 124.

[9] M ller L,Barták P,Bedná P,et al. Capillary electrophoresis-mass spectrometry—a fast and reliable tool for the monitoring of milk adulteration[J]. Electrophoresis,2008,29(10): 2088 - 2093.

[10] TERESA GARCiA ROSARIO MARTiN,ELENA ROD. RIGUEZ et al. Detection of Bovine Milk in Ovine Milk by an Indirect Enzyme-Linked Immunosorbent Assay[J]. J. Dairy Sci. ,1990,13:1489 - 1493.

[12] Hurley I P,Coleman R C,Ireland H E,Williams J H H. Measurement of bovine IgG by indirect competitive ELISA as a means of detecting milk adulteration[J]. Journal of Dairy Science,2004,87: 215 - 221.

[13] Hurley I P,Coleman R C,Ireland H E,Williams J H H. Use of sandwich IgG ELISA for the detection and quantification of adulteration of milk and soft cheese[J]. International Dairy Journal,2006,16:805 - 812.

[14] 宋宏新,韩燕.免疫学检测羊乳中掺入牛乳成分[J].中国乳品工业,2007,10(35):43 - 46.

[15] Emilia Brabant,Chancre Sorting,Massimo Donor,et al. Separation and deter mination of denaturedαs1 -,αs2 -,β - andκ - caseins by hydrophobic interaction chromatography in cows′,ewes′ and goats′ milk,milk mixtures and cheese[J]. Journal of Chromatography A,2003,994:59 - 74.

[16] Lotito A,Cucurachi A. Il grasso del latte di pecora all′exame G. L. C. Riv. Ital[J]. Sostanze Grasse,1967,44: 341.

[17] Sadini V. Contributto alia conoscenza dellamateria grassa del latte e dei formaggi di pecoraitaliani[J]. Latte,1963,36:933.

[18] 李宝宝,葛武鹏,耿伟,等.基于β-胡萝卜素检测的牛羊乳混掺鉴别技术[J]。现代食品科技,2014,30(8):264 - 269.

[19] I. Lo′pez - Calleja, I. Gonza′lez, V. Fajardo et al. Rapid Detection of Cows′ Milk in Sheeps′ and Goats′ Milk by a Species-Specific Polymerase Chain Reaction Technique [J]. J. Dairy Sci. ,2004,87:2839 - 2845.

[20] Ine′s M. Lo′pez-Calleja,Isabel Gonza′lez,Violeta Fajardo et al. Application of an indirect ELISA and a PCR technique for detection of cows′ milk in sheep′s and goats′milk cheeses[J]. International Dairy Journal,2007,17:87 - 93.

延胡索乙素的提取及分析方法研究进展

王秋亚[1,2]

1. 渭南师范学院 化学与环境学院 陕西 渭南 714099;

2. 渭南师范学院 药物中间体协同创新中心 陕西 渭南 714099

摘 要:延胡索乙素为延胡索的重要活性成分,可延缓头疼、胸痛、关节痛等某些外伤引发的疼痛,近年来引起了药物研究者的广泛关注。本文着重对延胡索乙素的提取方法和分析方法等进行详尽综述,旨在为延胡索乙素的开发利用提供参考。

关键词:延胡索乙素;提取方法;分析方法

延胡索在民间又被俗称元胡,为大家广为熟悉,与桐乡、笕麦冬、温郁金等被称做“浙八味”,在全国大部分地区广泛分布[1]。延胡索是良好的活血、利气、止痛的药材,也在镇静和催眠方面具有良好的效果,特别是它在止痛、镇痛方面有显著的药理作用[2]。延胡索乙素,别名四氢帕马丁,作为延胡索的重要活性成分,研究证实其可缓解头痛、胸痛、关节痛以及外伤导致的疼痛[3],近年来成为药物领域的研究热点之一。本文着重对延胡索乙素提取和分析方法等进行了综述,为延胡索乙素的开发利用提供参考。

1 提取方法

1.1 回流提取法

回流提取法是用乙醇等易挥发的有机溶剂作为提取原料的主要成分,然后将浸出液进行加热蒸馏,其中的挥发性溶剂馏出后又被冷却,重复流回浸出容器中浸提原料,如此反复,直至有效成分回流提取完全的方法。张莉[4]等人以延胡索乙素的提取量为考察指标,采用正交试验优选提取工艺。通过此种方法发现用溶解度是75%、用量是正常量3倍的乙醇分别回流提取了3次,每一次的提取时间是1.5 h。实验结果显示此种方法在理论工艺合理、转移效率相对来说比较高,因此,对以后的研究有很大的借鉴。

1.2 超声提取法

超声提取法是根据超声波超高的频率来激发相应的反应,它会产生比较大的能量,随后会立即形成高温和相应的高压,在这种环境下它会使相应的溶剂很快地进入到所选的药材当中去，让它很快地溶解。宾怀玉[5]等用延胡索乙素的吸光度作为参考标准，并且利用正交试验、单因素试验来控制比较合适延胡索乙素提取的相应条件，其工艺参数通过体积分数70%的乙醇作为提取剂，超声功率是350 W，其提取料液的比例是1∶20，超声的时间是1 h。结果显示此种方法简单易行、提取的含量比较高。

1.3　微波辅助提取法

微波辅助提取法是在微波与传统提取方法基础上结合而形成的一种颇具发展潜力的新型方法。苏莉[6]等利用此方法来提取延胡索药材中的延胡索乙素，用高效液相色谱法对延胡索乙素的含量进行分析。实验过程使用Zorbax－C18反相柱，以甲醇-磷酸(V∶V＝55∶45)为流动相，控制流速为1 mL· min^{-1}，采用紫外可变波长检测器，检测波长是280 nm，此方法操作方法简单、灵敏度高、结果精准，是药材中延胡索乙素提取及检测的理想方法，为延胡索类药材的质量控制提供了参考标准。

1.4　超临界 CO_2 萃取(SFE－CO_2)法

SFE－CO_2 技术是利用超临界 CO_2 的高渗透性和高溶解能力来提取和分离物质的一种新的单元提取分离技术。成包玮鸳[7]经过预试验，然后再进行了四因素三水平的正交试验，由此得到合适的选取条件为：粒度中(2 4 目)，萃取的压力是20 MPa，温度在45～55℃范围内，并且夹带剂是药材1.5倍含量的70%的乙醇。实验结果显示SFE－CO_2 法提取率高且含固量低，此方法安全可靠、操作简单、提取率高、无有机残留。

2　分析方法

2.1　高效液相色谱法(HPLC)

高效液相色谱法是在气相色谱法、经典液相色谱法这两种方法之上逐步兴起的一种比较实用的方法，因为其适用于不挥发、极性比较强的这类化合物，所以可以作为检测延胡索乙素的含量方法。肖彩虹[8]等也利用此方法测定相应药物中延胡索的含量，其实验是以Hyper-silODS2作为固定相，甲醇-水-三乙胺(70∶30∶0.5)为相应的流动相，检测波长是280 nm，实验流速是1.0 mL/min，柱温为室温。实验结果表明在0.2254～1.1270 μg范围内其具有良好的线性关系，平均回收率是99.18%(n＝5)，RSD＝2.24%。此种方法与其它方法相比，表现出分析、分离速度快、灵敏度也比较高等优点，是一种被广泛使用的方法，在以后延胡索类的药材质量调控方面有所应用。

2.2　反向高效液相色谱(RP－HPLC)法

反相高效液相色谱是在液相色谱系的基础上，通常以十八烷基键合硅胶作为固定相，甲醇、乙腈作为相应的流动相对相关药物含量进行提取。陈再兴[9]等利用Kromasil C18的色谱柱来作为实验的分析柱，并且使用乙腈－0.1%磷酸溶液(pH值＝6.5)来作为流动相，用它进行梯度洗脱，并保持洗脱连续性，而且，流速为1.0 mL/min，r＝281 nm，柱体的温度为35℃，实验结果显示延胡索乙素进样量的线性范围是 0.174～0.870 μg，回收率是 99.7%，RSD 值=1.8%。该方法操作方法简单、效率高、结果精准、重现性好等优点，能够更好地通过控制延胡索乙素的相对含量来控制药物的质量。

2.3 紫外分光光度法

紫外分光光度法以光的相关理论为实验依据，对物质进行分析、研究的一种实验方法。姚建标[10]等人利用紫外分光光度法，在波长为 413 nm 的条件下进行检测可达灵浸膏总生物碱含量，获取检测数据，其中，实验显色剂为溴甲酚绿试剂，并且实验对照组为延胡索乙素。其中，延胡索乙素的线性范围是 40～200 $\mu g \cdot mL^{-1}$，平均回收率是 98.95%，RSD 值=1.12%。这种实验方法的优点在于实验数据准确度高，实验结果可靠，实验方法简单易行，为延胡索类的药材含量的测定提供了参考。

2.4 薄层扫描法

薄层扫描法是在波长一定的条件下，让光照射到薄层上，然后对薄层上可利用的斑点进行扫描，将扫描得到的相应数据分析处理。杨玲霞[11]等将试样品适当地经过分离、提取等过程放在硅胶性质的薄层板(G)上面，利用的展开剂是比例为 20：2 的甲苯-无水乙醇(氨蒸气饱和 30 min)来测出延胡索乙素在元胡止痛滴丸中的含量，然后将此试剂放在 254 nm 的紫外光下进行定位，实验的检测波长 λs 是 80 nm，λ_R 是 310 nm。实验结果得到平均回收率是 98.90%，RSD 值=3.10%。此方法实用简单、测量结果精准可靠。

4 结束语

延胡索乙素为中药延胡索的重要活性成分，不仅来源广泛，而且对中枢神经、心血管、消化系统等相应的治愈作用，尤其在镇痛方面，它的作用优于其它解热镇痛药。目前，关于延胡索乙素的提取方法主要有回流提取法、超声提取法、微波辅助提取法、超临界 CO_2 萃取法等；分析方法主要为高效液相色谱法、反向高效液相色谱法、紫外分光光度法、薄层扫描法等，这些方法均能测量出各种药物中延胡索乙素的含量，进而控制此种药物的质量。相信随着延胡索乙素提取技术和分析方法的不断更新，延胡索乙素药物的质量控制更易实现，其将会在医学领域的获得更为广泛的应用。

参考文献

[1] 国家药典委员会. 中华人民共和国药典(一部)[S]. 北京：中国医药科技出版社，2010.

[2] 刘芳，罗跃娥. 延胡索研究概况[J]. 天津中医学院学报，2005，24(4)：240－242.

[3] 黄云，陈华师. 中药延胡索的研究进展[C]. 中华中医药学会中药炮制分会学术会论文集，2011.

[4] 张莉，福民，韩建伟，等. 复方元胡止痛贴中延胡索、白芷乙醇回流提取工艺研究[J]. 中国

中医药信息杂质,2008,15(1):57-58.

[5] 宾怀玉,李关羽,张鹏涛,等.超声波法提取延胡索乙素工艺的研究[J].农产品加工·学刊,2009(11):38-41.

[6] 苏莉,索志荣,包莉萍.湖北延胡索中延胡索乙素含量测定方法研究[J].广州化工,2015(7):118-120.

[7] 包玮鸳,吴立成,何忠平,等.超临界 CO_2 流体萃取法提取延胡索乙素[J].中药材,2004,27(7):501-503.

[8] 肖彩虹,李尚.高效液相色谱法测定元胡痛经滴丸中延胡索乙素的含量[J].时珍国医国药,2005,16(9):871-872.

[9] 陈再兴,孟舒,姜泓,等.反相高效液相色谱法同时测定不同产地夏天无药材中原阿片碱和延胡索乙素的含量[J].天津中医药,2008,25(4):606-608.

[10] 姚建标,王如伟,吴健,等.紫外分光光度法测定可达灵浸膏总生物碱含量[C].中国药学大会暨中国药师周,2011.

[11] 杨玲霞,王兰霞,张伯崇.薄层扫描法测定元胡止痛滴丸中延胡索乙素的含量[J].中成药,2001,23(12):869-871.

秋葵的栽培及产品开发研究

高志勇[1,2]
1.渭南师范学院 化学与环境学院 陕西 渭南 714099;
2.渭南师范学院 药物中间体协同创新中心 陕西 渭南 714099

摘 要:秋葵是一年生草本植物,对气候要求比较低,土壤适应性很强,是一种高产量蔬菜。本文主要从秋葵的形态特征、生长习性、生境分布、栽培技术、病虫害防治、储藏加工、功能特性以及产品开发利用等方面进行了详尽的描述,又通过对其营养成分及主要价值的分析,发现秋葵具有特殊的功能特性和良好的药用价值。比如它的食疗功效有:帮助消化、增强体力、保护肝脏、预防贫血及骨质疏松、保护视力、防癌、抗癌、强肾补虚等。

关键词:秋葵;生物学;产品;开发

基金项目:陕西省教育厅 2016 年重点科学研究计划项目(16JS031)。

秋葵(Abelmoschusesculentus)又叫黄秋葵、金秋葵、咖啡黄葵,羊角豆、毛茄、补肾草、珍珠菜等,锦葵科秋葵属植物。其可食用部分为果荚,有绿色和红色两种,口感好,具香味,深受大众喜爱。近些年来,在内地及许多西方国家秋葵已成为广销蔬菜,在非洲一些国家甚而成为运动员食用的首选食材,更是老年人的保健食品。其种子可榨油,秋葵籽油是一种高档植物油,它的营养成分和香味更胜芝麻油和花生油。

1 秋葵的栽培技术

秋葵既可露土培植,也可覆盖薄膜或搭棚种植。其栽培技术如下。

1.1 种植时间

4 月春种,种子大多用穴播,当年即可采收嫩果;采用大、小棚覆盖育苗,可以提早到 3 月上旬播种,更早采收嫩果。

1.2 整地施肥

秋葵对土壤适应性很强,但为获得高产,宜选择在土层深厚、土质疏松肥沃、排灌方便、光

作者简介:高志勇(1966—),男,山东济宁人,博士,副教授,从事植物生物学研究。

照充足的田块种植，且与棉花等锦葵科作物岔茬种植。播前整地的同时施足基肥，一般每亩施土杂粪 2000 kg，钙镁磷 25～50 kg，氮磷钾 15～20 kg，并与土壤充分拌匀，然后将畦面整平。1.4 m 连沟作畦，畦宽 1 m，沟宽约 40 cm，深 25～30 cm，在畦中央开沟。

1.3 田间管理

第一片真叶展开时进行第一次间苗，去掉病残弱苗，当第 2～3 片真叶展开时定苗，每穴留一株壮苗，定苗后应经常除草，并进行培土，防止植株倒伏。

1.4 病虫害防治

常见叶斑病、锈病和蚜虫、金龟子危害。病害发生前，可用等量施波尔多液喷洒预防。虫害用 5％西维因可湿性粉剂 500 倍液喷杀。

1.4.1 疫病

苗期、成株期均可能染病。在 3 月中旬温度达到 15℃以后开始播种，当幼苗长到 20 cm 以后，疫病病斑由叶片向主茎蔓延，使茎变细并呈褐色，致全株萎蔫或折倒。叶片染病多从植株下部叶尖或叶缘开始，发病初为暗绿色水渍状不整形病斑，扩大后转为褐色[1]。

1.4.2 病毒病

病毒病是黄秋葵生产中的首要病害。据种植研究，成株期比苗期病重。发病时间一般在 5～9 月。植株染病后全株受害，以顶部嫩叶尤为显著，叶片呈花叶或褐色斑纹状。早期染病，植株矮小，结实少或不结实。防治办法：不从病田留种，选用抗病品种，发病初期用 5％菌毒清 WP400～500 倍液或 20％病毒 AWP400 倍液或 15％植病灵 1000 倍液或 83 增抗剂 100 倍防治 3 次，隔 7～10 天 1 次。

1.4.3 毒毛虫

主要在幼苗期出现，常在出苗后取食叶肉成缺刻，紧要时徒留叶脉。防治：用 10％除尽 EC1500 倍液或 5％锐劲特 SC1500 倍液或阿维菌素 EC 十氰戊菊酯 EC3000 倍液喷雾。

1.4.4 美州斑潜蝇

贯穿整个生长期，多残害叶片。可用 1.8％爱福丁 EC(阿维菌素)5000 倍液或 52.25％农地乐 EC1000 倍液或 48％乐斯本 EC1000 倍液或 5％锐劲特 SC800 倍液防治。

1.4.5 蚜虫

贯穿整个生长期，成株期受害更重。可用吡虫啉类农药如 10％一遍净、10％蚜虱净、10％大功臣等 3000 倍液防治。

2 秋葵产品的开发利用

秋葵主要有护眼、下乳、护肝、调经、补肾等功效。还可缓解咽喉肿痛、小便淋涩的症状，具预防糖尿病、防癌抗癌、助消化及保护胃黏膜的能力，可作为功能性食品进行开发。

2.1 秋葵的营养成分

主要表现为其具有较高的营养价值和显著的保健和食疗效果两个方面。从营养方面看，

[2] 张思娟. 锦葵科植物化学成分研究概况[J]. 华西药学杂志,1992,7(2):104－105.
[3] 王君耀,周峻,汤谷平. 黄秋葵抗疲劳作用的研究[J]. 中国现代应用药学杂志,2003,20(4):316－317.
[4] Camciuc M,Deplagene M,Vilarem G,et al. Okra—AbelmoschusesculentusL(Moench.)a crop with economic potential for set aside acreage in France[J]. Industrial Crops and-Products,1998,(7):257－264.
[5] 卢令格,王光亚. 秋葵籽蛋白质的营养学研究[J]. 卫生研究,1993,22(4):240－243.
[6] 罗先群,王新广,曹静. 黄秋葵软罐头的研究[J]. 食品研究与开发,2000,21(4):20－22.
[7] 高振茂,高冠亚,杜丽红. 天然佳蔬黄秋葵的营养与食用方法[J]. 上海蔬菜,2005,(2):76－77.
[8] 马云肖,王建新. 几种新型油脂的脂肪酸组成及特性[J]. 粮油食品科技,2004,12(6):29－31.
[9] 孙元琳,汤坚. 果胶类多糖的研究进展[J]. 食品与机械,2004,20(6): 60－63.
[10] 皮雄娥,费笛波,王龙英,等. 大豆黄酮及其生理功能的研究进展[J]. 饲料工业,2005,26(4):11－14.
[11] 方睛霞,金戈. 黄秋葵中总黄酮的含量测定[J]. 医药导报,2004,23(9):675－676.
[12] 何学军,齐德生. 大豆异黄酮的营养生理功能研究进展[J]. 兽药与饲料添加剂,2006,11(2):23－26.
[13] 孙智敏,李发堂,殷蓉,等. 黄酮类化合物提取工艺研究进展[J]. 河北化工,2005,(4):7－8.
[14] 谭业华,陈珍,顾种宜. 中草药黄蜀葵的研究现状与展望[J]. 海南师范学院学报(自然科学版),2006,19(2):163－167.

第四篇

其他研究论文

关中东部地区农田土壤养分现状分析
——以富平县为例

胡明，卢佳奇
渭南师范学院 化学与环境学院 陕西 渭南 714099

摘 要：本文通过对2008年渭南市富平县农田土壤pH值、有机质、全氮、碱解氮、有效磷、速效钾等指标进行测定，为了了解该县农田土壤养分现状，利用Excel软件对所测的数据进行整理统计其丰缺状况，最后与第二次全国土壤普查资料进行比较、分析并做出相应评价。结果表明，农田土壤养分中有机质的平均含量为11.32 g/kg，处于缺乏水平；全氮的平均含量为0.72 g/kg，处于缺乏水平；碱解氮的平均含量为36.37 mg/kg，相当匮乏；有效磷的平均含量为11.93 mg/kg，处于中等水平；速效钾的平均含量为209.74 mg/kg。富平县农田土壤中磷素、钾素富积，碱解氮缺乏。

关键词：土壤养分；现状分析；富平县

项目号：陕西省多河流湿地生态环境重点实验室开放基金项目：黄河湿地农业面源污染现状研究（SXSD1402）；陕西省大学生创新创业项目：合阳湿地重金属污染数据调查（15TXK035）。

土壤养分是指土壤为植物生长所提供的必需的营养元素[1]，是农作物生产需要的基本条件，肥沃的土壤意味着能持续不断地为农作物的生长提供所需的物质，确保农作物的产量及质量。通过对富平县农田土壤养分的丰缺情况进行初步了解，使当地农民更清楚地了解该县农田土壤所处的现状及存在的问题，促进当地肥料的合理施用，避免因施肥量过多而造成的土壤污染，从而改善当地的生态环境，对增加当地农民的收入以及带动整个地区的经济发展具有一定的现实意义。

1 研究区概况与研究方法

1.1 研究区概况

富平县，位于陕西省中部，关中平原和陕北高原的过渡地带，属渭北黄土高原沟壑区，隶属于渭南市，总土地面积1242 km^2。地理位置东经108°57′—109°26′，北纬34°41′—35°06′之间，全县南北长48 km，东西宽35 km[2]。

1.2 样品采集与处理

1.2.1 样品采集

本论文数据采集时间为 2008 年，使用 GPS 仪器进行定位，对东经 109°～109°99′，北纬 34°～35°09′的区域范围内进行采样。根据《测土配方施肥补贴项目技术规范》的采样要求，对所测地区的样本点来进行采集。

1.2.2 测定方法

采用油浴加热重铬酸钾氧化容量法对土壤有机质进行测定，采用碱解扩散法对土壤碱解氮进行测定，用 0.5 mol/L NaHCO 浸提—钼锑抗比色法对土壤有效磷进行测定，用 1 mol/L 中性乙酸铵浸提—火焰光度法对土壤速效钾进行测定，用消化—凯氏蒸馏法对土壤全氮进行测定，蒸馏水浸提(土液比 1∶2.5)30 min，电极电位法测定土壤 pH 值[3]。

2 结果与分析

2.1 富平县农田土壤养分含量概述

富平县 2008 年相比 1982 年土壤中全氮、有效磷、速效钾等养分的平均值在不同程度上均有所提高。pH 值的最大值达到 8.6，但平均值相比 1982 年来说下降了 0.5，说明富平县土壤碱性有所改善。有机质平均含量从 11.47 g/kg 下降到 11.32 g/kg，下降了 0.15 g/kg。全氮平均含量为 0.72 g/kg，增加了 0.02 g/kg。碱解氮含量的平均值相比 1982 年下降了 5.63 mg/kg，从 42 mg/kg 降低到 36.37 mg/kg，下降幅度明显。有效磷平均值从 1982 年的 5.1 mg/kg 增加到 11.93 mg/kg，增加了 6.83 mg/kg，在土壤养分丰缺指标表中处于中等，说明磷元素仍然缺乏。速效钾平均含量由 1982 年的 205.8 mg/kg 增加到 209.75 mg/kg，增加了 3.95 mg/kg，钾素较充足。

表 1 富平县农田土壤有机质和 N、P、K 养分丰缺状况

分级	极缺乏	缺乏	适量	丰富	极丰富
有机质/g·kg^{-1}	<5	5～15	15～30	30～50	>50
(%)	1.54%	87.86%	10.59%	0.00%	0.00%
全氮/g·kg^{-1}	<0.3	0.3～0.8	0.8～1.6	1.6～3	>3
(%)	0%	89.40%	10.58%	0%	0.00%
碱解氮/mg·kg^{-1}	<30	30～60	60～90	90～120	>120
(%)	19.99%	79.61%	0.23%	0%	0%
有效磷/mg·kg^{-1}	<5	5～10	10～20	20～40	>40
(%)	0.40%	19.92%	78.59%	1.09%	0%
速效钾/mg·kg^{-1}	<50	50～80	80～150	150～200	>200
(%)	0%	0%	5.90%	47.40%	46.70%

表 2 2008 年富平县土壤养分描述性统计特

项目	样品数	最大值	最小值	平均值	标准差	变异系数
pH 值	1747	8.6	7.3	7.93	0.27	0.03
有机质/g·kg^{-1}	1747	21.5	4.1	11.32	2.94	0.26
全氮/g·kg^{-1}	1746	1.12	0.48	0.72	0.08	0.11
碱解氮/mg·kg^{-1}	1746	60.9	15.4	36.37	8.1	0.22
有效磷/mg·kg^{-1}	1747	28	2.7	11.93	2.71	0.23
速效钾/mg·kg^{-1}	1747	401	129	209.75	49.92	0.24

表 3 1982 年全国第二次土壤普查资料

项目	pH 值	有机质/g·kg^{-1}	全氮/g·kg^{-1}	碱解氮/mg·kg^{-1}	有效磷/mg·kg^{-1}	速效钾/mg·kg^{-1}
平均值	8.4	11.47	0.7	42	5.1	205.8

注:1982 年数据来源于渭南市土壤普查数据集。

2.2 农田土壤养分含量现状分析

2.2.1 土壤 PH 值

土壤酸碱性在不同程度上对土壤养分的有效性有一定的影响。按照 pH 等级指标可将土壤划分成五类:pH 值<4.5 为强酸性土,pH 值在 4.6~6.5 为酸性土,pH 值在 6.6~7.5 为中性土,pH 值在 7.6~8.5 为碱性土,pH 值>8.5 的为强碱性土。由表 2 可明确得知,富平县 pH 最大值为 8.6>8.5,为强碱性土,最小值为 7.3,处于 6.6~7.5,为中性土,平均值为 7.93,处于 7.6~8.5 范围之间,为碱性土。而富平县 pH 值的变异系数是 0.03,属于弱变异,说明在 1747 个样本数中 pH 值的最大值与最小值之间变化不大。与 1982 年全国第二次土壤普查数据相比 2008 年 pH 值平均值有所下降,从 8.4 降低到 7.93,说明该县土壤酸碱性有所改善。总体来说,富平县土壤大部分属于碱性土壤,小部分是中性土壤,并且随着时间的变化土壤碱性在不断的减弱。

2.2.2 土壤有机质含量现状

富平县农田土壤有机质平均含量是 11.32 g/kg,有机质含量的最小值是 4.1 g/kg,最大值是 21.5 g/kg。土壤中有机质含量的多少决定了土壤基础肥力的多少。从土壤有机质频数分布图中可以看出,土壤有机质含量位于 8~12 g/kg 范围内的频数为 758 个,占总样本数的 43%;有机质含量在 12~16 g/kg 范围内的频数是 707 个,占总采样点的 40%;而有机质含量在 20~24 g/kg 之间的频数只有 3 个,仅占总样本数的 0.17%。在土壤养分丰缺指标等级中有机质含量大于 30 g/kg,才能达到丰富,而在 1747 个采样点中富平县无一地块的有机质含量达到 30 g/kg。

2.2.3 土壤全氮含量现状

富平县农田土壤全氮的平均含量为 0.72 g/kg,全氮含量的最小值为 0.48 g/kg,最大值为 1.12 g/kg (见表 2)。通过土壤全氮频数分布图可以看出,在 1746 个采样点中全氮含量在 0.55~0.7 g/kg 范围之间的频数为 904 个,占总采样点的 52%;全氮含量在 0.7~0.85 g/kg 范围之间的频数为 736 个,占总采样点的 42%,可以看出的是全氮含量处于 0.55~0.85 g/kg 范围内的频数已经达到了 94%。而在 0.4~0.55 g/kg 范围内的频数仅有 9 个,在 0.85~1 g/kg 范围内的频数为 87 个，在 1～1.15 g/kg 范围内的频数为 10 个，在 1746 个采样土壤中三个区间共占 6%。说明土壤全氮含量主要集中在 0.55～0.85 g/kg。

2.2.4 土壤碱解氮含量现状

富平县农田土壤碱解氮含量的最大值与最小值分别是 60.9 mg/kg、15.4 mg/kg，土壤碱解氮含量的平均值是 36.37 mg/kg，通过碱解氮频数分布图可以看出，在 1746 采样点中碱解氮含量在 15～25 mg/kg 之间的有 146 个样本点，占总采样点的 8.4%，含量在 25～35 mg/kg 和 35～45mg/kg 之间的频数分别为 657 个和 705 个，占总采样点的 38%和 40%，而含量在 45～55 mg/kg 之间的频数为 203 个，占总采样点的 11.6%，碱解氮含量在 55～65 mg/kg 之间的频数仅有 35 个样本数，仅占总样本数的 2%。

2.2.5 土壤有效磷含量现状

富平县农田土壤有效磷含量介于 2.7～28 mg/kg 之间，变异系数属于中等变异，平均含量为 11.93 mg/kg。在 1982 年土壤普查时，富平县土壤有效磷平均含量只有 5.1 mg/kg，处于缺乏水平，经过二十多年的努力有效磷有了很大的提高，从 1982 年的 5.1 mg/kg 增加到 11.93 mg/kg，增加幅度大，增幅高达 2 倍之多。在表 1 中有效磷含量平均值介于 10～20 mg/kg 之间，占总采样点的 78.59%，达到适量水平，19.92%的地块有效磷含量处于缺乏水平。

2.2.6 土壤速效钾含量现状

富平县农田土壤速效钾含量的最大值与最小值分别为 401 mg/kg，129 mg/kg，速效钾含量的平均值为 209.75 mg/kg。在 1982 年土壤普查时，速效钾平均含量是 205.8 mg/kg，已经达到丰富水平，相比 1982 年速效钾平均含量增加了 3.95 mg/kg，虽然增加幅度不大，但对于当地农作物的生长需要是相当满足的。

3 结论与讨论

(1)富平县土壤养分状况总体在不断的增加。将 2008 年富平县的土壤监测数据与 1982 年相比整体呈现出“三升三降”的趋势，富平县土壤全氮、有效磷、速效钾等指标的含量相比第二次全国土壤普查在不同程度上有所增加。全氮含量提高了 0.02 g/kg、有效磷含量增加了 6.83 mg/kg、速效钾含量提高了 3.95 mg/kg，而碱解氮的含量降低了 5.63 mg/kg，有机质含量降低 0.15 g/kg，pH 值降低了 0.5。

(2)富平县土壤养分整体呈现出不均衡现象，存在部分指标缺乏，部分指标又富足。在表 1 中可以看到，土壤有机质、全氮、碱解氮分别有 89.4%、89.4%、99.6%，属于缺乏与极缺乏水平，有 78.59%的有效磷处于适量水平，有 94.1%的速效钾处于丰富与极丰富水平。

参考文献

[1] 朱鹤健，陈健飞，陈松林，等. 土壤地理学[M]. 北京：高等教育出版社，2010，44－45.
[2] 陕西省地情网[EB/OL]. http://www.sxsdq.cn/dqzlk/dfz_sxz/fpxzhi/，1994－10/2015－05.
[3] 鲍士旦. 土壤农化分析[M]. 北京：中国农业出版社，2000，56－107.

沈河水库周边地下水重金属含量特征研究

蒋缠文

渭南师范学院 化学与环境学院 陕西 渭南 714099

摘 要:鉴于沈河水库周边大部分住户仍以未经过任何处理的浅层地下水作为饮用水,为深入了解该区域的地下水环境质量,并及时对村民的健康风险进行评价,于2016年3月底利用原子吸收光谱法(AAS)检测库区周边浅层地下水中Zn、Cr、Pb、Mn、Cu的含量。结果表明,该区域地下水水质状况良好,所测地下水水样中重金属元素的含量远低于国家水质标准要求的极限值。

关键词:地下水;重金属;沈河水库

地表水及雨水中的重金属离子渗入到基础土壤层中,而后通过地球化学作用、迁移作用对水文体系造成巨大的危害[1-4]。沈河水库是渭南市临渭区城市居民生产生活用水和渭化工业用水的重要供水地之一。沈河水库周边大部分住户仍是直接以浅层地下水作为饮用水,而对沈河水库周边地区地下水重金属的含量研究还未见相关报道。同时,随着乡村旅游、郊区游及社会主义新农村建设的发展,更多的人群将以直接的饮用水形式使用该地区未经任何处理的地下水。基于此,本研究通过对沈河水库周边区域地下水中重金属元素Zn、Cr、Pb、Mn、Cu进行取样测定,来了解沈河水库周边地下水的水质情况,进一步明确该地区威胁人体健康的重金属含量以及来源。为该地区生态系统管理和降低农村饮用水污染风险提供借鉴,同时为其他地区地下水重金属污染的监测和污染防控提供参考。

1 材料与样品测定

1.1 研究区概况

沈河库区距离渭南市临渭区主城区5 km,地处秦岭北麓,渭河南岸,集水区域主要在蒋家村的河川地带。下游以黄土台塬为主,上游深入秦岭山区,主要包括清水河和稠水河两条支流。地形、气象条件复杂多样,为典型的暖温带半湿润半干旱大陆季风气候区。四季明显、光照充足、降雨量大,年均温13.6℃,降雨600 mm。该水库是渭河南岸的一座中型水库,大坝以

作者简介:蒋缠文(1984—),男,宁夏盐池人,博士,主要从事地球环境化学研究。

上河槽长约 37 km 里，城市日供水 4.02×10^4 m^3。

1.2 样品采集与预处理

2016 年 3 月底采集沈河水库周边的丰原镇、阎村镇、杨郭镇、花园乡、桥南镇等 8 个采样点的地下水样品(采样点的分布如图 1 所示)。地下水均取自民用井，深度在 3～15 m 左右每个样点取水样 250 mL，取样前用所取水样润洗两至三次。取样后密封保存，样品送与渭南师范学院化学与环境学院实验室，设置 4℃在冰箱内保存。为避免水样中的有机质，溶解悬浮物的干扰，需将各种价态的待测元素进行氧化或转化成较容易区分的无机质，故样品在测定前需要进行消解。

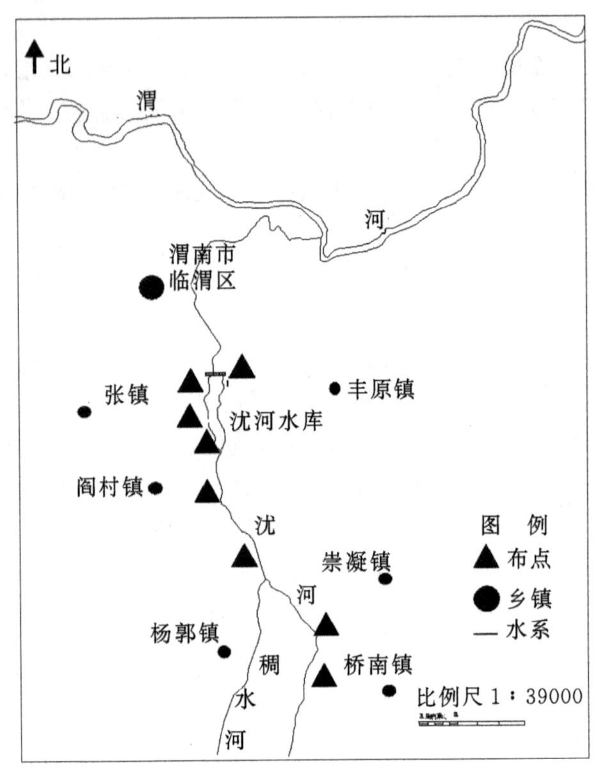

图 1 沈河水库周边地下水采样点布局

1.3 火焰原子吸收光谱法测定

利用火焰原子吸收光谱法测定金属元素的系列浓度(X)标准液的吸光度(Y)，并绘制各重金属元素标准液浓度与吸光度的相关性函数图像，吸光度与标液浓度的相关性很好($R^2\geqslant 0.74$)，拟合方程如表 1 所示。

表 1 吸光度与各元素系列标准液浓度(μg/L)及拟合方程

元素	1	2	3	4	5	6	7	回归方程	R^2
Zn	0	1	2	3	5	7	10	$y=0.0928x$	0.7487
Pb	0	1	2	3	5	7	10	$y=0.0039x+0.0005$	0.9981
Cr	0	1	2	3	5	7	10	$y=0.0026x+0.0005$	0.9916
Mn	0	1	2	3	5	7	10	$y=0.0415x+0.0048$	0.9989
Cu	0	1	2	3	5	7	10	$y=0.0432x+0.0097$	0.9975

2 结果与讨论

沈河水库周边地下水各样点重金属浓度如表 2。根据最新颁布的生活用水标准(GB5749－2006),各采样点重金属 Zn、Cr、Pb、Mn、Cu 的浓度水平都远远低于国标极限值。仅花园乡采样点水样的重金属 Zn 的浓度稍高达到 3.588 μg/L,但是仍远低于国标限值,在宋家村 Zn 的浓度水平更是低至 0.700 μg/L。其他重金属元素 Cr、Pb、Mn、Cu 在各个采样点的浓度水平均为 0.000 μg/L,出现这种情况的原因:一方面因为火焰原子吸收光谱仪的相对误差在 1%左右,故其受仪器测定精度的影响,另一方面是此次所研究地区的重金属污染物本身含量就比较低。根据仪器的测定精度(<1%)来说,后者的可能性较大。故而可以初步判定重金属污染物在该地区地下水中浓度水平较低,水质状况良好,未受到污染。

表 2 沈河水库周边地下水 Zn、Cr、Pb、Mn、Cu 的浓度水平 单位:μg/L

编号	Pb	Zn	Cr	Mn	Cu	编号	Pb	Zn	Cr	Mn	Cu
1	0.000	3.588	0.000	0.000	0.000	5	0.000	0.593	0.000	0.000	0.000
2	0.000	0.216	0.000	0.000	0.000	6	0.000	1.563	0.000	0.000	0.000
3	0.000	0.431	0.000	0.000	0.000	7	0.000	0.754	0.000	0.000	0.000
4	0.000	0.700	0.000	0.000	0.000	8	0.000	2.425	0.000	0.000	0.000

3 总　结

本次研究中所测定的重金属元素 Zn、Cr、Pb、Mn、Cu 的浓度水平均低于生活用水国标极限值,充分说明渭南市临渭区沈河水库周边地下水没有受到重金属污染,地下水水质状况良好。这与当地政府紧紧依托"退耕还林,自然林养护,河流治理等项目[5],在水库水源涵养区内实施了退耕还林、水土保持、移民搬迁、工厂外迁等政策。使得沈河水库水源涵养区的自然生态环境得到了很大的保护和改善,这在一定的水平上保护了该地区地下水免受重金属污染。

参考文献

[1] 梁淑轩.环境和生物体金属元素的痕量分析及形态分析研究[D].河北大学,2003,16(9):39-42.

[2] 葛杨,梁淑轩,孙汉文.大气气溶胶中重金属元素痕量分析及形态分析研究进展[J].环境监测管理与技术,2007,19(6):9-14.

[3] 王云龙.青岛地区大气气溶胶中重金属分布特征及沉降通量的比较研究[D].中国海洋大学,2005,20(8):56-60.

[4] 张蓉.中国气溶胶中重金属的特征来源及其长途传输对城市空气质量及海域生态环境的可能影响[D].复旦大学,2011,3(2):16-19.

[5] 李娜,沈河水库地表水饮用水源——保护建设及保护工作的思考[J].工程技术,2013,20(1):12-13.

临渭区不同土地利用类型下土壤水分变化研究

张 晶

渭南师范学院 化学与环境学院 陕西 渭南 714099

摘 要:为了研究临渭区不同土地利用类型下土壤水分的变化情况,以临渭区 2010—2014 年的年降水量作为研究数据,根据陕西省渭南市临渭区的玉米地、苹果园、麦地、草地、蔬菜地、林地六种土地类型的土壤样品,总体上运用了对比分析法和 Bonsal 边缘分布函数法。结果表明:在临渭区的小范围内,蔬菜地的土壤水分含量在六种土地利用类型中是最高的,苹果园的土壤水含量是最小的;降水的季节变化与耕作层土壤水分含量的变化是成正相关的;降水级别的悬殊对土壤湿度的作用是正向的,而且不同的降水等级之间,土壤湿度的差异是非常明显的;在临渭区 0～100 cm 各层土壤中,0～30 cm 的土壤湿度与降水量的关系最好。

关键词:土地利用类型;土壤水分;临渭区;水分变化;降水变化

土壤作为农业发展的必要基础之一,反映着农作物以及土地利用类型的适耕性,同时也可以体现出某一个地区在某一段时间里的自然以及人文和经济发展状况。而土壤的水分要素作为土壤条件状况的一个重要因素,是农作物生长和生存的物质基础,对地区农业的发展起着重要的作用。土壤水分对于农作物的生长及生存起着强大有力的保障作用,反映着农作物的生长状态以及该地区在某一段时间里的气候条件状况,对作物的收成状况发挥着重要的作用。为了保障农业的高效率、高产量的发展以及社会经济的进步,研究分析降水量等级的各种状况对于土壤含水量的变化的影响是非常有必要的。

该研究旨在通过对临渭区的六种土地利用类型的土壤样品进行处理分析,结合该地区近几年来的降水状况,分析出不同土地利用类型的土壤特性以及降水状况对土壤水分的作用,对于土壤以及农作物的管理进行科学的指导。

1 研究区域概况

研究区域陕西省渭南市临渭区处在关中平原的东部,位于 34°13′～35°52′N 和 108°50′～110°38′E 之间。境内地势呈南高北低,海拔为 330 m 至 2449 m。境内属于暖温带半湿润半干旱季风气候,冬季冷而干燥,夏季炎热多降雨,四季分明,光照充足,降雨量适宜,全年平均气温在 11.3℃～ 13.6℃之间,无霜期为 199～255 d,年降水量在 529～638 mm 之间[6]。

2 样品采集与处理

首先，使用土钻法对取样地区实行定位监测，定位监测分别在这六种土地利用类型上在2010—2014年的每年的十月进行取土，取样深度为1 m，事先对空铝盒进行称重，取到的土样放置到对应的铝盒中。然后，将铝盒带回到实验室里，进行装入新鲜土样铝盒的称重，再使用烘干法对土样进行烘干，计算土壤的含水量。

3 数据分析

根据上面测量得出的数据和土壤水分含量的公式来进行计算，得出这六种土地利用类型从2010年到2014年每年的土壤水分含量(百分比)，取小数点后两位数字作为最终的计算结果，用一个柱状图来表示，如图1所示。

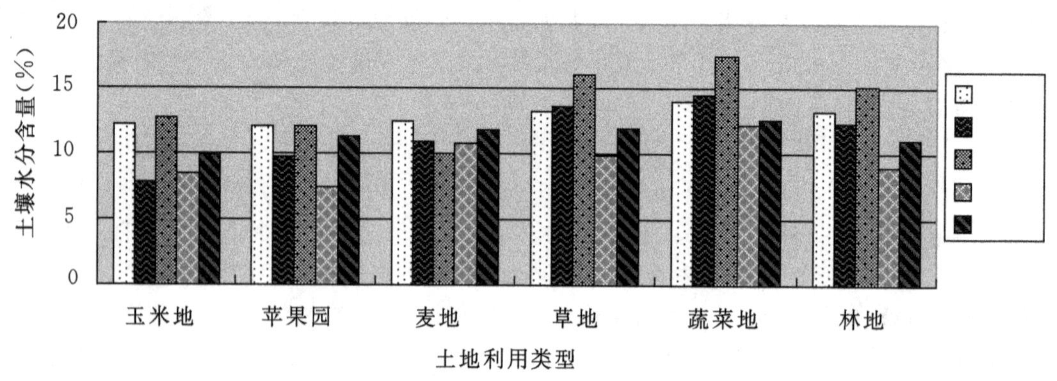

图1 2010—2014年每年的土壤水分含量图

4 降水量各因素分析

4.1 降水量强度等级对土壤湿度的影响的分析

以临渭区2013年的0～100 cm土壤湿度为例来分析，将其自上而下每隔10 cm分为一层，计算出各层土壤湿度与降水量的相关系数(表2)。从表1中可以看出来，各月30 cm以上的土壤湿度与降水量的相关系数较高，表明土壤湿度以及土壤的吸收状况普遍较好，再往下的深度的土壤湿度与降水量的关系较差，较高的相关系数只是出现在8月中旬至9月中旬和下旬的各层中。

表 1　临渭区旬土壤湿度与降水量的相关系数

时间	10 cm	20 cm	30 cm	40 cm	50 cm	60 cm	70 cm	80 cm	90 cm	100 cm
4 月上旬	0.57	0.46	0.34	0.23	0.17	0.08	0.06	0.02	−0.01	−0.04
4 月中旬	0.68	0.66	0.63	0.59	0.55	0.51	0.49	0.43	0.39	0.24
4 月下旬	0.73	0.72	0.63	0.57	0.54	0.49	0.45	0.4	0.36	0.27
5 月上旬	0.72	0.7	0.65	0.45	0.27	0.18	0.03	−0.06	−0.1	−0.18
5 月中旬	0.78	0.82	0.79	0.68	0.61	0.54	0.42	0.35	0.22	0.13
5 月下旬	0.76	0.78	0.72	0.68	0.61	0.57	0.5	0.41	0.3	0.18
6 月上旬	0.68	0.6	0.54	0.42	0.35	0.21	0.17	−0.05	−0.14	−0.25
6 月中旬	0.73	0.68	0.61	0.55	0.5	0.43	0.33	0.25	0.2	0.11
6 月下旬	0.71	0.69	0.62	0.58	0.51	0.46	0.35	0.29	0.21	0.17
7 月上旬	0.72	0.7	0.65	0.59	0.54	0.49	0.41	0.35	0.3	0.22
7 月中旬	0.66	0.54	0.49	0.45	0.34	0.12	0.3	0.2	0.09	−0.12
7 月下旬	0.67	0.61	0.59	0.5	0.45	0.39	0.33	0.23	0.19	−0.07
8 月上旬	0.65	0.57	0.4	0.29	0.13	0.06	−0.03	−0.09	−0.16	−0.25
8 月中旬	0.78	0.79	0.71	0.68	0.6	0.53	0.48	0.41	0.32	0.28
8 月下旬	0.68	0.65	0.67	0.64	0.62	0.58	0.55	0.52	0.49	0.41
9 月上旬	0.73	0.7	0.68	0.62	0.59	0.53	0.5	0.46	0.45	0.42
9 月中旬	0.67	0.62	0.59	0.54	0.51	0.46	0.4	0.35	0.29	0.23
9 月下旬	0.73	0.7	0.69	0.72	0.67	0.67	0.63	0.62	0.6	0.56

对表 1 中临渭区旬土壤湿度与降水量的相关系数进行分析能够得出如下规律。从时间跨度上来看，临渭区从 4 月上旬开始到 9 月下旬，土壤湿度与降水量的相关系数总体上是呈现出增加趋势的，即就是说从 4 月到 9 月临渭区的降水量从大趋势上来看是增加的，土壤对于降水的吸收也是逐步增加的；在土壤深度跨度上来看，从 10～100 cm 的土壤湿度与降水量的相关系数逐渐变小，有的较深的土壤层甚至表现为负数，表明土壤深度与降水程 度关系较差，呈现出负相关的关系；每年的 8、9 月份是临渭区的雨季，降水强度等级是比较高的，从总体来看渭南临渭区在 8 月中旬和 9 月中下旬的季节里土壤中的含水量与该季节里的降水量关系呈现良好的状态，其他月份里土壤含水量程度与降水量关系则表现不明显。

在一般意义上认为，土壤的水分含量占田间持水量的 40%、60% 和 90%，就可以确定为严重干旱、轻度干旱和过湿的临界线，则根据临渭区这六种土地利用类型的土壤水含量可大致将其确定为：弱降水时（≤2.8 mm）时耕作层的土壤含水量为轻旱，较弱降水（2.9～8.9 mm）的时候表层 10cm 的土壤含水量为轻旱，中等以上的降水（≥9.0 mm）时的土壤含水量为适宜，强降水（≥38.5 mm）时的土壤含水量为过湿[7]。

4.2　降水量对土壤水分的影响分析

本文的研究数据使用的是在临渭区气象局的网站上获取的渭南市临渭区近五年的降水

量，即就是把从2010年到2014年每年的降水量数据作为研究资料，每一年的土壤水分含量对应到当年的年降水量，以此来进行分析，可以得出降水对于土壤水分含量的影响以及这六种土地利用类型之间的对比，计算分析的结果用一个表格来表示，如表2所示。

表2 2010—2014年临渭区降水量与土壤水分含量的关系

年份		2010	2011	2012	2013	2014
降水量/mm		650.9	726.15	462.35	430.85	666.6
土壤水分含量/%	玉米地	12.27	7.77	12.73	8.45	9.92
	苹果园	12.08	9.78	12.13	7.43	11.32
	麦地	12.47	10.91	10.02	10.81	11.89
	草地	13.24	13.59	16.16	9.88	11.9
	蔬菜地	14.07	14.49	17.47	12.25	12.55
	林地	13.21	12.32	15.2	8.98	11.03

注：降水量数据来源于渭南市临渭区气象网。

由上图可以得出以下结论：降水的季节变化对于耕作层土壤水分含量的变化的影响是呈现正相关关系的。丰富的降水对耕作层的土壤水分含量起到增加作用，匮乏的降水对耕作层的土壤水分含量是起到减少作用的。随着天气的气候状况的不同，降水量也会发生改变，对于研究区内土壤中的含水量的变化也会产生不同的影响。

5 讨 论

降水状况与土壤含水量的关系课题在国内外的研究是比较丰富的，但是在某些具体的方面还是存在一些问题的。农学家、水力学家、生态学家、环境学家、气象学家等在该方面均进行了有益的研究，但是都只是在自身比较擅长的领域内进行研究，研究的具体方面并不互通，多方面多领域共同进行的研究比较少，应用性的联合研究并不广泛；由于土壤水分的相关方面的问题比较复杂，目前在土壤水分的运动的机理性研究方面取得的有效成果比较少，所以，对于土壤水分运动的机理性研究需要不断地深入进行。近20年来，虽然对于土壤水分运动物理性参数的测定方法也做过很多的研究探讨，但是至今仍然没有比较成熟完整的方法。在SPAC（土壤—植物—大气连续体）系统中，由于水分子的流动状况比较复杂，水分子在各个环节中运动和变化的物理机制之上的课题还存在许多不是相对清楚的地方，对于土壤水分的研究造成了一定程度上的影响。SPAC关于地下水的潜埋区没有能很好的考虑到地下水的活动作用，地下水—土壤—植物—大气持续体(GSPAC)水分运移的研究将会是将来的土壤水研究领域的一个重中之重的目标[2]。以上的这些问题也是国内外的各项土壤水分的研究致力于解决的而且亟待解决的主要问题。

参考文献

[1] 张北赢,徐学选,李贵玉. 土壤水分基础理论及其应用研究进展[J]. 中国水土保持科学,2007,5(2):122-129.

[2] 高峰,胡继超,卞赟. 国内外土壤水分研究进展[J]. 安徽农业科学,2007,35(34):11146-11148.

渭南临渭区荒地土壤水分动态研究

马小侠

渭南师范学院 报刊社 陕西 渭南 714099

摘　要:本文采用烘干法对采集于渭南市临渭区南塬荒地以及渭河边荒地的土壤样本进行了土壤水分含量的测定分析。研究结果表明:整体而言,由于降水和地下水位等因素的影响,渭河附近荒地的土壤含水量值要大于南塬地,与此同时,渭河荒地整体含水量,变化幅度均大于南塬附近荒地。5 月份渭河附近荒地土壤水含量在 0～0.8 m 处从 9.63%巨幅上升到 20.42%,而南塬荒地在该段土壤水分含量仅仅是从 8.77%上升到 13.15%,在 2.2 m 到 5 m 处,渭河附近荒地的含水量始终是或多或少的多于渭南南塬荒地的含水量。

关键词:渭南荒地;土壤水分;时间变化;空间变化

1　引　言

不同年份由于气候差异,土壤水分动态也发生相应的变化[1]。本文通过对渭南南塬和渭河附近的荒地进行进行土壤水分含量的测定,目的在于研究不同月份降水量对土壤水分含量变化幅度及渭河对渭南地区土壤含水量的影响。

2　研究区概况

渭南市位于陕西省关中盆地东部、渭河下游,在 34°13′～35°52′N, 108°58′～110°35′E 之间,我们选择实验点在渭南市临渭区,该地位于渭南中部的渭北平原[2]。

3　采样点及研究方法

我们分别在 2011 年 10 月和 11 月及 2012 年的 3 月、4 月和 5 月在渭南塬上荒地及渭河边荒地进行了采点取样,使用土钻,每 20 cm 取样一次,采样深度为 5 m 样品采集后立即用铝盒封装,带回实验室用烘干法测定。

4　实验结果及数据分析

4.1　土壤水分的时间变化

由图1可知，同一深度，由于月份不同，渭南塬地荒地土壤的含水量的变化也会不同。对比同一深度5个不同月份（2011年10月、11月，2012年3月、4月、5月）荒地土壤含水量变化的情况，可以发现渭南塬上荒地在0～1.4 m的范围内，10月份土壤含水量变化在0～1.8 m都呈现缓慢递减趋势，但在1.8 m处土壤水分含量从14.11%下降到2.2 m处的7.79%，在2.2～5 m，土壤水分含量又出现了缓慢的增长趋势。11月份土壤含水量在0～1.2 m处变化幅度和波动都很大，呈先增后减，再增再减的变化趋势，在0.2 m处含水量仅为9.62%，而在0.4 m出土壤含水量迅速增长到25.92%。

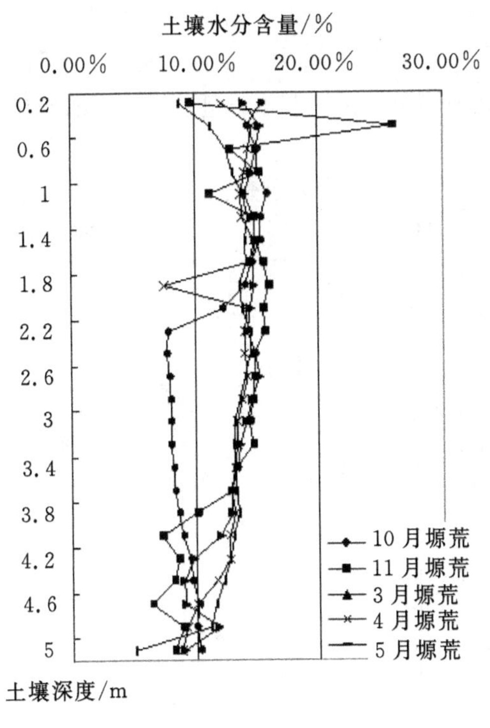

图1　南塬荒地土壤水分

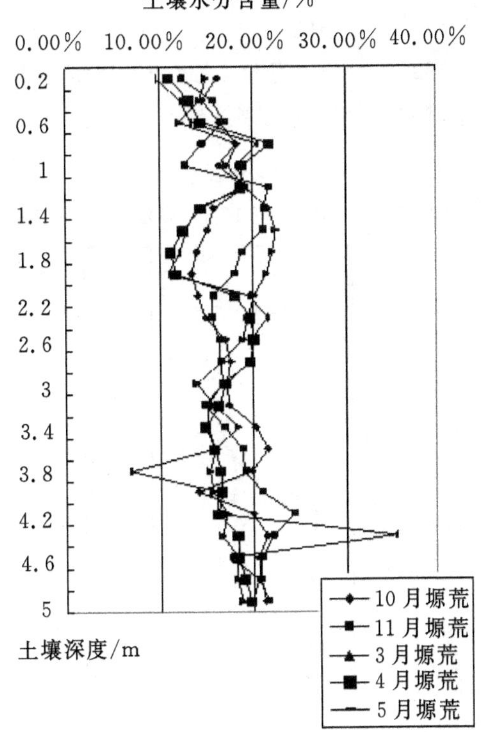

图2　渭河荒地土壤水分

由图2可知，同一深度5个不同月份(2011年10月、11月，2012年3月、4月、5月)渭河荒地土壤含水量变化可以发现，渭南渭河荒地土壤水分含量变化幅度较大，跟降水量及渭河水地下补给有密切的关系，在0～1 m范围内，4月份和5月份土壤含水量都呈现增长的变化趋势，且变化幅度相似。3月份和10月份的土壤水分含量都呈现先减后增的趋势，3月份在0.6

m 处达到最小 12.1%，10 月份在 0.4 m 处达到最小值。而 11 月份在该土层段土壤含水量变化趋势是先增后减。在 1～2.6 m 处，4 月份和 5 月份土壤含水量均变化幅度较大，都出现了先减小后增长的变化趋势；11 月份在 1～1.2 土壤水分含量急剧增长，从 1 m 处的 12.62%快速上升到 1.2 m 处的 21.15%，在 1.2～2.6 m 土壤含水量开始逐渐的减少，减少时的幅度较平缓；10 月份土壤水分在该土层段，变化幅度较小，呈现出先减后增的变化趋势；在 2.6～3 m 处，除 3 月份以外，其它四个月土壤含水量变化均不大。

4.2 土壤水分的空间变化

由图 3 可知，10 月份，渭南塬上荒地和渭河附近荒地的土壤水分含量是不一样的，渭河附近的土壤含水量明显多于渭河南塬的土壤含水量，这与渭河有密切的关系，渭河荒地水分能得到渭河地下径流的补给。而在渭南南塬的荒地土壤水分主要来源于降水。在 0～0.4 m 处，两地土壤含水量都呈现出减小的趋势，在 0.4 m 处停止，在 0.4～1.4 m 处，渭河荒地土壤含水量大体呈增一减 一增一减的竖“M”形态；而南塬荒地大致呈缓慢的先减后增趋势，在1 m处达到最大值 15.95%。在 1.4～2.4 m 处南塬荒地土壤水分含量随着土壤深度的加深呈快速减少的趋势，并在 2.4 m 处达到一个最低值 7.65%。从 1.8 m 到 5 m，渭河荒地的土壤含水量均或多或少的大于南塬，在 3.6 m 处的差值最大。由图 4 可知 11 月份的南塬荒地和渭河的荒地土壤水分含量变化幅度都较大，在 0～1.2 m 处渭河荒地土壤含水量呈先减后增的变化趋

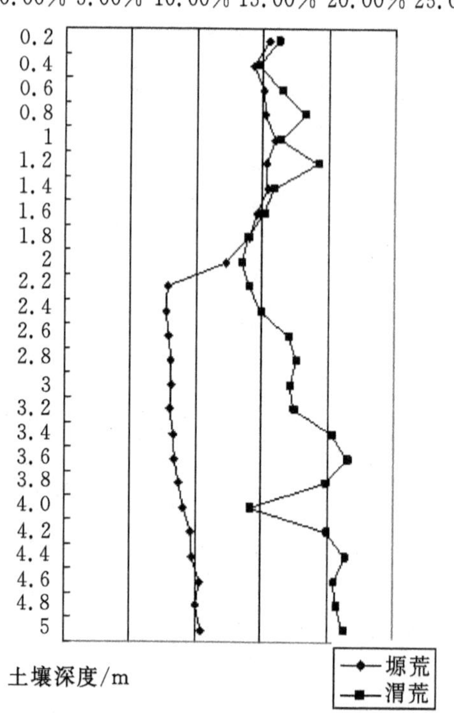

图 3 10 月土壤水分含量

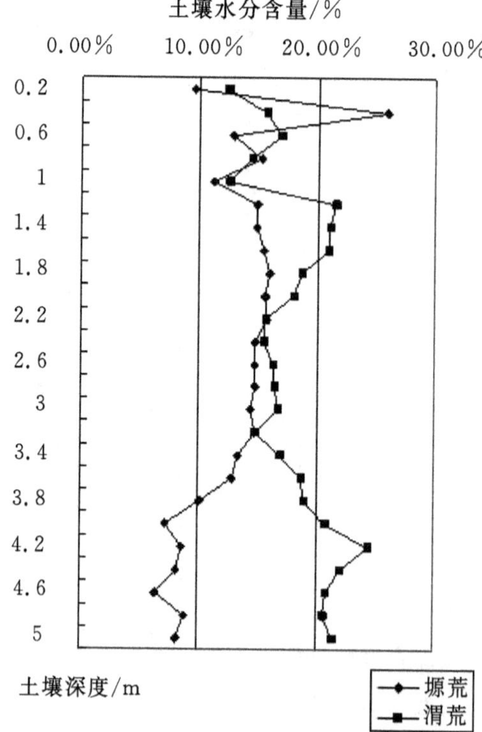

图 4 11 月土壤水分含量

势，变化幅度较大，而南塬荒地，在 0～1.2 m 处，呈现处增—减—增—减—增的变化趋势，变化幅度很大，0.2 m 处土壤含水量为 9.62%，到 0.4 m 时土壤含水量达到 25.92%，究其原因，这与几天前的降水有密切的关系。在 1.4～3 m 处南塬荒地土壤含水量变化出现了一个缓慢的先增后减变化趋势，变化幅度很小，在 1.2～3 m 处，渭河荒地土壤水分含量特点是先增（变化幅度大）后减（变化幅度小）。从距离地面 3.2 m 的地方开始到 5 m 这一范围内，渭河荒地土壤水分含量为先增后减，而南塬荒地则恰好相反。

由图 5 可知，3 月份南塬荒地土壤含水量变化趋势不大，在 0～2.6 m 处，土壤水分含量均变化较小，在 0～1 m，1～2.2 m，2.2～3 m 处土壤水分含量都有轻微的缓慢的先减后增，在 3～4.6 m土壤水分含量有较大幅度的减少，在 4.6～5 m 土壤水分含量又有一个先增后减的变化。

由图 6 可知，0～0.6 m 处渭河荒地土壤含水量略微高于南塬荒地，并都呈现增长的趋势，但增长幅度较小。

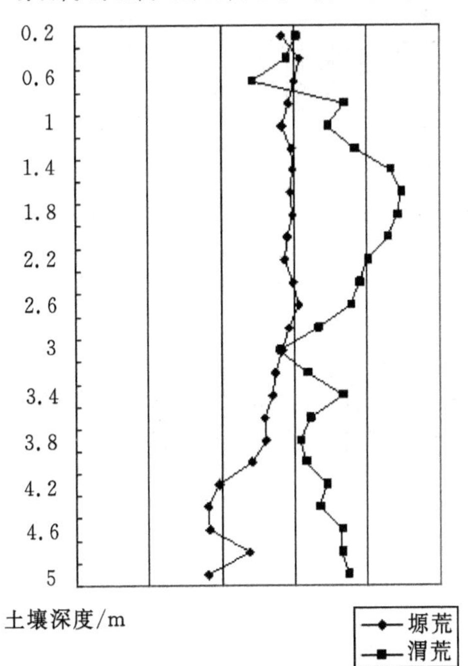

图 5　3 月土壤水分含量

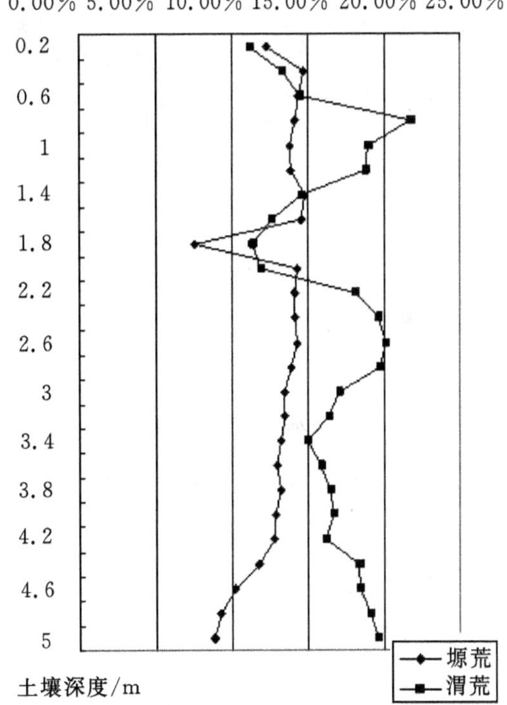

图 6　4 月土壤水分含量

由图 7 可知，渭河荒地土壤水分含量随着土壤深度的变化有明显地数值变化，而南塬荒地土壤水分变化幅度较渭河荒地，就没有明显地变化趋势。

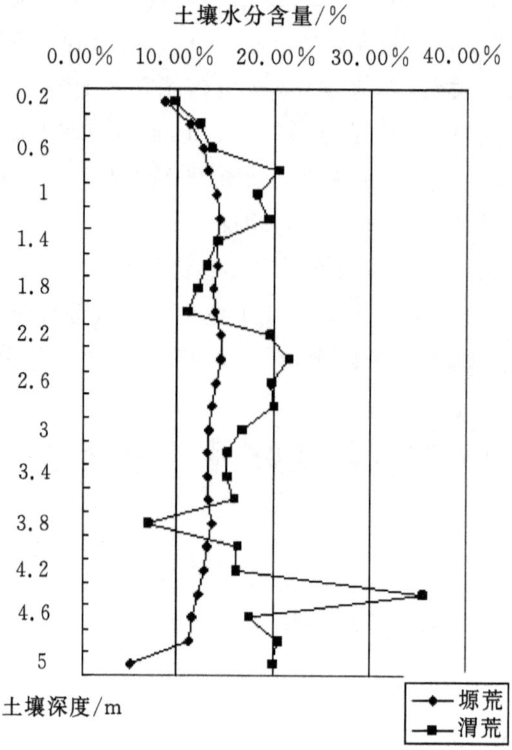

图7 5月土壤水分含量

5 结 论

渭河荒地土壤水分含量在这5个月里变化幅度都较大。在月份相同的情况下，渭河荒地的土壤含水量始终是或多或少的多于南塬荒地，这与渭河地下水补给有密切的联系。

参考文献

[1] 马履一. 国内外土壤水分研究现状与进展[J]. 世界林业研究，1997，9 (5)：27－33.

[2] 陕西师大地理系《渭南地区地理志》编写组. 陕西省渭南地区地理志[M]. 西安：陕西人民出版社，1990：25－27.

[3] 扬开宝，李景林，郭培才等. 黄土丘陵区第一副区梯田断面水分变化规律[J]. 土壤侵蚀与水土保持学报，1999，5(2)：65－70.